맥주의 역사

A Natural History of Beer

by Rob DeSalle and Ian Tattersall

A
Natural
History of

맥주의역사

Beer

롭 디샐 Rob DeSalle · 이언 태터솔 Ian Tattersall 지음

김종구 · 조영환 옮김

한울
아카데미

차 례

서문

/

맥주는 아마도 지구상에서 가장 오래된 알코올음료일 것이다. 그리고 그런 점에서 확실히 역사적으로 가장 중요한 알코올음료이다. 비록 맥주는 와인에 비해 대중에게 상대적으로 덜 평가받는 경향이 있어왔지만, 우리의 오감을 자극하고 미적 감상 능력을 고무시키는 것과 같은 영감을 발현하는 데서는 적어도 와인보다 나았다. 실제로 맥주를 제조하는 과정은 경쟁 상대인 와인보다 개념상으로나 운영상으로 더 복잡할 뿐만 아니라 맥주가 제조사의 의도를 보다 완벽하게 표현할 수 있다는 주장도 있어왔다. 물론 그렇다고 해서 이것이 우리가 와인에 대한 열정이 부족하다는 것을 의미하지는 않는다. 우리가 쓴 책『와인의 역사A Natural History of Wine』의 독자들은 이러한 점을 이해해 줄 것이다. 와인은 인간의 경험과 우리 자신의 삶에서 독특하고 중요한 위치를 차지하고 있다. 이는 맥주도 마찬가지이다. 그리고 이 두 알코올음료는 상호 보완적이기는 하지만 완전히 구별되는 것 또한 사실이다. 이들 중 하나가 자연사적 관점에서 논할 가치가 있다면 다른 하나도 마찬가지인 것이다.

이런 이유로 사실상 맥주를 마시는 사람들에게 황금기라 할 수 있는 지금 이 책을 출간하는 것이다. 지금까지 맥주는 국제적 거대 기업들에 의해 상상을 초월하는 양으로 생산되고 팔리는 다소 획일적인 대량 판매 시장이었다. 그런데 근래에 차별적인 수제맥주 업계에서 흥미로운 움직임이 전개되고 있다. 기존에도 시장 일각에서 보다 혁신적인 시도가 있어왔지만 맥주가 이처럼 다양하고 놀라운 창의성으로 만들어진 적은 없었다. 수제맥주 업계가 출시하는 창의적인 신상품의 풍부함은 맥주의 세계를 흥미진진하고 다소 혼란스러운 상황으로 만드는 효과를 가져왔다. 이는 평판이 좋은 맥주들이 많음에도 낡은 유통 시스템으로 인해 그러한 맥주를 찾아내기 어려웠던 소비자들로부터 반란을 이끌어냈다. 때때로 이러한 무질서한 혼란상태는 우리를 신나게 만들 수도 있다.

솔직히 근래의 수제맥주는 너무 빨리 발전해서 그 흐름을 단지 따라가는 데만도 다른 일을 제치고 전적으로 매달려야 가능한 작업이지만, 이 혼란을 헤쳐 나가는 데 도움이 되는 참고도서들은 많다. 하지만 이 책에서 우리가 의도하는 바는 그들과 매우 다르다. 우리의 목표는 맥주의 정체성이 얼마나 복잡한가를 보여주는 것이다. 이를 위해 우선 맥주의 역사적·문화적 맥락을 살펴볼 것이며, 그런 다음 맥주의 재료들 및 그 재료들을 만들고 마시는 인간들이 출현해 온 자연계의 환경을 살펴볼 것이다. 그 과정에서 우리는 진화, 생태, 역사, 원시학, 생리학, 신경생물학, 화학, 그리고 약간의 물리학까지도 섭렵한다. 우리는 당신이 당신 앞의 유리잔을 채운 멋진 옅은 담황색에서부터 거무스름한 갈색까지의 액체를 보다 완벽하게 감상할 수 있기를 바라는 한편, 우리와 같이 이 여행을 즐기기를 바란다.

◆ ◆ ◆

이 책을 쓰는 것은 아주 재미있었다. 게다가 연구도 매우 재미있었다. 연구 과정에서 많은 좋은 친구들과 동료들의 도움을 받았고 이에 대해 감사한다. 그들 중에서 특히 하인즈 아른트Heinz Arndt, 마이크 베이츠Mike Bates, 귄터 브로워Günter Bräuer, 애니스 코디Annis Cordy, 마이크 대플로스Mike Daflos, 패트릭 개넌Patrick Gannon, 마티 곰버그Marty Gomberg, 셰리든 휴슨-스미스Sheridan Hewson-Smith, 그리고 뉴욕 시의 대학 클럽 University Club, 크리스 크로스Chris Kroes, 마이크 렘케Mike Lemke(그는 20여 년 전 저자 롭 디셀에게 자가 주조를 가르쳤다), 조지 맥글린George McGlynn, 패트릭 맥거번Patrick McGovern, 미치 미카엘Michi Michael, 크리스티안 루스 Christian Roos, 베르나르도 쉬에워터Bernardo Schierwater, 그리고 존 트로스키John Trosky의 도움을 언급하지 않을 수 없다. 우리는 또한 뉴욕에 있는 우리가 가장 좋아하는 주점들에 감사를 표하고 싶다. 많은 주점이 있지만, 그중에서도 특히 ABC 비어 컴퍼니ABC Beer Company, 더 비어 숍 The Beer Shop, 카민 스트리트 비어즈Carmine Street Beers, 줌 슈나이더Zum Schneider가 생각난다. 더불어 오래된 웨스트 72번가의 블라니 캐슬 Blarney Castle과 그곳의 비길 데 없는 매력적인 주인 톰 크로Tom Crowe는 지금도 그리운 추억이다.

삽화가로서 그리고 협력자로서 도움을 준 퍼트리샤 윈Patricia Wynne 에게도 감사한다. 그의 예술과 도덕적 뒷받침이 없었더라면 이 책을 제작하는 것은 엄두도 내지 못했을 것이다. 퍼트리샤, 이번 프로젝트 와 수년간 함께 일해줘서 고마워.

우리는 무엇보다도 오랜 시간 고생한 예일 대학교 출판부의 편집자장 톰슨 블랙Jean Thomson Black에게 많은 빚을 졌다. 그의 에너지, 격려, 열성적인 지지가 없었다면 이 책은 결코 앞으로 나아가지 못했을 것이다.

우리는 또한 제작과 계약 문제에 도움을 준 마이클 드닌Michael Deneen, 마거릿 오츨Margaret Otzel, 크리스티 레너드Kristy Leonard, 뛰어난 카피 기술을 보여준 줄리 칼슨Julie Carlson, 그리고 책을 우아하게 디자인해 준 메리 발렌시아Mary Valencia에게 감사를 표하고 싶다.

마지막으로 책의 모든 단계에서 언제나 인내와 관용, 그리고 뛰어난 유머로 함께해 준 에린 디샐Erin DeSalle과 진 켈리Jeanne Kelly에게 감사를 표한다.

제 1 부

곡물과
효모

제 1 장

맥주, 자연,
그리고 사람들

만약에 하울러원숭이가 술을 만족스럽게 진탕 마실 수 있다면 우리도 비슷하게 그럴 수 있다. 키가 큰 병의 라벨에는 "화이트 몽키(White Monkey)"라고 쓰여 있고 손으로 눈을 가린 모습으로 동명의 영장류가 백포도주 통에 담긴 벨기에 스타일 트리펠을 석 달의 긴 시간 동안 숙성하는 것을 주관하는 듯하다. 잔뜩 신경을 써서 철사케이지를 풀면 샴페인 같은 코르크 마개가 펑 소리를 내며 뽑혀 나왔고, 우리는 황금빛 엠버 에일 사이로 느릿느릿 솟아오르는 거품을 감탄하며 바라보았다. 그 포도주 통이 주는 향내는 은은하게 코에서 감지되었지만, 그 안의 맥주는 달콤한 맥아의 격조와 데카당적인 마무리를 통해 전통적이고 조화로운 트리펠의 미각을 돋우었다. 우리는 술에 취한 하울러원숭이가 자신의 발효된 아스트로카리움 열매를 절반이나마 즐겼기를 바랐었다!

아마도 인간은 맥주를 만드는 유일한 생명체일 것이다. 하지만 '맥주'란 무엇인가를 넓은 관점에서 본다면, 생물들 중 인간만이 맥주를 마시는 것은 아니다. 타는 듯 뜨거운 아라비아 지형을 샅샅이 뒤지며 하루 일을 마친 목마른 고생물학자가 자신이 기대했던 맥주 대신 색이 옅은 '무알코올 맥주'를 마셨다면, 이 훌륭한 음료의 핵심 성분인 에틸알코올에 대한 아쉬움을 언급했을 것이다. 그러나 이 단순한 분자는 자연에 놀라울 정도로 널리 분포되어 있어 본질적으로 놀라운 것은 아니다. 예를 들어, 에틸알코올의 거대한 구름은 우리 은하의 중심을 휘감고 있는데, 이런 이유로 동료인 닐 디그래스 타이슨Neil deGrasse Tyson은 이를 "은하수 바Milky Way Bar"라고 명명해 왔다. 타이슨의 계산에 따르면 이 은하 구름 속에 있는 알코올 분자는 첫 번째 〈스타워즈〉 영화에 등장한 유명한 바의 어느 알코올보다도 훨씬 도수 높은 200프루프proof[증류주의 알코올 농도를 나타내는 단위_옮긴이]의 밀주를 도합 100옥틸리언 리터만큼 만들 수 있는 양이 그 어떤 형체로 모여 있다. 하지만 아쉽게도, 은하수 바에서 제공하는 알코올은 공존하는 물의 분자가 압도적으로 많기 때문에 조합하면 겨우 0.001프루프 정도의 맛만 낼 수 있을 뿐이다.

집에서 가까운 주변을 살펴보는 것도 좋겠다. 비록 그 수치가 은하계에 비해 거창하지는 않지만, 그 결과는 훨씬 더 흥미롭다. 8장에서 설명하겠지만, 당을 알코올로 변환시키는 효모는 작용할 원료를 기다리기라도 하듯 우리 주변 환경 어디에나 존재하고 있다. 그리고 전 세계 생태계에는 이 효모들이 작용할 수 있는 많은 당분이 존재하는데, 특히 공룡시대가 끝나갈 무렵부터 몇몇 식물은 꽃과 과일을 만들어 꽃가루를 나르고 씨를 퍼트리는 매개체들을 유인하기 시작했다. 예를 들어, 말레이시아의 버탐 야자는 당분이 많은 과즙을 발산하는 큰 꽃을 가지고 있다. 이 과즙은 자발적으로 발효되어 3.8%의 알코올 도수alcohol by volume(이하 ABV)를 함유한 자극성 음료를 생산하는데, 이 정도의 알코올 함유량은 영국 펍에서 전통적으로 제공되던 맥주의 도수에 가깝다.

알코올은 이러한 자연의 풍부한 산물로서 숲 속 다양한 거주자들에게 알려졌는데, 특히 우리의 아주 먼 친척뻘인 깃털나무타기 쥐에게 매우 사랑받고 있다. 꽃이 피는 계절 동안 다람쥐 크기의 이 작은 생물은 한 번 시작하면 몇 시간 동안 발효되는 버탐 과즙을 마음껏 마신다. 이 몇 시간 동안 깃털나무타기 쥐는 성인 한 사람이 여섯 팩들이 맥주 두 상자를 마시는 것에 상당하는 알코올을 섭취했을 수도 있다. 하지만 어떤 취한 기색도 없이 또 다시 이 과즙 마시기를 계속할 것이다. 이러한 멀쩡한 모습이 오히려 다행스러운 이유는 이 작은 생물의 서식지는 포식자들로 가득하므로 그들의 반사작용이 순간적으로 느려지는 것조차 생존에 치명적일 수 있기 때문이다. 깃털나무타기 쥐가 어떻게 취한 기색을 보이지 않는 속임수를 연출해 내는지는 아무도 모른다. 하지만 버탐 과즙이 이 작은 포유동물에게 단순한 영양분을 제공하는 것을 넘어 더 큰 매력으로 작용하고 있음은 분명하다.

이 같은 천연 발효물에 대한 비슷한 사례는 우리와 더 가까운 친척 뻘인 중남미의 하울러원숭이에게서 볼 수 있다. 이 원숭이는 앞서 깃털나무타기 쥐와는 달리 거나하게 술 취한 모습을 보인다. 1990년대에 파나마에서 하울러원숭이를 연구한 영장류학자들은 한 원숭이 개체가 아스트로카리움 야자열매를 남다르게 열심히 먹는 것을 발견했다. 관찰자들은 이 야자열매를 먹은 뒤 미친 듯이 날뛰는 원숭이의 모습을 보고서 그 원숭이가 취했을지도 모른다고 생각했다. 이들은 이 원숭이가 먹는 과정에서 숲 바닥에 떨어뜨린 과일의 알코올 함유량을 분석한 결과 원숭이가 거의 확실히 취했다는 사실을 확인했다. 연구원들의 대략적인 계산에 따르면, 몸무게가 20파운드인 이 동물은 한 번 먹기 시작하면 사람으로 따지면 바에서 10잔의 술을 계속 마시는 셈이었다.

생물학자인 로버트 더들리Robert Dudley는 다른 몇몇 관찰을 통해 자연적으로 발효된 알코올을 좋아하는 살아있는 생물들의 기원에 대해 광범위한(비록 보편적이지는 않지만) 호기심을 갖게 되었다. 그리고 그는 영장류에게 알코올이 가진 주된 중요성은 알코올이 발효 중인 당의 존재를 알리는 식물(이 식물들은 그 씨앗이 섭취되어 궁극적으로 숲으로 퍼지기를 바란다)에서 전달하는 신호에 있다고 결론지었다. 발효는 강한 증기를 내뿜기 때문에 예민한 후각을 지닌 동물들을 영양이 풍부한 잘 익은 과일들로 안내해 동물들이 먹이를 구하는 데 도움을 준다. 이러한 논리는 심지어 인간의 진화에도 적용된다. 왜냐하면 인간의 종인 호모 사피엔스는 오늘날 잡식성으로 알려져 있지만, 우리가 주로 과일을 먹던 조상의 후손이라고 믿을 만한 데에는 충분한 이유가 있기 때문이다.

만약 더들리의 '술 취한 원숭이' 가설이 맞는다면(모든 사람이 이 가설을 받아들이는 것은 아니다), 우리는 인간만이 지닌 독특한 알코올에 대한 편애를 '진화적 유물'로 간주할 수 있다. 그러나 그동안 우리 주변의 알코올은 자연이 자발적으로 생산하는 소량에 국한되었었기 때문에 이러한 주장은 설득력이 없었다. 이러한 경향은 아주 최근에—그리고 진화적인 관점에서 완전히 우연하게—무한한 양의 알코올을 마음대로 생산할 수 있는 기술이 발달하면서 시작되었으며 지금은 걷잡을 수 없는 상황에까지 이르렀다.

◆ ◆ ◆

좀 더 자세히 조사해 보면 술 취한 원숭이 해석이 제시하는 것보다 조금 더 복잡해 보이기 시작한다. 우선, 알코올과 많은 알코올 유도체는 대부분의 영장류를 포함한 많은 생체에 대해 독성을 지니고 있다. 실제로 오늘날 효모들의 조상은 자신의 생태계를 차지하기 위해 다투는 과정에서 다른 미생물에 대항하는 무기로써 특별히 술을 생산하기 시작한 것으로 믿어진다. 그리고 술을 생산하기 시작함으로써 확실히 그들은 주요한 우위를 얻었지만, 알코올의 농도가 어느 정도 이상이면(보통 와인의 경우 약 15% ABV이며, 맥주의 경우는 더 낮다) 알코올은 효모 자체에도 독성이 된다. 이것은 자연계에서는 중요한 문제가 아니지만 맥주 양조장과 포도주 양조장에서는 매우 중요하게 고려되는 사항이다.

가까운 사례로는 한 불행한 고슴도치가 뉴욕에서 합법적으로 마실 수 있는 것보다 훨씬 적은 양의 달걀 리큐어를 마신 후 죽었다는 사실이 보고되었다. 과일을 먹는 많은 포유류 동물들(영장류 포함)이 알코올 증기에 끌려 유인되기도 하지만, 반대로 알코올 증기에 질색하는 동물도 있다. 이러한 사실은 시사하는 바가 더욱 크다. 분명 우리 인간은 얼마간 알코올에 끌린다는 점에서 다소 독특한 무언가가 있다. 게다가 비교적 많은 양의 알코올을 감당할 수 있다는 점에서 더욱 독특한 무언가가 있다.

그렇다면 좀 놀랍기도 한 알코올에 대한 우리 인간의 내성은 어디에서 오는 것일까? 13장에서 더 자세히 논할 테지만, 맥주와 다른 알코올음료를 감당하는 우리의 생리적 능력은 우리 몸이 알코올 탈수소효소라고 불리는 효소류를 생산하는 데서 기인한다. 다양한 내부 장기에서 생산된 이 효소들은 모든 종류의 알코올 분자를 무해한 작은 성분들로 분해한다. 알코올 탈수소효소의 한 종류인 ADH4는 식도와 위뿐만 아니라 혀의 조직에도 존재한다. 따라서 맥주가 우리 몸에서 마주치는 알코올 분해 효소의 첫 번째 분자이다. 다른 알코올 탈수소효소와 마찬가지로 ADH4도 단일체가 아니다. 대신 ADH4는 여러 가지 다른 변형의 전체 숙주로 존재한다. 이들 중 일부는 에틸알코올 분자를 분해하기 위해 바로 작용하고, 다른 일부는 다른 알코올을 공격할 뿐만 아니라 영장류 동족의 생존에 중요한 물질이자 식물 잎에 널리 존재하는 테르페노이드도 공격한다.

분자생물학자들은 갈라고원숭이에서부터 원숭이, 침팬지, 인간에 이르는 광범위한 영장류 표본에 대해 알코올에 작용하는 ADH4의 분포를 비교했다. 그 과정에서 그들은 약 1000만 년 전 선행 인류의 계통에서 '에탄올 비활동성' ADH4 형태가 '에탄올 활동성' ADH4 형태로 극적으로 전환되었다는 사실을 발견했다. 이러한 단일 유전자 돌연변이에 의해 효소가 에탄올 활동성 형태로 변화됨에 따라 인체의 에탄올 대사 능력은 40배 증가되었다.

명확하게 왜 이런 변화가 일어났는지는 말하기 어렵다. 실제로 이러한 변화는 특정한 식생활의 변화와 관련된 사건이라기보다는 환경에 적응하기 위해 일어난 무작위적인 사건이었던 것으로 보아야 할 것이다. 인과관계를 찾고자 하는 연구원들은 혁신된 효소를 처음 얻은 비교적 몸집이 큰 영장류가 숲의 바닥에서 보내는 시간이 늘어났을 것이고 그 와중에 잘 익어 가장 활발하게 발효 중인 낙과된 열매와 자연스레 마주쳤을 것이라고 제안하기도 했다. 그러나 발효 중인 과일은 과일을 주식으로 하는 동물일지라도 전체 먹는 양의 일부분에 불과하므로 이 공급원을 더 효율적으로 사용하는 것만으로 이러한 생리적 혁신을 설명할 수 있을지는 의문이다.

더욱이 이 같은 숙명적인 변화는 확실히 고대 인간 이전의 개체에서 일어나긴 했지만, 이와 관련된 조상은 인간과 인간의 가장 가까운 친척뻘 영장류인 침팬지와 고릴라 사이에서 진화적 분열이 일어나기 이전에 살았던 것으로 보인다. 따라서 그런 변화는 우리의 조상이 오늘날 인간인 잡식동물이 되기 전에 존재했고 이는 그 변화가 인간 혹은 인간의 멸종된 친척뻘 영장류가 특별히 수행했던 어떤 행태와도 관련이 없음을 의미한다. 그럼에도 불구하고, 이 주목할 만한 생리적 혁신의 초기 전후 사정이 무엇이든 간에, 이 혁신으로 인해 에틸알코올을 대량 생산하는 방법을 알아낸 근래의 인간들이 에틸알코올을 감당할 수 있도록 미리 적응되었던 것만은 확실하다.

이것은 물론 초기 인간들(인간 계통의 초기 구성원들)이 알코올을 좋아하지 않았을 것이라는 의미는 아니다. 심지어 재미있게 표현하면 어머니 같은 자연이 그 동기가 무엇이든 간에 인간들에게 알코올을 감당할 수 있는 능력을 너그럽게 부여했던 것이 아닌가 생각되기도 한다. 자연적으로 생산되는 당(꿀, 과즙, 또는 과일)이 자발적으로 알코올로 발효되는 것은 전혀 드문 일이 아니며, 과일을 먹든지 아니든지 간에 유기체들 사이에서도 알코올과 그 증기에 대한 혐오감을 가진 사례가 보고되었음에도 불구하고, 문헌에는 너무 익어 발효 중인 과일을 먹고 고주망태가 된 동물들—코끼리, 말코손바닥사슴, 여새, 하울러원숭이—의 일화가 많이 서술되어 있다. 우리의 초기 조상들도 마찬가지로 적어도 가끔 이런 식으로 알코올에 빠져들지 않았을까 상상할 수 있다. 그리고 실제로 인간과 유사하게 알코올에 내성이 있는 친척뻘 침팬지가 비슷한 행태를 보인다는 과학적 서술도 있다.

아프리카 서부 국가 기니의 보소^{bossou} 지역 연구원들은 야생 침팬지들이 당분이 풍부한 수액을 얻기 위해 노동자들이 일하는 라피아 야자 농장으로 반복적으로 오곤 했다고 보고했다. 라피아 야자 수액을 플라스틱 용기에 담으면 그 수액은 자연적으로 빠르게 최고의 종려주로 발효되는데 이것은 보통 하루 일과의 마지막 때에 노동자들에 의해 수집된다. 그런데 노동자들이 미처 마치지 못한 다른 임무에 주의를 빼앗기는 동안 침팬지들이 이 종려주를 몰래 마시는 것이다. 즉,

구겨진 잎을 플라스틱 용기에 가득 잠기게 넣어 '스펀지'로 작용하도록 한 다음 스펀지로부터 종려주를 열심히 빨아들인다. 연구원들은 종려주가 이 유인원들에 의해 소비되는 시점에서는 일반적으로 3.1% ABV의 상당히 훌륭한 에탄올 함량에 도달하며, 때로는 6.9%까지 높아진다고 추정했다.

야자의 수액은 달콤하고 섬세한 맛을 내는 음료로서 발효를 시작한다. 그러나 보소에서 발효된 함량 정도로 알코올이 높아질 때쯤이면 그 액체는 예외 없이 자극적이 되고 상당히 불쾌감을 준다. 그럼에도 불구하고 침팬지들은 평균적으로 일 분에 거의 열 번씩 스펀지를 담그고 비운다. 이 침팬지들은 몇 분 내에 용기의 바닥이 보일 정도로 이 종려주를 좋아하는 듯 보인다. 당분이 풍부한 수액은 영양도 풍부하지만, 침팬지들이 거기에 동반되는 술기운으로 인한 알딸딸함을 크게 즐겼다는 것 또한 거의 의심의 여지가 없다. 연구원들은 '술 취한 상태의 행동 징후'에 대해서는 확실히 언급했으나, 침팬지들이 술 취한 상태에서 난폭한 행위나 소란을 벌이지는 않았다고 보고했다. 보소의 침팬지들은 대부분 심각할 정도로 지나치게 많이 마시지는 않았으나, 몇몇 침팬지는 술을 마신 후 곧바로 잠이 들었다.

이제 우리는 유인원들도 알코올에서 얻는 알딸딸함을 즐길 수 있다는 것, 그리고 초기 인간 이전의 개체들도 알코올의 알딸딸함을 확실히 즐겼다는 것을 알게 되었다. 하지만 에탄올 분자에 대해 현대 인간들만 가진 경험에 또 다른 차원이 더해진다. 우리가 알고 있는 한, 호모 사피엔스만이 자신 행동의 향후 결과를 예측할 수 있으며, 다가오는 죽음을 아는 일종의 인지력도 가지고 있다. 이러한 지식으로 인해 인류는 다른 종은 느끼지 못하는 실존적 부담에 직면한다. 이러한 부담을 완화시키기 위해 인류는 약물에 의존하기도 하는데, 모든 가능한 약물 중에서 알코올이 그나마 가장 호의적으로 보인다.

우리 종족의 구성원들은 지금 당장 자신에게 일어나고 있는 일뿐만 아니라 미래에 일어날지도 모르는 일들에 대해 걱정하는 독특한 능력을 가졌다. 그리고 우리의 삶이 불확실하고 위험으로 가득 차 있다는 것을 알기 때문에 마음에 들지 않는 이 현실로부터 멀어지게 해줄 그 어떤 것도 환영한다. 알코올은 취하게 하는 효과를 통해 그 거리를 유지하도록 도와준다. 그리고 맥주는 그러한 알코올을 기분 좋고 사교적으로 우리에게 제공한다. 프랑스의 미식가 장 앙텔름 브리야 사바랭Jean Anthelme Brillat-Savalin은 거의 2세기 전에 이 모든 것을 알아냈는데, 그는 두 가지 중요한 특성, 즉 미래에 대한 두려움, 그리고 발효된 술에 대한 욕망이 인간과 짐승을 차별화시킨다고 서술했다. 이러한 매력들과 더불어, 우리 인간의 독특한 인지 방식은 또한 우리의 감각으로부터 오는 입력을 전례 없는 방법으로 처리할 수 있게 해줌으로써 우리가 마시고 있는 것에 대한 우리의 경험을 미적 용어로 분석할 수 있게 해준다(11장 참조). 이로 인해 맥주에 대한 우리의 경험에 더해 우리에게 주어지는 너무나 다양한 감각 경험을 음미하고 논쟁할 수 있게 된다.

◆ ◆ ◆

우리는 13장에서 가벼운 취기와 그 매력에 대해 더 깊이 탐구할 것이다.

　그러나 우리는 또한 모든 발효 음료는 취하게 만들 뿐만 아니라 상당한 영양분이 있을 수 있다는 중요한 점을 상기하면서, 맥주가 정착생활을 한 호모 사피엔스의 역사를 통틀어 식량 자원으로서 매우 특별한 위치를 차지했다고 언급할 수도 있다. 맥주는 역사적으로나 화학적으로 '생명의 양식'이라 할 수 있는 빵과 밀접하게 연결되어 있기 때문에 흔히 '액체빵'이라고도 불린다. 사실 빵과 맥주는 매우 밀접하게 연관되어 있어서—빵과 맥주는 종종 같은 효모종인 사카로미세스 세레비시아에 의해 같은 곡류에서 발효된다—어느 것이 먼저 시작되었는지에 대한 논란은 여전히 활발하다.

　여기서는 이러한 논란을 피하는 것이 현명할 수도 있지만, 우리는 빵과 맥주 문제를 포함해 주점에서 일어나는 논쟁에서 자주 제기되는 문제를 분명히 하고 싶다. 10장에서 자세히 논하겠지만, 효모를 이용한 발효의 부산물은 에탄올과 이산화탄소이다. 제빵사는 빵을 만들기 위해 반죽을 섞어 오븐에 넣는다. 혼합물이 가열되면 효모가 작용하고 이산화탄소가 발생해 반죽에 거품이 생기면서 부풀어 오른다. 하지만 필연적으로 동시에 생성되는 에탄올은 어떻게 될까? 왜 우리는 빵을 먹으면서 맥주를 마실 때처럼 취하지 않을까? 그 답은 빵을 굽는 온도가 높다는 데 있는데, 높은 온도로 인해 대부분의 알코올이 증발해 버리기 때문이다. 하지만 100% 증발하는 것은 아니고 빵이 오븐에서 나올 때에는 약간의 에탄올이 남아 있다. 대부분의 경우 흔적량인데, 때때로 0.04% ABV이며, 잠깐이지만 1.9% ABV에 이를 수도 있다. 이런 이유로 갓 구운 빵의 냄새가 좋은 것은 당연하다! 흥미롭게도 1.9% ABV라는 수치는 우리가 빵을 섭취할 때 가장 빠르게 대사 작용을 할 수 있는 2% ABV에 매우 가까운 값이다. 그래서 오븐에서 갓 나온 뜨거운 빵이 잠깐 동안은 영국산 에일 맥주의 절반에 해당하는 알코올을 함유하고 있다 하더라도 약간 취할 만큼 빨리 빵을 먹을 수는 결코 없을 것이다.

인간은 왜 그렇게 열심히 발효라는 자연적인 과정을 채택해서 이용해 왔을까? 약 1만 년 전 빙하시대가 끝나갈 무렵, 호모 사피엔스의 모든 구성원은 떠돌이 생활을 하거나 주어진 자연의 혜택에 기대어 사는 사냥꾼 또는 채집자로 살았다. 사냥 또는 채집으로 살았던 우리의 조상들이 가끔 곡물을 소비했다는 증거가 발견되기도 하지만, 곡물은 지난 빙하기가 끝나고 기후가 개선될 때까지 인간의 주된 식량 자원이 되지 못했다. 기온 상승은 세계 곳곳에 흩어져 거주하는 인류에게 제공되는 자원이던 식물과 동물에게 큰 변화를 일으켰다. 이러한 주요한 환경적 변화에 대응해, 사람들은 전 세계 각 지역에서 서로 독립된 방식으로 식물을 재배하고 동물을 길들이며 정착된 생활 방식을 채택했다.

이 운명적인 정착 생활로의 전환은 단순한 과정이 아니었다. 이 과정은 지역에 따라 서로 다른 방식과 다양한 양상으로 전개되었다. 이러한 전환은 결과적으로는 부와 권력을 위해 영혼을 팔아버린 거대한 파우스트적 사회계약이었던 것으로 판명되었지만—사냥꾼과 채집자들은 정착한 사람들에 비해 일반적으로 여가 시간이 훨씬 더 많았을 뿐만 아니라 더 건강했고 평등주의자였다—새로운 경제 형태를 위한 시대가 분명히 도래했다. 그리고 변화가 일어나는 모든 곳에서 우선적으로 곡물들—근동에서는 밀과 보리, 동아시아에서는 쌀, 아메리카에서는 옥수수—을 경작했다.

사냥꾼과 채집가의 경제 전략은 비교적 단순하다. 자연이 제공하는 것을 활용하고, 어떤 해에는 자연의 조건에 따라 수백 마일의 영역을 이동하면 된다. 그러나 특정한 장소에서 계절에 따라 작물을 재배하는 정착된 농업인이라면 삶이 더 복잡해진다. 어떤 해에는 주체할 수 없는 정도로 부자가 되어 있지만, 다른 해에는 수확할 것이 전혀 없다는 것을 알게 된다. 그러므로 그들에게는 영양분이 연중 내내 제공될 수 있도록 음식을 저장하는 방법이 필요하다. 특히 농업이 처음으로 발달한 따뜻한 곳에서는 저장된 식품을 보존하는 것이 골칫거리가 될 수 있다. 쌓아놓거나 구덩이에 보관된 곡물은 산화를 통해 빠르게 부패하고, 자연발화의 위험성까지 있다. 또한 작은 곤충 떼에서부터 탐욕스러운 설치류에 이르기까지 배고픈 동물들의 입질로부터 곡물을 안전하게 지키는 것도 마찬가지로 중요하다.

발효에 대해 생각해 보자. 연구원 더글러스 레비Douglas Levey는 인류학적인 관점에서 곡물의 의도적인 발효는 관리되는 부패의 한 종류로 생각하는 것이 최선이라고 제언한다. 저장식품의 부패에 관여하는 대부분의 미생물은 알코올—이것은 결국 유용한 소독제이다—이 있는 곳에서는 살 수 없다. 그래서 초창기 농부들은 자연적으로 발생하는 효모에 의해 곡물이 어느 정도 발효되도록 허용함으로써 비록 신선하지는 않지만 많은 영양소를 보존할 수 있었다. 레비는 이렇게 영양소를 보전하는 것이 농부들에게 매우 중요했기 때문에 발효는 중독성 있는 음료를 만들기 위해 사용되기 이전에 곡물의 보존 전략으로 사용되었다고 생각했다. 발효의 부산물이 알코올이고 발효가 없으면 우리는 알코올을 얻을 수 없기 때문에 이 사안은 논의의 여지가 있다. 그러나 맥주가 향정신 작용을 하는 특성을 지녔다는 점 외에도 고대 세계에—사실 그리 멀지 않은 과거에—저장된 영양소의 중요한 공급원이었다는 점에는 의심의 여지가 없다.

유의해야 할 점은, 포도주는 포도에 포함된 당분이 효모의 작용을 통해 발효됨으로써 다소간 저절로 만들어지기도 하지만 맥주를 만드는 데에는 좀 더 인위적인 조작이 필요하다는 것이다. 맥주를 만드는 데 사용되는 곡물 알갱이는 녹말의 긴 분자들을 포함하고 있어서 발효가 시작되기 전에 더 단순한 당 분자들로 분해되어야 한다. 현대 양조업자들이 선호하는 전환 방법은 곡물을 맥아화하는 것이다. 즉, 곡물을 물에 적시고 공기를 주입해 발아를 자극하고, 생성된 당이 소모되기 전에 발아 과정을 멈추기 위해 건조시킨다. 이렇게 해서 저장된 당분은 필요할 때마다 효모의 부드러운 은총을 기다릴 수 있다.

◆ ◆ ◆

음주의 이득과 위험성에 대해 살펴볼 필요가 있는데, 일정 농도의 알코올은 실제로 유익할 수 있다는 주장도 있다. 사람에 따라서는 가장 반가운 이야기일 것이다. 실험실 연구자들은 이러한 주장에 대한 시험으로 초파리를 이용한 실험을 선호했다. 이는 초파리가 키우기가 용이하고 번식이 빨랐기 때문이다. 적절한 농도의 알코올 증기에 노출된 초파리는 아주 높은 농도의 알코올 증기에 노출된 초파리나 알코올 증기에 전혀 노출되지 않은 초파리보다 더 오래 살고 더 성공적으로 번식한다는 것이 밝혀졌다. 게다가 기생충이 들끓는 유생기의 초파리는 에탄올이 함유된 음식을 우선적으로 찾아내어 스스로를 치료하는 것이 관찰되기도 했다. 아마도 가능성은 떨어지지만, 짝짓기를 방해받은 성충 초파리들은 자신의 슬픔을 달래기라도 하듯 에탄올에 대한 끌림이 증가했다.

인간에 대한 임상 연구에서는 가벼운 또는 적당한 음주와 모든 범위의 개별 질병의 유병률이 감소하는 것, 그리고 전반적인 사망 위험이 감소하는 것을 반복적으로 연관시켜 왔다. 심혈 관계는 특히 여기서 도움이 되는 것으로 보이는데, 적당한 알코올 섭취는 고혈압 저하, 콜레스테롤 수치에서 저밀도 지단백질(LDL) 감소 및 고밀도 지단백질(HDL) 향상, 허혈성 뇌졸중의 확률 감소 같은 장점과 확실히 관련이 있다. 약 8년 동안 30만 명 이상을 추적한 2017년 연구에 따르면, 평생 술을 마시지 않는 사람들에 비해 가벼운 음주자와 적당한 음주자는 추적 기간 동안 어떤 원인으로도 사망할 확률이 약 20% 낮았고 심혈관 질환으로 사망할 확률은 약 25%에서 30% 낮았다. 다른 특정한 조건들 중에서 적당한 음주는 당뇨병과 담석증의 발병을 감소시킨다는 보고도 있다. 이러한 통계 자료 외에 젊은 여성의 유방암과 적절한 음주 사이의 연관성이 크다는 최근의 연구 결과도 있다.

사례들을 전반적으로 보면 적당한 음주로 인한 건강상의 이득이 위험성을 꽤 웃도는 것처럼 보인다. 그러나 결국은 절제가 관건이다. 알코올 과다 섭취로 인한 건강적·사회적 피해가 낮은 수준의 섭취에서 얻을 수도 있는 이익에 비해 압도적으로 크다는 사실에는 의문의 여지가 없기 때문이다. 같은 2017년 조사 결과에서 폭음을 하는 남성이 사망할 위험은 평생 술을 입에 대지 않는 사람에 비해 25% 증가했으며, 이에 더해 암으로 인해 사망할 위험은 67%나 증가했다. 12장과 13장에서 강조하겠지만, 알코올 중독의 끔찍한 사회적 영향과는 별개로 이러한 수치는 어떤 알코올음료라도 과도한 소비를 피해야 한다는 주장에 설득력을 실어준다. 그럼에도 불구하고, 좀 억지스럽긴 하지만 이것이 상대적으로 맥주를 선호하는 사람들에게 좋은 소식인 이유는, 맥주는 한 모금에 더 많은 알코올을 섭취하게 되는 다른 알코올음료에 비해 본질적으로 유리하기 때문이다.

제2장

고대 세계의
맥주

모든 근대 에일의 모체인 이것은 우리가 스스로 만들어야만
했던 것이다. 그 항아리에는 뉴욕 시의 물, 깜짝 놀랄 정도로
많은 양의 갓 제분한 두 줄 보리, 그리고 추가로 한 부대의 얇게
조각낸 보리가 들어갔다. 이 혼합물을 끓이고 나서 우리는
하비스쿠스의 그루이트와 다른 허브와 감귤류의 재료들을
섞었고, 그런 후 구할 수 있는 효모와 함께 발효되도록
놔두었다. 그리고 한 달 후에 우리는 사이펀을 이용해서 진한
갈색 액체를 병으로 옮겨 담아 2주의 긴 시간 동안
숙성시켰다. 우리의 첫 병이 만족스러운 쉬익 소리와 함께
열렸다. 텁텁하고 황갈색의 소박한 그루이트 에일은 이제
풀처럼 짙은 뒷맛과 함께 신맛이 느껴졌다. 그것은 매우
마시기에 좋아서 우리는 아주 기분 좋게 놀랐다. 철기 시대
게르만 부족들이 맥주 양조 전통에 매우 끈질기게 매달렸을
것이라는 데에는 의심의 여지가 없었다.

맥주에 대한 최초의 문학적 언급은 이 음료가 문명화에 영향을 미쳤음을 확실히 알 수 있게 한다. 약 4700년 전 군림한 수메르인 왕 길가메시의 신화적인 이야기를 다룬 서사시 「길가메시」에는 엔키두라 불리는 사람이 등장한다. 문명사회에서 떨어져 살던 이 야만인은 마을에 끌려가 "땅의 관습대로 맥주를 마셔라"라는 명령을 받는다. 맥주를 딱 한 번 마시고 제공받은 빵을 먹어본 후에야 비로소 야생의 엔키두는 문명사회로 들어설 준비가 되었다고 여겨졌고, 길가메시가 다스리던 수도 우루크까지 나아갈 수 있었다. 맥주나 빵보다 더 문명의 상징인 것이 무엇이 있었겠는가? 이것이 가능했던 이유는 우루크라는 전설적인 대도시가 '두 강 사이의 땅'이라는 의미를 지닌 메소포타미아의 티그리스 강과 유프라테스 강 사이에 위치했으며 이 광대하고 놀랍도록 비옥한 곡물 생육지에서 많은 곡물이 생산되었기 때문이다. 수메르 제국은 물론 그 뒤를 이은 바빌론 제국도 이러한 풍성한 곡물과, 그리고 그 곡물로 만든 맥주와 빵을 바탕으로 세워졌다.

길가메시의 시대는 맥주 제조에 근간이 되는 정착 생활과 곡물 재배에서 이미 상당히 오랜 역사를 가지고 있었다. 앞서 지적했듯이, 직전 빙하기가 끝날 무렵 기후 온난화로 인해 극지의 거대한 만년설이 줄어들자 인류의 조상들은 그간의 사냥과 채집을 통한 삶의 방식을 포기하기 시작했다. 사냥과 채집을 위해 주변 지역을 떠돌며 살던 그들은 가끔 자연적으로 발효 중인 과일과 꿀, 그리고 여기서 생성된 알코올과 우연히 마주쳤을 것이다. 떠돌이 생활을 했던 인류가 상당한 양의 곡물을 맥아화하고 발효시키는 기술을 보유하고 있었다는 것은 의심스럽지만, 정착된 삶이 도래하고 의미 있는 규모의 양조가 시작되기까지 많은 시간이 걸리지는 않았을 것으로 보인다.

밀과 보리가 처음으로 경작된 근동의 경우, 떠돌이 생활에서 정착 생활로 이행한 과정에 관해서는 특히 아부 후레이라Abu Hureyra라는 시리아 유적지에 잘 기록되어 있다. 약 1만 1500년 전에서 1만 1000년 전 사이에 이곳에서 야영한 사람들은 여전히 전통적인 사냥과 채집 생활을 하고 있었다. 약 1만 400년 전, 그들의 후손들은 재배한 곡물로 자신들의 식단을 보충하기 시작했다. 9000년 전에는 이 지역을 연례적으로 이동하는 많은 야생 가젤이 사냥의 대상이 되기도 했지만, 주민들의 식량 공급은 주로 다양한 종류의 가축과 경작한 식물로 충당되었다.

이 기간 동안 아부 후레이라는 발굴된 것과 같이 단순한 지붕을 얹은 '구덩이 주거'에서 개방된 마당을 갖춘 진흙 벽돌집들이 모여 있는 형태의 실질적인 마을로 발전했다. 다소 특이하게 초창기 아부 후레이라 사람들은 호밀을 선택해 경작을 했다. 근동에서는 일반적으로 외알밀, 에머밀뿐만 아니라 보리를 더 선호해 재배했는데, 이로 인해 이곳은 보리를 원료로 하는 맥주를 발명하는 선도적인 중심지가 되었다.

흥미롭게도 곡물의 재배는 약 8200년 전에 근동에서 처음으로 나타난 도자기가 발명되기 이전에 시작되었다. 도자기는 맥주를 만드는 데 필수적인 것은 아니지만 분명 일정한 양의 맥주를 만들기 위한 전제 조건이었다. 그 무렵 이전부터 사람들은 오랫동안 곡물을 잘게 갈아왔던 것으로 보이는데, 약 2만 3000년 전 곡물을 잘게 간 초기 사례는 빵이 인간의 식단에서 맥주보다 먼저였을지도 모른다고 추측하게 만드는 이유 중 하나였다. 터키 동부 괴베클리 테페의 신석기 이전 유적지에서 발견된 무려 1만 1600년 된 크고 속이 빈 돌 그릇에는 야생 곡물에서 발효된 음료가 들어 있었을지도 모른다.

도자기 그릇이 처음 사용되던 무렵 정착지는 작았고 사람들은 기껏해야 수백 명 정도의 비교적 평등한 공동체에서 살았다. 그 지역사회의 구성원 대부분은 서로 혈연관계였고, 같은 터전에서 함께 일했으며, 비슷한 기술을 공유했다. 그러나 변화는 빠르게 일어났다. 5000년 전쯤 새롭게 문명화된 엔키두가 우루크에 진출했을 무렵, 메소포타미아에서는 이미 심하게 계층화된 사회가 발달해 있었다. 전문화된 기술이 급증했고, 사람들의 사회적 역할과 지위가 명확하게 차별화되었다. 대부분의 시민들은 여전히 들판에서 노동을 했지만, 그들 중 더 영향력을 가진 사람들은 도시와 급성장하는 신흥 도시에서 살았다. 이들 중에는 양조업자도 있었는데 초창기 양조업자는 여자들이었던 것으로 추측된다.

사람들이 언제부터 새롭게 얻은 도자기 그릇을 사용해서 양조를 시작했는지는 아무도 정확히 알지 못한다. 이란 북부에 있는 고딘 테페의 변경에 위치한 식민지 수메르에는 도자기 항아리가 있는데, 이 항아리에서는 옥살산 칼슘(맥주석) 퇴적물 형태로 최초의 화학적 흔적이 발견되었다. 이 흔적은 불과 5000년 전의 것으로, 이는 엔키두와 거의 동시대에 이 맥주석을 잔유물로 남긴 액체가 만들어졌음을 의미한다. 하지만 근동의 양조 전통이 이보다 훨씬 더 유서 깊다는 것을 의심하는 사람은 아무도 없을 것이다. 그리고 맥주석이 이 지역의 가장 초기 도자기 중 하나에서 언젠가 나타난다고 하더라도 그다지 놀랄 일이 아닐 것이다.

메소포타미아의 양조 전통이 어디까지 거슬러 올라가는지는 정확히 알지 못하지만, 적어도 그 제품이 어땠는지는 알 수 있을까? 이에 대한 답은 정말 운 좋게도 '그렇다'이다. 왜냐하면 닌카시 찬가Hymn to Ninkasi로 알려진 비문을 새겨놓은 점토판이 발견되었기 때문이다. 닌카시는 수메르의 맥주의 여신이었다. 다행히도 그 찬가는 여신 닌카시에 대한 찬양을 담고 있을 뿐만 아니라 아마도 여신의 여사제들이 만들었을 것으로 추정되는 술의 양조법에 대한 내용도 담고 있는데, 그 양조법은 당시 여성들이 가족을 위해 집에서 빚었던 방법과 대체로 비슷했을 것이다. 이 양조법은 당시 존재했던 여러 맥주 중 오직 하나의 맥주에 대한 것이다. 수메르인들은 적어도 20여 가지의 다른 종류의 맥주, 즉 흰색 맥주, 빨간색 맥주, 검은색 맥주, 달콤한 맥주, '최우수 품질'의 맥주, 그리고 종종 이국적인 향을 곁들인 맥주를 알고 있었다.

닌카시의 맥주는 아마도 오늘날 우리가 퇴근길에 선택해서 마시는 맥주들과는 상당히 다를 것이다. 찬가에서 닌카시는 곡물을 물에 담금으로써 맥아화(발아)하고 이를 건조시켜서 더 이상 발아의 진행을 막으며 '꿀(아마도 '대추야자 주스'로 번역하는 것이 더 적절할 것이다)과

와인을 넣어서 양조'하는 것으로 묘사될 뿐만 아니라, 아마도 양조에 필요한 효모를 얻기 위한 매개체로서 보리빵인 바피르를 굽는 것으로도 묘사된다. 그러나 바피르가 그러한 역할을 했든 하지 않았든 간에 결국 닌카시는 '티그리스 강과 유프라테스 강의 세찬 흐름'과도 같이 최종 생산물을 나누어 마시기 전에 격렬하게 발효되고 있는 최종 생산물을 큰 수집 통에 쏟아부어야 했다.

닌카시의 맥주는 일반적으로 다소 걸쭉하고 혼탁한 제품이었던 것으로 여겨진다. 그리고 부유 고형물이 많았다는 사실은 왜 그 맥주를 마시기 위해 발효 그릇인 공동의 큰 항아리에 긴 빨대를 사용해야 했는지를 설명해 준다. 닌카시 찬가에서는 맥주에 대해 "마음을 기쁘게 한다"라고 기록하고 있는데 일단 나누어 마시면 황홀한 기분을 느꼈던 것 같다. "맥주는 간을 행복하게 만든다"라는 한 시인의 또 다른 주장에 대해 비록 의사들은 눈살을 찌푸릴지도 모르지만, 맥주로 인해 수메르인들이 느낀 황홀한 기분은 현대 맥주 애호가들도 모두 흔쾌히 동의하는 감정일 것이다.

15장에서는 닌카시의 맥주 등 고대 맥주를 재현하려 했던 여러 멋진 영혼의 체험을 고찰하고 있다. 우선 우리는, 닌카시의 맥주가 지닌 다른 특성이 무엇이든지 간에, 찬가에 기록된 대추야자 주스, 꿀과 와인으로 재현한 맥주(어떤 맥주는 놀랍게도 3.5% ABV에 도달했다)가 오늘날 모험적인 맥주 애호가들 사이에서 고대에 대한 르네상스를 즐기는 것 같다 해서 '익스트림' 맥주로 불린다는 사실에 주목할 것이다. 분명히 맥주는 단순한 음료로 출발했다가 오랜 시간을 거치면서 더 복잡해진 것이 아니다. 사실 오늘날의 익스트림 맥주 열풍은 이 음료의 기원으로 회귀하는 것이라고 보는 것이 더 정확할 것이다.

◆ ◆ ◆

고대의 맥주 시장과 오늘날의 맥주 시장의 한 가지 차이점은 오늘날 우리는 물로 갈증을 해소하는 선택지가 있다는 것이다. 오늘날 대부분의 선진국의 시민들은 순수하고 신선한 물의 공급을 당연하게 여기지만, 과거에는 꼭 그렇지는 않았다. 농업 혁명의 진행은 거대한 규모의 공해를 동반했는데, 이러한 공해는 인류 사회가 아직도 합의하에 용인하고 있는 발전에 따라 발생하는 불가피한 부산물 중 하나이다. 수메르 시대에는 메소포타미아 평원이 사람들 및 사람 수보다 훨씬 더 많은 가축들로 넘치고 습했으므로 믿고 마실 수 있는 물의 공급원이 거의 없었을 것이다. 이는 와인이 특권을 지닌 소수에게만 허락되어 구할 수 없었다는 점을 고려하면, 닌카시의 맥주를 마시는 것이 가장 안전한 선택이었음을 의미한다. 그런 이유에서인지 맥주는 대부분의 장소에서 기록된 거의 모든 역사 속에 등장해 왔다.

자신만의 여신을 지닌 음료라면 그 음료는 그 음료를 생산한 사회에 매우 중요했을 것이다. 어쩌면 맥주 자체의 청결함만으로도 이런 지위를 부여하기에 충분했을지도 모른다. 그러나 수메르인에게 맥주가 가진 중요성은 이러한 의의를 훨씬 뛰어넘었는데, 그것은 바로 맥주가 메소포타미아 사회 내에서 부를 분배하는 주요 수단이었기 때문이다. 세금은 종종 신전에 바치는 곡물의 형태로 납부되었다. 닌카시와 여타 신들의 여사제들은 이 곡식을 사용해 맥주(그리고 빵)를 만들었으며, 이러한 생산물들은 이 과정에서 노동을 제공한 주민들에게 급여로 분배될 수 있었다. 당시의 설형 문자 명판들에 따르면 노동자들은 하루에 1시라sila(1리터 정도)의 맥주를 받았고, 관리들은 직급에 따라 2시라부터 최고 5시라까지 받은 것으로 보인다. 그 당시 맥주는 신선도가 오래 가지 않아 빨리 마셔야 했다. 그렇다고 해서 5시라를 받는 고위층이 늘 취한 상태였다는 것은 아니다. 아마도 맥주의 유효 기간이 짧다는 점은 더 적은 급여를 지불하기에 적합했을 것이다.

이 중 어느 것도 맥주가 수메르인들에게 단순히 경제적·의생태학적으로 중요했다는 의미는 아니다. 지금의 맥주가 가장 사교적인 음료인 것처럼 수메르 사회에서는 맥주가 큰 상징적 중요성을 지니고 있었다. 계급이 낮은 농부이든 계급이 높은 귀족이든 간에 동등하게 맥주를 담은 공동의 발효 단지를 공유했기 때문에—평민은 간단한 갈대 빨대를 사용하고 귀족은 금, 동, 청금석, 은 재질의 정교한 튜브를 사용하긴 했지만—맥주는 수메르 사회의 다양한 계층을 결속시키는 역할도 했다. 맥주는 가장 큰 국가적 행사에서도 흘러 넘쳤다. 기원전 870년 아시리아의 왕 아슈르나시르팔 2세는 니므루드(오늘날의 모술 남쪽 도시로, 최근에는 ISIS의 주요 신성 모독 대상이다)에서 새 수도가 완공된 것을 기념하기 위해 역대 최고의 축하 연회를 열었다. 그 즐거운 연회 기간에 아슈르나시르팔 2세는 약 7만 명의 하객을 맞으며 10일간 연회를 개최했다. 그 기간 동안 수만 리터의 맥주가 소비되었고, 수천 마리의 양, 소, 그리고 다른 불운한 동물들의 구운 몸통과 더불어 1만 부대의 포도주가 소비되었다.

결과적으로 고대 메소포타미아 세계를 잘 소통하게 만든 것은 사랑

보다는 맥주였던 것이다(아슈르나시르팔 2세는 특히 잔인한 무장 출신이었고, 그 사실을 자랑스럽게 여겼다). 그리고 역사를 통틀어 알코올에 대한 국가적 규제가 유감스럽게도 사회 규범이 되는 전조로서 알코올의 소비를 통제하는 법적 규제가 급속도로 시행되었다. 기원전 2000년 초, 바빌로니아의 왕 함무라비는 시민들의 행동을 규제하는 법령을 발포했는데, 음주 습관도 여기에 포함되었다. 함무라비의 명령 중 하나는 고객을 속인 선술집 주인(여자들일 것이다)은 익사시켜야 한다고 명시하고 있는데, 이는 소비자보호법의 범위에 들어갈 수 있다. 그러나 매우 험악한 정치적 명령도 있는데, 만약 선술집 주인이 우연히 들은 음모를 보고하지 않으면 죽임을 당할 것이라고 위협한다. 이는 일찍이 고대 시대에도 선술집은 활기찬 정치적 논쟁과 선동이 벌어졌던 장소이자 은밀한 악의 소굴이 될 수도 있었던 장소임을 짐작하게 한다.

메소포타미아가 보리를 원료로 한 맥주가 발명된 곳이었을지 모르지만, 고대 이집트인들 역시 맥주에 열광했다. 이집트에서는 일반적으로 더 세련된 버전의 맥주를 생산했다. 이집트인들 역시 맥주에 테네니트라는 자체의 여신을 수여했다. 그러나 이 음료는 일반적으로 상위 여신인 하토르와도 결합되어 있다. 덴데라에 있는 하토르의 신전에는 기원전 약 2200년의 비문이 있는데, 이 비문에는 "완벽하게 만족한 사람의 입은 맥주로 가득 차 있다"라고 적혀 있다.

전설에 따르면 위대한 신 오시리스가 직접 이집트에 맥주를 선물했다고 한다. 그러나 이집트인들은 매우 일찍부터 수메르인들로부터 양조의 관습과 여성 양조가(훗날 남성들이 이어받았지만)의 전통을 배웠을 가능성이 있다. 두 위대한 초기 문명에서 맥주는 확실히 비슷한 성질을 갖고 있었다. 보통 이집트 맥주는 맥아화(발아)된 곡물을 포함했을지도 모르는 부스러진 보리빵을 사용해 만들어졌다. 그렇기 때문에 진하고 영양가가 높았다. 그뿐만 아니라 특별히 대추야자와 꿀을 가미해 달콤한 맛이 났으므로 일찍이 고객들이 선호했을 것이다. 이후에는 발효시키기 전에 볶지 않은 맥아와 보리, 에머밀을 혼합한 후 직접 양조하는 경향이 나타났다. 이런 실험은 분명히 처음부터 양조업자들이 직접 해야만 했을 것이다. 그러나, 지금과 마찬가지로, 이로부터 초래되는 품질의 변화는 때때로 맛의 문제에서뿐만 아니라 경제적인 문제에서도 쟁점이 되었다.

수메르인들에게 그랬던 것처럼 맥주는 고대 이집트인들의 사회생활에서도 중요한 역할을 했다. 모든 연령과 계급이 맥주를 마셨고, 맥주로 품삯이 지급되었으며, 종교 축제에서도 맥주는 중요한 역할을 했다. 기자에 있는 거대 피라미드를 만든 장인들은 부분적으로 맥주로 보수를 받았는데, 그들의 컵은 매일 세 번씩 총 4리터가 채워졌다. 기원전 2500년경 4대 왕조의 파라오인 멘카우레의 피라미드는 가장 규모가 작고 가장 후세대의 것으로, (눈에 잘 띄지 않고 내용도 부정확한 비문에 따르면) "멘카우레의 주정뱅이"라고 자신들을 칭했던 패거리를 포함한 수많은 노동자들에 의해 지어졌다.

이 노동자들이 작업장에서 얼마나 소란스러웠는지 모르지만, 분명 맥주는 거대한 피라미드 세우기의 놀라운 위업을 가능하게 한 윤활유 역할을 했을 것이다. 그리고 그 힘든 노동으로 건강을 해쳤다 하더라도 문제될 것이 없다고 여겼던 것은 맥주가 지닌 치료상의 효과 또한 널리 요란하게 홍보되었기 때문이다. 이 음료는 광범위하고 다양한 첨가물과 함께 양조되어 이집트 초기 의사들이 다양한 질병에 중요한 처방제로 사용했다.

맥주가 사람들에게 활기를 불어넣고 사람들을 회복시키는 역할을 하게 되면서, 맥주는 문명화된 삶에서 뗄 수 없는 존재로 어디에나 존재하게 되었다. 고대 이집트의 부유한 사람들의 무덤 벽에 나타나 있는 생활상의 많은 장면 중에서 가장 매력적이고 친밀한 일부 장면은 맥주를 만드는 것, 마시는 것, 심지어 토하는 것까지 포함해 표현해 놓았다. 만일 어떤 사람이 불행하게도 맥주로도 치료할 수 없는 고통으로 인해 죽을 수밖에 없더라도 그 음료는 다음 생까지 함께 따라가는 필수적인 부장품이었다.

따라서 이집트인들은 맥주를 진지하게 대했다. 그 유명한 클레오파트라 7세 여왕은 로마와의 전쟁에 필요한 비용을 마련하기 위해 맥주에 세금을 부과함으로써 (아마도 역사상 처음으로) 국민들 사이에서 상당한 분노를 촉발시켰다. 맥주를 좋아하는 이집트 국민들이 로마에 패했을 때 훨씬 더 실망한 이유는 로마인들이 이 음료를 다소 업신여기는 듯했기 때문이다. 예를 들어, 포도주 애호가였던 역사가 타키투스는 맥주에 대해 "내가 선호하는 술과는 너무 동떨어진 특성"을 가진 "끔찍한 음료"라고 언급했다. 비슷한 맥락에서 황제 줄리안은 포도주의 냄새는 과즙의 향기이고 맥주의 냄새는 염소의 냄새라고 비교하기도 했다. 다시 말해 로마인들에게 와인은 신에게서 나온 것이었지만 맥주는 인간의 변변찮은 생산물이었다.

♦ ♦ ♦

고대 로마에서 맥주에 대해 내린 모호한 평판을 감안하면, 영국에서 기록상 처음으로 맥주를 양조한 사람이 아트렉투스Atrectus라는 이름의 식민지 로마인이었다는 사실은 주목할 만하다. 아트렉투스와 그의 동료들은 활기찬 로마 제국의 북부 전초 고지에서 자신들을 둘러싸고 있던 거칠고 투박한 족속인 철기 시대 게르만족과 앵글로 색슨족으로부터 아마도 양조 관습을 배웠을 것이다. 이렇게 마지못해 로마의 새로운 신민이 된 자들은 엔키두가 우루크라는 문명화된 세상을 즐기고 있던 시기보다 훨씬 더 일찍 북유럽의 춥고 거주하기에 부적절한 지역에 나타났던 선구적인 농경인들의 후손이었다. 그리고 그들은 분명히 맥주도 함께 가지고 왔던 것으로 보이는데, 왜냐하면 그들의 양조 관습에 대한 기록이 놀라울 정도로 일찍 발견되었기 때문이다. 그 기록은 기원전 3200~2500년 스코틀랜드 북쪽의 멀고 바람이 세찬 오크니 제도에 위치했던 스카라 브레라는 신석기 유적지에서 발견되었다.

약 2500년 전으로 추정되는 독일의 한 유적이 발굴된 덕분에 우리는 북유럽의 철기 시대 부족들이 어떻게 맥아를 만들었는지에 대해서도 조금 알고 있다. 즉, 특별히 파놓은 도랑에 보리를 흠뻑 젖은 상태로 발아 전까지 놓아두고 도랑의 끝에서 불을 내면 발아가 종식되었다. 그 결과로 생긴 연기는 맥아에 짙은 색깔과 그을린 맛을 전해주어 고품질의 맥아가 만들어졌을 것이다. 발굴 현장에서 함께 발견된 약간의 독성을 지닌 사리풀 씨앗이 양조에 첨가되었다면, 비록 오늘날의 맥주와는 매우 다른 맛이겠지만, 그 품질과 맛이 꽤 괜찮았을 것이다.

북유럽의 서늘하고 비가 많은 환경에서 곡물을 재배하는 방법을 알아내는 것은 결코 쉬운 일이 아니었다. 그렇기 때문에 초기의 유럽 양조업자들이 꿀, 딸기, 그리고 그들이 손에 넣을 수 있는 다른 발효 가능한 모든 것을 사용해 보충함으로써 부족한 보리나 밀을 절약했다는 것은 그다지 놀랄 일이 아니다. 일부 학자들은 초창기의 유럽에서는 술의 소비가 대부분 의식과 관련되어 있었다고 주장했다. 이러한 주장의 주요 증거는 음주 도구가 대부분 무덤에서 발견되기 때문인 것 같다. 그러한 장소는 확실히 의식을 생각하게 만드는 곳이지만, 또한 이러한 장소는 매우 잘 보존되어 왔고 고고학자들에 의해 발견될 가능성이 크기도 하다. 현재 대부분의 권위자들은 익스트림 맥주가 신석기 유럽의 일상적인 음료였다고 인정하고 있다.

맥주는 아대륙의 농업이 시작되기 전부터 북유럽의 생활양식 중 일부였다. 그러나 적어도 우리에게 전해 내려온 고문서들에 따르면, 당시의 맥주 소비는 수메르와 이집트에서처럼 항상 품위 있는 일이 아니었을지도 모른다. 예를 들어, 기독교화된 로마인 논평자 베난티우스 포르투나투스는 술자리의 게르만족 사람들을 "미개인처럼 추태를 부리는 사람… 어떤 사람은 자신의 목숨을 보존하고 떠나온 것을 행운으로 여겨야만 했다"라고 묘사한 적이 있다. 폭음은 분명 현대의 발명품이 아니다.

따라서 맥주는 메소포타미아에서 서유럽까지 펼쳐진 광대한 핵심 지역에서 항상 평판이 좋았던 것만은 아니지만 오랜 역사를 갖고 존재해 왔다. 그러나 우리는 부분적으로 곡물을 사용한 복합 알코올음료가 멀리 떨어진 중국에서 비롯되었다는 가장 초기의 증거를 무시할 수 없다. 1980년대부터 고고학자들은 약 9000년 전에서 7600년 전 사이에 존재했던 중국 북중부 신석기 마을인 지아후에서 매우 세련된 사회의 증거를 발견했다. 초기부터 지아후 사람들은 도자기 용기를 사용했는데, 생체분자 고고학자 패트릭 맥거번Patrick McGovern이 이끄는 연구팀은 그중 가장 오래된 몇몇 도자기에서 쌀 위주로 만든 맥주를 정당화할 수 있는 화학적 흔적을 발견했다.

하지만 기술적으로 과학자들은 지아후의 그 화학적 흔적을 복합음료라고 언급했는데, 그들이 확인한 화학적 표지들은 거의 확실하게 다양한 성분에 기원을 두고 있었기 때문이다. 우선 쌀이 있었는데, 이 쌀은 그곳 유적지에서 배아 및 껍질이 보존된 상태로 발견되었으므로 아마도 직접 재배한 단립종이었을 것이다. 쌀 속에 있는 녹말은 균류의 작용을 통해서 분해된 것이 아니라 현재 중국 약주를 생산할 때처럼 씹거나 침을 뱉는 방법(아마도 인간이 고안한 최초의 당화 방법)에 의해, 또는 나중에 서양에서 사용한 맥아 과정에 의해 발효 가능한 당들로 분해된 것으로 여겨진다(후자의 맥아화 과정에 대한 기록 가운데 가장 오래된 것은 기원전 2000년 후반의 상왕조 때의 기록이다). 쌀 외에도 포도, 꿀, 산사나무 열매와 함께 여러 가지 화합물이 확인되었다. 맥거번과 그의 동료들은 이 모든 증거를 종합해 지아후 음료는 포도와 산사나무 열매로 만든 과실주, 벌꿀주, 약주 등의 복합물이었을 것이라고 결론지었다. 맥거번이 기록상 적용한 정의에서는 '와인'은 과일 위주의 술로 알코올 도수가 상대적으로 높은 9~10% ABV 이상이며, '맥주'는 곡물 위주의 술로 알코올 도수가 4~5% ABV 정도로 낮다. 그러나 매우 중요한 점은 맥거번이 지아후 복합음료를 재현하기 위해서 와인 제조업자가 아닌 맥주 양조 장인과 제휴했다는 점이다. 그 결과 10% ABV의 음료를 얻었지만, 맥주 양조장에서는 그 음료를 '고대 에 일'로 분류했다.

14장과 15장에서는 이 음료와 다른 고대 맥주 음료의 재현 과정에 대해 좀 더 자세히 살펴볼 것이다. 현재로서는 신석기 시대 초기의 알코올음료 생산자들은 발효될 수 있는 거의 모든 것에 대한 실험을 하고 있었고 이로 인해 지아후 복합음료와 다른 고대 알코올성 음료를 현대의 어느 범주에 끼워넣기가 어렵다는 사실을 강조하는 것만으로 도 충분하다. 오늘날 고대의 '익스트림' 맥주를 재현하는 것과 마찬가지로 그 시절에도 무슨 일이든 진행되었다. 의심할 여지없이 고대의 고객들은 자신들이 좋아하는 특정 종류의 발효 음료를 더 달라고 시끄럽게 요구했을 것이고 요구대로 제공되었을 것이다. 그럼에도 불구하고 고대 역사 속으로 떠난 우리의 짧은 여행은 오늘날 우리가 사용하는 맥주의 분류가 꽤 최근의 현상이거나 어쩌면 부수적인 현상일 수도 있다는 것을 보여준다.

제 3 장

혁신과
신흥 산업

차가운 병이 반짝이는 작은 구슬 같은 응축된 물방울을 머금고
테이블 위에 놓여 있었다. 병목의 라벨에는 'Since
1040'이라고 쓰여 있었고 우리는 일종의 경외심을 가지고
세계에서 가장 오래된 맥주 양조장에서 생산한 이 현대 제품의
뚜껑을 열어젖혔다. 붓는 느낌이 부드러웠고, 수수한 거품이
일었으며, 빛깔은 밝은 호박색으로 빛났다. 뒤이어 맥아와
홉이 훌륭하게 밸런스를 이룬 맛이 뒤따랐다. 우리는
고전적이고 철저히 수제로 만들어진 라거를 시험하고 있었다.
이 라거는 11세기에 바이엔슈테판의 수도사들이 만들었던
검고 탁한 에일과는 의심할 바 없이 전혀 다른 것이었다.
그러나 다시 생각해 보아도 아마도 이후 거의 천년 동안
이어진 맥주 제조에서는 어떤 것이든 전수되어 이어져 왔을
것이다.

보리 맥주와 밀 맥주의 최근 역사는 기본적으로 유럽의 것이지만, 맥주의 매력은 분명 아대륙의 경계를 훨씬 넘어선다. 곡물 위주의 알코올음료의 발상지인 중국은 2016년 미국을 제치고 믿기 어려운 양인 250억 리터의 맥주를 소비하며 세계 최대의 상업용 맥주 시장이 되었다. 중국에서의 맥주 생산은 독일인들이 1903년 칭다오에 양조장을 개업하고서부터 시작되었다. 그리고 지금도 그곳에서는 독일 라거 양식의 맥주가 압도적으로 많이 생산되고 있다. 일본에서 맥주는 이제 문화의 뗄 수 없는 한 부분으로 가장 많이 소비되는 알코올음료이다. 일본에서 이 음료의 역사는 중국에 비해 조금 오래되었을 뿐이다. 일본 사람들이 처음으로 마신 맥주는 1853년 페리Perry 제독의 기함 USS 미시시피 호의 선상 바를 통해 도쿄 만에 도착했다(네덜란드 상인들이 이보다 앞서 17세기에 일본에서 맥주를 제조했지만, 이 맥주는 단지 자신들이 소비하기 위한 것이었다). 그리고 오늘날 일본 맥주는 결국 독일의 영감을 받은 전통적인 미국 양조 산업의 영향을 강하게 받고 있다. 21세기 인도는—인구가 많고 세계에서 가장 널리 소비되는 페일 에일 양식과 밀접한 관계에 있음에도 불구하고—"맥주 마시는 데서는 경량급" 정도로 적절하게 묘사되어 왔다. 최근에는 매출이 반짝 증가하긴 했지만 말이다. 그리고 곡물을 발효시킬 수 있는 모든 가능성을 자유롭게 실험했던 수메르인들의 근동지역에서는 '와인'에 대한―넓게 보면 유감스럽게도 모든 알코올음료에 대한―코란의 금지령에 의해 맥주의 생산과 소비가 1000년이 훨씬 넘는 기간 동안 엄격하게 금지되었다.

그럼 유럽으로 돌아가 보자. 우리는 (아마도 잘못된 명칭인) 암흑시대Dark Ages 동안, 즉 5세기 로마제국이 붕괴된 이후의 시간 동안 유럽 각 지역의 양조 전통이 어떠했는지에 대해 많은 것을 알지 못한다. 우리가 알고 있는 것은 구제국의 보다 온난한 지역에서는 와인이 계속 만들어지고 계속 소비된 반면, 시원한 북방 지대에서는 곡류가 다시 부각되고 맥주가 다시 전면으로 돌아왔다는 것이다. 밀은 분명히 더 귀한 곡물이었지만 보리가 더 널리 재배되고 있었다. 그리고 가장 비천한 농민에서부터 그 이상 계급의 모든 사람이 일상적으로 보리를 주 원료로 한―종종 맥아를 두 번째로 사용해서 얻은―저알코올의 맥주를 대량으로 마시고 있었는데, 이는 맥주가 물보다 훨씬 안전한 음료로 인식되었기 때문이다. 물론 맥주 속의 알코올 성분도 그런 점에 도움이 되었을 테지만 맥주를 만드는 과정에서 살균 효과를 발휘하는 끓임 과정이 더 결정적인 원인이었을 것이다. 이는 당시 대부분의 다른 수자원과 결코 견줄 수 없는 점이었다. 오직 부자나 귀족들만 비싼 꿀을 기반으로 한 벌꿀 술과 더 강한 맥주를 마셨고, 남부에서 수입된 와인은 종교 의식에 사용할 때를 제외하곤 대부분의 북유럽에서 거의 볼 수 없었다. 그 시대를 지배했던 저알코올의 맥주는 약 800년경부터 바이킹족과 함께 긴 배를 타고 여행을 시작했으며, 길고 힘든 항해를 하는 그들을 강인하게 만들었다.

로마인들이 와인을 신들의 선물로 여긴 반면 맥주는 한없이 천한 것으로 업신여겼던 것처럼, 신흥 기독교 교회도 성례의식에서 필요한 와인의 중요성은 높게 평가한 반면 맥주에 대해서는 낮게 평가했다. 5세기에 키루스의 테오도레투스라는 한 소수파 신학자는 보리 맥주를 "식초 비슷한 악취가 나고 유해한 것"이라고 말했는데, 그의 이러한 단어 선택은 지역 맥주에 대한 정확한 묘사였을 수도 있고 아닐 수도 있다. 하지만 이것이 기독교인들 사이에서 널리 퍼져 있던 인식, 즉 맥주가 이교도들의 술이라는 인식으로부터 영향을 받았다는 것은 확실하다.

그러나 결국 교회 당국은 자신들이 개종시키고자 하는 사람들의 미각적 선호를 수용하기로 결정했다. 교회 당국은 이방인들을 물리칠 수 없다면 그들과 함께해야 한다고 분명히 결론지었다. 여기에 더해 수도사들은 양조를 하는 것이 수확기에 십일조로 넘쳐나는 곡창의 곡물을 사용하고 보존하는 훌륭한 방법이라는 것을 알아냈다. 그래서 수도원의 양조 전통이 생겨났다. 오래지 않아 수도원들은 맥주의 사업화와 품질 향상을 위해 회중의 참여와 경쟁을 유발시키면(그리고 남성을 중심으로 삼으면) 회중들이 자신들을 잘 따른다는 사실뿐만 아니라, 맥주가 유용한 수입원이라는 사실도 알게 되었다. 중세 시대가 진행되면서 수도사들은 자신들의 주머니를 채우기 위해 맥주를 만드는 한편으로 세속적인 사람들처럼 최고의 맥주에 우엉, 서양가새풀, 쑥속 식물, 샐비어, 쑥, 쓴 박하, 주니퍼 베리 같은 점점 더 이국적인 허브 성분의 '그루이트'를 첨가해 향을 내는 시도를 했고, 이 음료는 점점 더 활기찬 수도원의 실험대상이 되었다.

그리고 결국 홉이 등장했다. 9세기에(또는 그보다 더 빠른 시기에) 덩굴 식물인 휴물러스 루풀러스의 마른 씨앗 구과를 맥주 제조에 추가했는데, 이러한 혁신은 모든 것을 바꾸어놓았다. 홉은 단순히 신선한 쓴맛을 주는 강력한 향뿐만 아니라 맥주의 수명을 연장시키는 천연 방부제도 함유하고 있다(9장 참조). 홉이 없던 시절에는 맥주를 다른 지역으로 이동할 수 없어서 신선할 때, 즉 만드는 즉시 마셔야 했다. 알코올 도수가 높은(알코올 그 자체가 방부제가 되는) 맥주만 다른 지역으로 출하될 수 있었다. 그러나 홉 덕분에 제조상 적은 양의 맥아가 요구되는 저알코올 맥주를 포함해 어떤 맥주라도 전보다 더 멀리 운송될 수 있었으며, 따라서 장거리 교역이 발달되었다.

◆ ◆ ◆

　모든 초기 수도원 맥주 또는 대수도원 맥주(벨기에에서는 수도원에서 맥주를 만드는 전통이 중단되지 않고 지금까지 존재하는 것으로 알려져 있다)는 아주 일반적인 에일류에 속했다. 에일은 실온에서 발효된 맥주로서 주로 빵을 굽고 포도주를 발효시키는 데 사용하는 것과 같은 효모종인 사카로미세스 세레비시아를 사용하지만 때때로 야생 효모를 사용하기도 한다(8장 참조). 효모는 발효 중에 액체의 위층까지 떠올라 진한 거품을 형성한다. 에일은 양조 과정에 현재와 같은 무한의 다양성을 부여했다. 수도원의 맥주 장인들은 발효통의 온도(초기에는 양조하는 계절로 이 조건을 충족시켰다), 발효 시간, 사용하는 맥아의 종류와 양, 맥아를 볶는 방법, '그루이트'의 조성(홉이 등장한 후 서서히 사라졌다), 홉의 양, 홉의 아이덴티티(9장 참조)를 포함한 수많은 변수를 조절

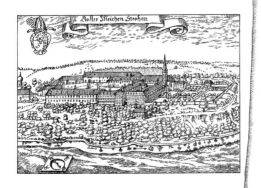

그림 3.1 왼쪽: 미카엘 베닝(Michael Wening)의 판화 「바바리아의 토포그래피(Topographie Bavariae)」에 묘사된 바이엔슈테판 수도원(1700년경). 오른쪽: 1516년 바바리아에서 포고한 맥주 순수령(Reinheitsgebot).

해 가면서, 아주 넓은 범위의 향, 질감, 알코올 도수를 지닌 맥주들을 생산할 수 있었다. 한편 교역이 늘고 평판이 높아짐에 따라 각 수도원들은 최소한 특정한 계절에 한정되어 전문화되는 경향이 있었다.

세계에서 가장 오랫동안 운영된 양조장은 수도원 기업으로 시작되었다. 오늘날 국유기업으로 독일 바이에른 주 프라이징 시의 바바리안 마을에 있는 바이엔슈테판 양조장은 베네딕트 바이엔슈테판 대수도원의 후원으로 맥주 생산을 시작했다(그림 3.1). 1040년에 시 당국은 바이엔슈테판 대수도원의 수도사들에게 맥주 양조에 대한 정식 면허를 내주었다. 이 허가는 이미 수백 년 동안 수도원 토지에서 재배되어 왔다는 기록이 남아 있는 홉을 사용해 양조를 하도록 허락하는 것이었다. 바이엔슈테판에서 맥주 생산이 1040년에 시작되었을 가능성은 거의 없어 보이지만, 그 면허서의 날짜 때문에 체코의 자테츠는 1004년에 생산한 맥주에 대해 처음으로 세금을 납부한, 세계에서 가장 오래된 양조장이라고 주장할 수 있게 되었다. 그러나 시설 자체로만 본다면 오늘날 자테츠의 양조 시설은 1801년으로 거슬러 올라간다. 지금도 수도원에서 운영하는 가장 오래된 양조장은 바바리안 벨텐부르크 대수도원으로, 1050년에 운영을 시작했다. 19세기 초의 정치적 격변기 동안 잠깐 운영이 중단되었음에도 불구하고, 벨텐부르크는 여전히 수도원으로서 경연대회 수상에 빛나는 흑맥주뿐만 아니라 맛있는 필스너도 만들어내고 있다.

독일 상업 맥주 제조에서 수도원들의 독점은 오래가지 못했다. 중세 후기를 거치면서 독일 마을과 도시들이 꾸준히 확장되자 상업 중산층은 점점 더 번영하고 영향력을 지니게 되었다. 이들은 수도원 독점의 맥주 생산을 중단하기 원했는데 아마도 프라이징 시 당국이 바이엔슈테판에 면허서를 발행한 것도 이러한 이유 중 하나일 수 있다. 1254년 쾰른 시가 양조업자들에게 길드를 조직할 수 있도록 허가했고(이는 떠오르는 대부분의 다른 업종보다 100년 늦은 것이었다) 다른 지역에서도 연이어 그 뒤를 따랐다. 이러한 변화는 도시와 지역들이 자신만의 스타일을 개발하고 무역을 통해 경쟁하도록 이끌었다. 그리고 이는 필연적으로 맥주 전쟁으로 이어졌다.

바이엔슈테판, 자테츠, 벨텐부르크의 초기 생산품은 모두 에일이었다. 그러나 헤페바이젠을 제외하고는 오늘날 이들 역사적인 양조업자들이 생산하는 맥주는 모두 라거이다. 이것은 양조 역사상 가장 중대한 분열의 결과물이다. 15세기 초에(그 이전일 수도 있다) 니더작센 지역의 아인베크와 그 주변의 양조 장인들은 근본적으로 새로운 양식의 맥주를 생산하기 시작했다. 바이에른의 양조업자들은 이미 석회암 동굴에서 에일을 저장하고 숙성시켜 왔는데, 그곳은 시원했기 때문에 숙성에 따라 생길 수 있는 바람직하지 않은 박테리아의 성장을 억제할 수 있었다. 하지만 아인베크의 신제품은 무언가 다른 점이 있었다. 시원한 동굴에서 조용히 겨울을 보낸 에일이 화학적으로 더 복잡하고 전형적으로 혼탁해지는 것과 달리, 아인베크의 에일은 서늘한 마무리로 맑고 밝아졌다. 오랜 시간이 걸려 확립된 맥주의 냉저장 방법은 독일에서는 라거링으로 알려져 있었는데, 아인베크에서는 왜 이러한 냉저장 방법이 독특하게 유익한 효과를 발휘했는지 당시 모든 지역의 어느 누구도 전혀 알지 못했다.

이러한 무지는 별로 놀랍지 않다. 왜냐하면 발효가 일어나는 원인을 아무도 정확히 몰랐기 때문이다. 사람들은 오래 전부터 어떤 특정한 성분이 발효를 촉진한다는 것을 알고 있었고, 양조 과정 중 상위층에 형성된 부유 거품을 다음 양조 과정으로 옮김으로써 발효를 위한 작용물을 지속적으로 얻을 수 있었다. 그러나 발효가 오늘날 우리가 효모로 알고 있는 작은 생물에 의해 이루어진다는 사실이 발견되기까지는 19세기 프랑스의 화학자 루이 파스퇴르의 연구를 기다려야 했다. 그러나 파스퇴르가 이 위대한 발견을 하고 나자, 라거의 양조업자들이 독특한 종류의 효모를 사용해 자신들이 원하는 맥주를 만들고 싶은 바람을 실현하는 것은 시간문제였다(8장 참조). 21℃ 전후에서 가장 잘 발효되었던 전통적인 효모 사카로미세스 세레비시아와 달리, (파스퇴르 이름에서 따와) 지금은 사카로미세스 파스토리아누스로 새롭게 알려진 효모는 4.5℃ 내외의 훨씬 더 낮은 온도에서 번성했다. 그리고 사카로미세스 세레비시아는 액체 표면에서 발효가 진행되는 상층 효모인 반면, 이 새로운 효모는 다른 침전물을 운반하며 발효 탱크의 바닥으로 내려가 상층의 액체를 맑고 밝게 했다. 초기에는 맥아를 연기로 그을리며 장작 가마에서 구웠기 때문에 맥주의 색깔이 전형적으로 어둡기는 했다. 마찬가지로 중요한 것은 이 새로운 효모가 액체를 통해 부산물인 이산화탄소를 분출시켜 거품을 일게 한다는 점이었다.

이 새로운 효모가 정확히 어디에서 나왔는지는 아직도 논쟁 중이다. 지난 40년 동안 사카로미세스 파스토리아누스는 사카로미세스 세레비시아와 다른 종 사이의 교배의 결과라고 알려져 왔다. 그러나 사카로미세스 파스토리아누스에게 내한성과 하층 효모 기질을 명백히 부여한 두 번째 효모는 오랫동안 알기 어려운 상태로 남아 있었다. 이제 그 정체가 밝혀졌고 사카로미세스 오이바이아누스라는 이름이 붙여졌다. 이 효모는 남미에서 처음 발견되었지만 지금은 티베트에서도 발견되었다는 기록이 있다. 이렇게 분포가 새로 확대된 덕분에 아직 과학적으로 발견되지는 않았지만 중앙유럽의 떡갈나무 숲에도 이 효모가 잠복하고 있을 가능성이 상당히 높을 것이라는 추정이 가능하다. 그렇지 않다면 이 효모가 어떻게 아인베크로 가는 길을 찾았는지는 아무도 모른다.

한편, 15세기에는 맥주 양조 혁신의 진앙지인 바이에른에서 또 다른 중요한 발전이 진행되고 있었다. 가장 중요한 발전은 독일에서 맥주 순수령Reinheitgebot이 발원된 것이었다. 맥주 순수령은 1487년 뮌헨

공국에서 처음 공포된 뒤 1516년 전체 바이에른에 걸쳐서 성문화되었으며, 최종적으로는 독일 전역에 걸쳐서 성문화되었다(1919년 바이에른은 이 법이 전국적으로 채택되지 않는다면 바이마르 공화국에 가입하지 않겠다고 밝혔다). 맥주 순수령은 맥주의 합법적 성분은 물, 보리, 그리고 홉뿐이라고 규정했다(그림 3.1). 효모는 수세기 후에, 즉 파스퇴르의 발견 이후에 이 목록에 추가되었다. 이 법은 또한 맥주 판매 방법 및 가격도 규제했다. 이 법은 관점에 따라서는 강화된 소비자 보호 법안이라고 볼 수 있지만, 밀 부족으로 종종 빵이 부족했기 때문에 보리를 맥주 양조의 유일한 곡물로 지정했다는 데 더 큰 의미가 있을 수 있다. 더욱이 맥주에 대한 세금은 정부 당국의 주요 수입원이었는데, 그들은 맥주의 품질 하락이 재정 감소와도 관련 있을 수 있다고 예민하게 생각하고 있었다. 1553년 바이에른 당국은 따뜻한 여름(유해한 미생물이 번성할 가능성이 있는 시기)에 양조하는 것을 금지하도록 촉구했는데, 이것은 아마도 그러한 우려 때문이었을 것이다. 따라서 바이에른의 맥주 생산은 라거로 국한되었고, 이는 전 세계 맥주 시장에 오랜 기간 영향을 미쳤다.

독일의 맥주 생산이 완전히 획일적인 것은 아니다. 라거가 전국적으로 압도적으로 가장 잘 팔리는 맥주이지만, 상층 발효를 통한 밀 맥주도 만들어 널리 소비되고 있다. 다른 독일산 맥주로는 호밀 맥주, 저온 숙성한 쾰시 같은 혼합상층 발효 맥주, 먼 옛날 방식으로 장작불 위에서 구운 맥아와 라거 효모를 결합해 만든 밤베르크의 유명한 연기 맥주, 심지어 밀과 보리 맥아에 더해 꿀, 당밀, 귀리를 함유한 콧부스 시의 혼합음료도 있다.

　　　　　◆ ◆ ◆

　　바이에른 옆에는 오늘날의 체코 공화국의 서부 지역인 보헤미아가 있다. 훌륭한 양조 전통은 있지만 독일과 같은 맥주 순수령은 없었기에 플젠 보헤미아 마을의 맥주 양조 표준은 19세기 초 쯤 이미 사라져 버렸다. 그 결과 1838년 폭동을 일으킨 주민들이 지역 맥주 수십 통을 마을 사무소 계단에 폐기하는 사건도 일어났다. 이에 놀란 플젠 시의 지도자들은 도움을 호소했는데, 그 해결책으로 거칠고 성미도 고약한 요세프 그롤Josef Groll의 기술이 나타났다. 그롤은 바이에른 출신의 양조업자로, 영국을 여행한 뒤 코크스 연료로 구운 약한 맥아(더 자세한 사항은 뒤에 설명할 것이다)를 사용해 순한 맛의 에일을 만드는 비결을 알게 되었다. 그롤은 영국 건조로에 투자하고 그 결과로 생긴 맥아를 바이에른 라거 양식으로 발효시켰다. 이 지역 물의 연한 수질, 사츠 홉, 보리는 이러한 처리에 이상적으로 적합한 것으로 확인되었다. 몇 달 후 첫 통의 꼭지를 열어 안의 액체를 따라낼 때 모든 사람이 황홀해졌다. 그롤의 '필스너'는 '눈처럼 하얀 두터운 거품', 은은한 홉 향기와 함께 맑고 순했으며, 황금색이고 밝았다. 다른 사람들도 이에 필적하기 위해 격렬하게 분투했지만 결국 그롤의 필스너가 라거의 표준이 되었다. 현재 유럽 전역에서, 실제로는 전 세계에서 다양한 스타일로 '필스너'가 만들어지지만 맥주 애호가들은 플젠 시에만 있는 모든 재료를 합쳐야 완벽한 필스너가 가능하다고 주장한다.

◆ ◆ ◆

비록 독일 사람들이 라거를 선호해 점차 에일에서 멀어져 갔지만, 벨기에에서는 에일을 계속 선호했다. 독일과 마찬가지로 벨기에의 맥주 제조도 원래 수도원의 활동영역으로 시작되었다. 그러나 계속된 정치적 격변으로 인해 결국 맥주 제조의 많은 오래된 기반이 대부분 소멸했다. 16세기에서 18세기에 걸친 진통 끝에 오늘날 벨기에의 대수도원 맥주는 다시 세워진 수도원에서 주로 생산되거나, 아니면 단지 수도원 에일의 '양식으로' 만들어진다. 이렇게 만들어진 에일은 많은 벨기에 해변 거리의 수요를 담당하고 있다. 벨기에 대수도원 맥주의 특별한 한 범주는 트라피스트 수도회 명칭을 가진 맥주들로 구성되는데, 이는 이 맥주들이 17세기 프랑스에서 시작한 시토 수녀회의 트라피스트 분파에 속하는 여섯 개의 수도원 중 하나에서 양조되고 있기 때문이다. 여섯 개의 트라피스트 양조 수도원 중 한 곳을 제외한 다섯 곳이 1835년 이후에 설립되긴 했지만, 오늘날 세계적인 맥주 11개에는 모두가 동경하는 ATP Authentic Trappist Product 라벨[트라피스트 맥주를 만들 수 있는 11개의 양조장에만 허락된 정통 트라피스트 인증마크_옮긴이]이 붙어 있다.

작은 나라임에도 벨기에는 놀랄 만큼 많은 종류와 스타일의 맥주를 보유하고 있다. '두벨'과 '트리펠'은 원래부터 트라피스트 수도회가 지정한 에일로, 중후한 감칠맛과 과일 맛이 나는 갈색이며(근래에는 트리펠이 대체로 더 황금빛이긴 하다), 알코올 도수는 각각 6~8% ABV, 8~10% ABV였다. 벨기에의 앰버 에일은 종종 밀도, 맥아 함량, 알코올 도수가 보다 높아질 경우 대체로 영국의 페일 에일과 비교된다. 즉, (알코올 도수가 더 낮지만 않다면) 앰버 에일의 맛과 색이 더 순하고 엷더라도 금발 빛깔이라는 이유로 같은 스타일 범위에 속한다. 샹파뉴 맥주는 병에서 두 번째 발효를 거치고, 플레미시Flemish 레드는 유산균 배양이 적용되었다. 세종saison 또는 '팜하우스 스타일'의 에일은 왈로니아 남부 농장의 수확기에 갈증을 겪는 노동자들을 위해 만들어진 전통적인 저알코올 맥주였다. 원래 왈로니아 북부의 산업지대 노동자들을 위해 만들어진 더 오래된 버전은 맛이 더 중후한 비에르 드 가르드로 알려져 있다. 그러나 주의할 것은, 전통은 차치하고, 현대의 많은 세종 맥주의 알코올 도수가 5~8% ABV 범위라는 것이다. 벨기에의 유명한 명품 맥주 중 하나로 오랜 숙성을 거친 야생 효모를 사용해서 밀로 빚은 람빅 맥주가 있다. 람빅 맥주에는 과일을 첨가할 수 있는데, 크렉에는 체리, 프랑브아즈에는 라즈베리, 페셰에는 복숭아를 첨가할 수 있다. 만약 당이 발효를 시작하는 데 사용되면 그 결과로 파로Faro가 만들어지는 반면, 사우어 비어sour beer[신맛 나는 맥주_옮긴이]의 원조로 발포성을 약간 지닌 구에즈는 불완전하게 발효된 초기의 한 회분을 오래된 묵은 것과 섞어서 야생 효모들로 하여금 병에서 발효를 마치도록 하는 전통적인 방법으로 만들어졌다.

한마디로 벨기에는 맥주 애호가들에게는 경이로운 나라이다. 갖가지 에일이 지닌 순수한 다양성은 이 지역에서 맥주가 지닌 깊은 역사적 뿌리를 말해주고 있다. 따라서 지난 수세기 동안 벨기에가 많은 혼란을 겪었음에도 불구하고 역사적으로 오래된 스타일의 맥주를 오늘날 버전으로 만든 제품들은 지난 시대의 모델들을 정확하게 복제하지는 않았다. 모든 벨기에 맥주가 모두의 취향에 맞는 것은 아니지만 모든 벨기에 맥주는 흥미로우며, 부실하게 만들어진 벨기에 에일을 찾는 것은 쉽지 않다. 벨기에는 또한 그다지 유명하지 않은 필스너 스타일의 라거들을 대량으로 생산한다. 외부인들이 보기에는 이상해 보이지만 오늘날 벨기에 맥주 소비자들은 대부분 보다 순한 스타일을 선호한다. 따라서 벨기에 내에서는 라거를 에일보다 훨씬 더 많이 생산하고 소비한다.

◆ ◆ ◆

벨기에가 이처럼 수없이 많은 종류의 에일을 보유하고 있는 확실한 이유 중 하나는 와인 포도를 재배하기엔 부적절한 지역인 너무 높은 북쪽에 위치해 있기 때문이다. 이는 또 다른 훌륭한 에일 생산국인(혹은 최근까지 그러했던) 영국도 마찬가지이다. 영국은 상층 발효 맥주 제조에서 스카라 브레까지 거슬러 올라가는 오랜 전통을 가지고 있다. 그리고 라거를 양조하고 마시는 관습은 20세기 후반까지도 영국에 크게 파고들지 못했다.

중세기 초 영국에는 양조 과정에서 나온 맥아를 재사용해 만든 저알코올 맥주가 넘쳐났는데, 이는 영양과 안전한 수분을 제공하는 훌륭한 공급원으로서의 역할을 하기도 했다. 처음에는 에일 와이프라고 알려진 여자들이 점포 내에서 만든 맥주를 파는 술집을 운영했던 것으로 보이는데, 오래지 않아 남자들이 그 사업에 끼어들기 시작했다. 14세기에 이르자 남성 양조업자들은 길드를 결성했다. 그들은 주로 각자 자신들이 운영하는 업소를 위해 맥주를 생산했지만, 곧 다른 곳에도 맥주를 공급하기 시작했다. 이것은 훗날 특약 술집(특정 회사 제품만 파는 술집)의 전조가 되었다. 이처럼 양조사업이 발달하자 공정한 과세 목적으로 가격을 책정하기 위해서뿐만 아니라 판매된 제품의 알코올 도수를 평가하기 위해서도 지방자치체가 고용한 '주류 검사관의 직책'이 필요해졌다. 이는 소비자 보호를 위한 제도의 초기 형태이기도 했다. 이 주류 검사관들은 제대로 무장을 하고 이 직책을 맡아야 했는데, 아마도 이들이 평가해야 하는 맥주가 항상 좋은 품질이었던 것은 아니기 때문일 것이다. 주류 검사관들은 자신들의 가죽바지가 걸상에 붙을 만큼 농축도가 충분한지 판단하기 위해 맥주 웅덩이에 앉아 있어야 했다는 이야기가 있는데, 안타깝게도 이는 사실 여부를 증명할 수 없는 일화이다. 중세 영국에서 맥주의 부패는 특별한 이슈였을 것이다. 왜냐하면 영국에서는 방부제로 작용하는 홉을 사용하기까지 오랜 세월이 필요해 16세기에 이르러서야 홉이 정규 성분으로 영국 맥주에 포함되었기 때문이다.

18세기로 바뀔 무렵 영국의 대형 양조업자들은 포터로 알려진 새로운 스타일의 에일을 출시했다(전해지는 바에 따르면 시장 짐꾼들 사이에서 인기가 높았기 때문에 이런 이름이 붙여졌다고 한다). 포터는 고함량의 홉으로 맛을 냈으며 검게 구운 맥아로 만들어졌다. 이 맥주는 일반적으로 6% ABV 이상의 높은 알코올 도수를 지녔으며, 온도계나 액체 비중계 같은 초기 과학 기기의 도움을 받아 공산품으로 생산·유통된 최초의 맥주였다. 맥주를 공산품으로 제조하는 대형 양조업자들이 규모의 경제를 향유하자 곧 개별 술집에서 자신들의 맥주를 직접 만드는 것은 현실적으로 무익해졌다.

보리를 굽기 위한 가마는 전통적으로 나무나 석탄을 연료로 사용해 상당히 밀도가 높고 그을린 맥아를 생산했다. 포터는 이에 상응해 상당히 독하고 어두운 색의 맥주였다. 그러나 18세기 초의 급속한 기술 발전 덕에 나무나 석탄에 비해 깨끗하게 연소되는 연료인 코크스를 훨씬 더 저렴하게 더 널리 이용할 수 있게 되었다. 이 발전은 좀 덜 어두운 색깔의 맥아를 대량 생산하는 길을 열었고 이것은 (우리가 앞서 본 그롤의 필스너 라거와 마찬가지로) 신종 페일 에일을 싹 틔우는 기반이 되었다.

페일 에일이라는 주제에서 매우 중요한 변화 중 하나는 신생 대영제국을 위해 특별히 만들어진 인디아 페일 에일India Pale Ale(이하 IPA)이었다. 인도의 뜨거운 기후로 인해 현지에서 맥주를 만드는 것은 비현실적이었지만, 무더위에 지친 영국 상인들과 잡다한 모험가들은 인도의 전통에서 선택의 여지가 없는 자극적이고 종종 매우 위험한 아라크 야자 와인보다 더 나은 무언가를 원했다. 영국인들이 제공한 시장은 잠재적으로 엄청난 수익을 가져다줄 수 있었지만, 영국 에일을 인도로 운반하는 것은 길고 힘든 바닷길을 통해야 했으므로 전통적인 맥주들을 이상적인 상태로 보존할 수 없었다. 이 문제의 해결책은 옥토버라고 알려진 기존의 맥주 스타일을 바탕으로 알코올 도수를 약간 증가시키고 홉 함량을 크게 늘리는 것이었다.

옥토버 맥주들은 지주계급으로부터 큰 사랑을 받은 다양한 종류의 고알코올 페일 에일이었다. A. E. 하우스맨A. E. Houseman은 "친구와도 같은 영국 맥주가 많이 있다. 뮤즈 신보다 더 활기를 주는 술이다"라고 표현한 바 있다. 통상적으로 이 맥주들은 대저택 지하 창고에서 2년 동안 숙성되었지만, 인도로 가는 조금 짧은 항해에서도 같은 효과를 얻거나 그 이상의 결과를 성취하는 것으로 증명되었다. 열대의 인도에 도착한 이 에일은 밝고 달콤하고 상쾌했을 뿐만 아니라 종종 약간의 발포성을 보이기도 했는데, 이는 브레타노미세스 효모의 활동으로 인해 맥주통에서 이차 발효가 발생했기 때문일 가능성이 가장 높다(8장 참조). 엄청난 물량의 IPA가 인도와 그 너머 호주로 수출되었고, 19세기 초에는 저알코올의 IPA 버전이 이미 영국 내 소비자들에게 판매되고 있었다. 이런 종류의 순한 IPA는 대륙으로도 수출되어 많은 호응을 얻었다. 바스 에일은 에두아르 마네Édouard Manet의 1882년 걸작품인 「폴리 베르제르의 술집」에서 샴페인 병들과 나란히 등장한다.

아일랜드에서는 포터가 독자적인 방향으로 발전했다. 1759년 아서 기네스Arthur Guinness가 더블린 양조장을 시작했을 때 아일랜드의 맥주 상태는 다소 끔찍했다고 한다. 당시 기네스의 대응은 사업을 끌어올리는 것이었다. 기네스는 세기가 끝날 무렵까지 평판이 훌륭한 포터의 생산에 전념했고 곧 시장을 장악할 수 있었다. 20년 후 기네스의 후계자들은 바로 그 어두운 색의 '슈피리어 포터'를 생산했고 그것은 곧이어 검은 색과 특유의 탄 맛으로 국제적으로 유명해진 '엑스트라 스타우트' 버전으로 진화했다. 기네스는 제1차 세계대전 당시 영국 당국이 에너지 절약 대책으로 자국에서 맥아를 일정 정도 이상으로 굽지 못하도록 제한하는 데 힘입어 다크 에일 시장을 지배하게 되었다. 영국에서 포터와 스타우트 생산이 급감하자 그 분야가 아일랜드인들에게 개방되었다. 그리고 알코올 도수에 기반한 과세 체계의 효과도 긍정적으로 지속되었다. 도수가 낮고 가격이 매우 저렴한 에일은 순하고 특유의 쓴맛으로 호응을 얻어 19세기 말부터 20세기에 걸쳐 영국 시장을 주도했다.

제2차 세계대전 직전 와트니스 레드 배럴Watney's Red Barrel이 영국에서 출시되었다. 이 맥주는 최초로 안정화되고 인공적인 탄산가스를 함유한 에일로, 압력 상태의 알루미늄 맥주통으로 공급되었다. 다른 양조업자들이 그 뒤를 따르면서 술집 지하실에 놓여 있는 통에서 생맥주를 퍼올리기 위해 사용되었던 도처의 맥주 펌프(엔진)가 전국의 술집에서 사라지기 시작했고, 맥주 펌프는 작은 수도꼭지로 대체되었다. 이 새로운 에일은 이전 에일보다 운반과 공급 측면에서 용이했으나, 전통적인 맥주 애호가들은 특별했던 개성이 상실된 데 실망했다. 우리는 나중에 이것의 결과에 대해 언급할 것이다. 다른 한편 미국에서는 맥주 산업에 대한 금지법으로 인한 영향이 영국에서 세금이나 세계대전으로 인해 초래된 결과보다 훨씬 더 심각했다.

◆ ◆ ◆

미국은 청교도 국가일 수도 있지만, 맥주에 기반을 두고 있다고 해도 과언이 아니다. 1620년 매사추세츠 해안을 따라 항해하던 필그림 파더스 청교도들은 계획된 목적지인 버지니아에 도착하기 전에 상륙하기로 결정했다. 왜냐하면 메이플라워 선상에 에일이 바닥났기 때문이었다. 그로부터 얼마 후 신생 식민지 매사추세츠의 초대 총독으로 존 윈드롭John Winthrop이 임명되어 파견되었는데 그가 탄 배는 1만

갤런의 맥주로 뱃전 갑판까지 가득 채워졌다. 또한 보리를 싣기 위해 총독인 그에게는 어떤 공간도 제공되지 않았다. 토마스 제퍼슨이 독립선언서 문서를 초안했던 필라델피아 선술집에서는 독립선언서의 서명을 축하하기 위한 자리가 넉넉한 맥주와 함께 마련되기도 했다.

이 모든 맥주는 물론 에일이었지만, 19세기 중반에 상당수의 독일 라거 양조업자들이 미국에 도착하면서 미국인들의 취향도 바뀌기 시작했다. 독일인들은 미국의 북부 중서부가 이상적인 양조 조건을 갖추고 있다는 것을 발견했는데, 이 지역의 오대호는 얼음이 풍부하기 때문에 라거를 양조하기에 용이했다. 세기말에 이르기 훨씬 전부터 밀워키는 단독으로 전국 맥주의 절반을 생산하고 있었고, 몇몇 양조장이 용감하게 에일에 매달리기는 했지만 필스너 스타일이 대부분이었다. 밀워키 지역의 보리는 유럽산 변종과는 다소 달랐기 때문에 일부 양조업자는 좀 더 친숙한 맛을 재현하기 위해 맥아와 함께 쌀이나 옥수수를 사용하는 실험도 하기 시작했다.

그러나 미국 맥주 산업에 일격이 가해졌다. 1920년 초에 금주령이 등장하면서 합법적인 맥주 생산이 미국에서 중단되었고, 애주가들의 선택은 더 쉽게 밀수되는 독한 술로 바뀌었다. 1933년 마침내 금지가 풀렸을 때, 양조업자들은 준비가 되어 있었으나 그들의 공급망은 붕괴되어 있었고, 수요는 적정한 공급을 초과했으며, 많은 불량품이 시장에 나왔다. 결과적으로 소비는 감소했고 많은 양조업자가 파산하거나 합병 당했다. 그 결과 거대 양조 기업에 의해 점점 더 지배되는 산업구조가 생겨났는데, 이는 오늘날에도 지속되고 있다. 경제성과 이윤을 찾아 거대 양조업자들은 보리를 대체할 물질로 눈을 돌렸고

자사 제품을 판매하기 위해 점점 더 광고에 의존하게 되었다. 냉장고 이용이 증가한 것은 이 같은 양조업자들의 전략에 도움이 되었다. 맥주가 얼음처럼 차가워지면서 맛의 미묘한 차이는 덜 중요해졌다.

20세기 중반까지 미국의 대량 판매 시장에서 맥주는 꽤 진부한 상품이었다. 이는 하이네켄과 같은 유명한 수입품도 마찬가지였다. 오래지 않아 쓴맛의 영국 케그 에일들이 미국 대도시의 전문 술집에서 유행했지만, 미국인들의 의견을 들어보면 '쓴맛' 맥주를 마시는 것에 대해 다소 거부감을 보였다. 그리고 얼마 지나지 않아 누군가가 에일에 대해 IPA의 이름을 되살리려는 영리한 아이디어를 생각해 냈다. 하지만 사실 이 에일은 풍부하게 홉을 함유한 원조 IPA에 비교할 수 없는 모조품이었다.

따라서 금주법이 유산으로 남긴 것은 얼음처럼 차갑게 마시는 거대 기업 맥주의 시장 지배였다. 그러나 그것은 반작용을 불러일으킬 수밖에 없었는데, 이러한 반작용은 1970년대부터 나타나기 시작한 수제맥주 운동의 형태로 시의적절하게 나타났다. 거대 기업들을 강제로 억제할 엄격한 관례가 없었기 때문에 미국의 젊은 세대인 소규모 양조업자들은 불과 20년 만에 그 옛날 고대의 선배 장인들과 마찬가지로 세계에서 가장 창의적인 실천자가 되었다. 국제적 거대 기업들의 그늘에서 이들은 영국 맥주 작가 피트 브라운Pete Brown이 아메리칸 비어바나American Beervana[맥주로 이루는 열반Nirvana을 뜻함_옮긴이]라고 묘사한 인상적인 무언가를 창의적으로 이루어냈다.

제 **4** 장

맥주 마시는
문화

1967년 사우스오스트레일리아는 악명 높은 '6시 정각의
폭음'을 야기했던 펍의 오후 6시 '마지막 주문' 규정을 포기한
마지막 주가 되었다. 퇴근 후 집으로 가는 애들레이드
근로자들이 (퇴근시간 후 공식적인 폐점시간인 6시 15분에
비틀거리며 펍의 문을 나서기까지) 합법적으로 허락된 75분
동안 일상적으로 마셨던 맥주에 대해 더 알고 싶어서 우리는
사우스오스트레일리아에서 가장 크고 오래된 맥주
업체(1968년에야 첫 라거를 생산한 곳)에서 생산한 '오리지널'
페일 에일 한 병을 구했다. 살아있는 효모를 깨우기 위해 병을
굴리자 처음에는 밝은 호박색의 조금 탁한 에일이 나타났지만,
더 많은 침전물이 안정화되면서 약간 어둡게 보였다. 수수한
거품은 금세 소멸되었고, 그다지 특별한 맛 없이 오직 약한
홉의 맛이 느껴졌을 뿐이다. 그래도 호주의 뜨거운 오후에
벌컥벌컥 마시기에는 나쁘지 않았다.

맥주의 소비를 둘러싼 관습과 관례가 문화 그 자체만큼 다양할 뿐만 아니라 장소까지 독특하게 투영시킨다는 것은 그다지 놀라운 일이 아니다. 사실 어떤 맥주를 마시는 사회를 완전히 이해하려면 그 사회와 음료의 관계, 종종 상충되기도 하는 관계를 이해하지 않으면 안 될 것이다.

미네소타 세인트폴에서 친구들과 함께 지내던 1960년대로 돌아가 보자. 매주 토요일이면 대가족과 이웃에 있는 모든 가족의 남자들이 근처의 수많은 호수 중 한 곳으로 고기를 잡으러 갔다.

사람들은 마음이 내키든 아니든 간에 동이 트기 전에 일어나 모든 장비를 갖추고 트럭으로 우르르 몰려가 함 양조장Hamm's Brewery으로 차를 몰곤 했다. 양조장 직원들도 자신들이 운반할 수 있는 한 많은 양의 상품을 팔기 위해 그곳에 출근해 있었다. 그리고 낚시를 하러 갔다. 해가 떠오르면 앞을 다투어 철주 보트에 올라 물에 잠긴 자갈 구덩이 한가운데로 밀고 들어가 줄을 배에서 물속으로 던지고, 맥주 캔 상자들을 물밑으로 내려 차가운 냉각 상태를 유지시켰다. 처음에는 추위에 몸을 떨다가, 한낮에는 내내 그늘 없는 배 위에서 더위를 견뎌 냈으며, 더 이상 시원하지 않은 맥주를 계속 마시며 탈수증과 헛되이 싸우다가 고맙게도 해가 기울기 시작하면 부족하지만 잡은 고기를 실고 자랑스럽게 해안 아낙네들에게 돌아올 수 있었다.

아웃사이더에게는 이것이 귀중한 휴일 하루를 보내는 최적의 방법이라고 보기 힘들었고, 전업 어부에게도 몇 마리 작은 물고기는 별로 보상이 되지 않는 것 같았다. 하지만 당연히 그런 것은 상관없었다. 왜냐하면 무엇보다도 이 짧은 소풍 같은 시간은 남자들에게 자신들의 우정을 유지시키고 유대감을 형성시키는 사회적 관습이었다. 그리고 그것은 모두 맥주가 있어 가능했다. 확실히 함 맥주는 감동이 없긴 하지만(특히 따뜻해짐에 따라 더욱 그러했다) 맥주는 지루한 낚시보다는 서로를 훨씬 더 쉽게 결속시키는 역할을 했다.

1963년 세인트폴에서 맥주는—비록 감동을 주는 생산품은 아니었지만—사회적 유대를 위해 필수적이었다. 이와 대조적으로 술을 파는 바들은 주로 외톨이와 실패자를 위한 장소였다. 그 당시 보통의 미국 바들은 금주령 직전에 비해 불과 25년 만에 세 배로 늘어난 과잉 상태의 어려움에서 아직 회복하지 못했다(심지어 이 기간에 맥주는 독한 술에 밀려 꾸준히 설 자리를 잃었다). 일단 술을 마시는 영업점이 다시 합법화되었지만, 슈퍼마켓의 확산 및 가정에의 냉장고 보급과 맞물리면서 과거 바의 맥주 손님들은 바에서 점차 멀어졌다. 값비싼 마케팅 전략에 힘입어 선량한 시민들은 가정에서—그리고 호숫가에서—가족이나 친구들과 함께 캔 맥주와 병맥주를 끝없이 소비하기 시작했다. 따라서 시설로서의 바는 중심에서 주변으로 점점 밀려났고, 음주 문화 전체가 소멸되었다. 독일의 문화 사학자 볼프강 시벨부시Wolfgang Schivelbusch는 이러한 현상을 적절히 표현했다. 즉, 그는 여관을 겸한 선술집이 양조업자와 소비자 사이에서 바람직한 중개자 역할을 멈추면서, 바에서 행해

지던 건배, 농담, 대화, 좌중에 술을 한잔씩 돌리는 것과 같은 동지애
의 모습이 사라졌다는 점에 주목했다. 전형적인 바는 음침하고 끈적
거리는 바닥이 연상되는 곳이 되었고 그곳의 의자는 주로 국내 분쟁에
서 도피했거나 달리 갈 곳이 없는 사람들의 차지가 되었다. 수십 년이
지나서야 그런 바들의 상대적인 진귀함이 부각되었고, 미국의 바 상황
은 다시 살아나기 시작했다.

◆ ◆ ◆

바가 소외되는 이 같은 현상이 호주에서는 결코 일어나지 않았다.
뜨거운 나라 호주에서는 냉장고의 출현으로 맥주(주로 라거 스타일)가
차가워진 것이 미국에서와 달리 오히려 더 중요한 특성이 되었기 때
문이다. 이는 일반적으로 뜨거운 지역일수록 맥주잔이 더 작아지는
이유이기도 한데, 냉각시킨 수도꼭지로 맥주를 공급하는 호주의 바에
서는 사용하는 잔도 물론 크지 않다. 그리고 시간이 지나더라도 맥주
의 차가움을 유지하는 묘책이 있다. 호주가 맥주병 냉각 기술의 고향
인 것은 우연이 아니다. 이 기술은 맥주의 시원함을 유지하기 위해 기
발하게 고안한 발포 고무 재킷으로, 아주 까다로운 수제 에일도 시원
하게 마실 수 있다.

맥주는 호주 전역에서 상징적인 존재이다. 최근에는 와인 산업이
안정적으로 시장을 잠식하고 있지만, 호주에서 맥주는 여전히 선호하
는 음료로 남아 있다. 음주는 매우 사교적인 일이라서, 바와 같은 모
임 장소를 선호하는 경향이 미국에서보다 훨씬 더 심하다. 영국의 평

론가 해럴드 핀치-해튼Harold Finch-Hatton이 19세기 후반에 기록했듯이, "모든 계층에서 혼자서 술을 마시는 것은 좋은 모습이라고 여겨지지 않는다. … 어떤 사람이 술을 마시고 싶은 마음이 들면, 그는 즉시 함께 마실 사람을 찾는다." 또한 이런 기록도 있다. 호주인이 어떤 사람을 만났는데 "그가 대략 12시간 정도 보지 못한 사람이라면 술을 마시러 오도록 즉시 초대하는 것이 예의이다." 그가 글을 쓴 이후로 백 년이 넘었지만 상황이 크게 변하지는 않은 것 같다. 논의의 요지가 호주에서 많은 음주가 행해진다는 것이긴 하지만, 선택되는 음료가 대부분 맥주인데다 맥주를 마시는 목적은 친목과 대화를 증진하는 것이기 때문에 알코올 중독 비율은 비교적 낮게 나타난다.

호주 바가 지닌 이러한 매우 사교적인 특성은 모두에게 한턱을 내는 전통에서 가장 극적으로 표현되는데, 여기에 참여한 사람은 모두 서로에게 한 잔씩 사게 되어 있다. 한 잔 마시라는 이웃의 권유가 아무리 달갑지 않더라도 일단 동의하고 나면 스스로 어쩔 수 없는 상황에 묶이고, 그 무리 모두가 한턱을 낼 때까지 이 상황을 중단한다는 것은 생각할 수도 없는 일이다. 소리를 지른다는 뜻의 'shouting'이 한턱낸다는 의미를 지니게 된 것은 골드러시 시대 때이다. 이는 한턱을 내는 자가 다음 차례를 주문하기 위해 소동 속에서 소리를 질러야 했기 때문이 아니라, 금 채굴을 성공한 자가 거리로 나가 자신의 동료들에게 자신의 행운을 축하하는 데 동참하라고 외쳤을 것이기 때문이다.

호주는 또한 알코올 소비를 규제하려는 시도가 얼마나 완전하게 자멸적인지를 보여주는 훌륭한 사례이기도 하다. 미국에서 금주령이 내려지기 전 금주 운동이 활기를 띠던 바로 그 무렵, 호주의 여러 주는 밤 11시경까지 열었던 바를 오후 6시에 닫으라고 발표했다. 이러한 발표의 근본적인 동기는 언제나 변변치 못한 이유인 도덕적인 것이었는데, 알코올 중독과 난폭 행위를 줄이기 위해서였다. 그러나 대부분의 곳에서 음주시간을 단축한 것은 제1차 세계대전과 관련된 긴축 조치로 공식적으로 정당화되었다. 오후 8시 조기 폐점이 공식화되자 대부분의 주에서는 1916년 또는 1917년부터 이를 따랐다―퀸즐랜드는 1923년까지 기존 영업시간을 고수하며 버텼지만―. 태즈메이니아는 1937년 본래 상태로 돌아왔지만, 대부분의 본토 주들은 1960년대까지 보다 합리적인 영업시간으로 돌아오지 않았다.

　이런 식으로 바의 영업시간을 제한함으로써 발생하는 일은 6시의 폭음과 같이 전적으로 예측 가능한 것이었다. 근로자들은 공장과 사무실에서 오후 5시에 쏟아져 나와 곧장 가장 가까운 술집으로 향했다. 일단 그곳에 도착하면 마지막 주문이 가능한 6시 이전까지 무리 중 한 사람씩 가능한 한 많은 사람들이 차례로 주문하며 술을 마셨다. 그러고 나서 음주 허용 시간인 6시 15분까지 맥주를 몇 잔 늘어놓고 급하게 비웠다. 쇄도하는 손님을 수용하기 위해 당구대나 다트 플랫폼처럼 세련되고 공간을 차지하는 오락시설을 입석 공간으로 전환함으로써 바의 규모를 키웠고, 고객들 중 바쁜 사람은 비교적 저알코올의 맥주조차도 주량보다 훨씬 급하게 마셔서 빠르게 취해버렸다. 그 시절 바텐더들은 한 손으로는 비어 건을, 다른 한 손으로는 현금 출납기를 작동시키고 영업시간이 끝나면 경비원 역할로 변신하면서 고객의 모든 요구에 따르려 애썼던 소름 끼치는 이야기들을 들려준다. 바가 순식간에 텅 비면 비틀거리며 역으로 향하는 술 취한 가장들로 거리가 가득했고 이들은 저녁에 거실 소파에서 곯아떨어졌다. 이것은 확실히 여성기독교절제조합Women's Christian Temperance Union의 극보수 청교도들이 염두에 두었던 질서 있는 종류의 사회가 아니었다.

요즘 호주에서는 원할 경우 언제나 꽤 많은 술을 마실 수 있으며, 술을 마시는 것은 훨씬 더 고상한 일로 되돌아갔다. 오랫동안 술꾼들의 즐거운 행태였던 긴 저녁 시간 동안 이 술집 저 술집을 옮겨 다니며 마시는 것이나 원래 살던 오지에서 도시로 나온 목마른 식민지 노동자들이 흥청망청 소란한 술판을 벌이는 도시의 잔재는 이제 사라져가는 관습이 되었다. 그렇다고 해서 다른 곳과 마찬가지로 호주에서도 술과 관련된 문제가 없는 것은 아니다. 그러나 전반적으로, 바의 영업시간이 합리적으로 돌아오자 이 뿌리 깊은 관습은 사려 깊지 못한 입법으로 인해 초래된 의도하지 않은 결과들을 빠르게 소멸시켰다. 한 지역을 제외하고 말이다.

도덕주의자들의 운동이 호주에서 술을 완전히 금지시키는 데에는 성공하지 못했지만, 그들은 종종 술을 원주민에게 금지시키는 데에는 성공했다. 이는 소외되고 기본적인 참정권이 없는 시민들에게 불법적으로 술을 사도록 강요한 셈인데, 결과적으로 그들이 접한 술은 감추거나 운반하기 쉬운—주로 값싸고 불결한—형태의 술일 수밖에 없었다. 게다가 그들은 공공의 공간이 아닌 곳에서 술을 마셔야 했다. 이는 공공의 술집인 펍과 바에서 술을 마시기 위해서는 의무적으로 어느 정도의 고상함을 유지해야 한다는 사회적 관습이 있었기 때문이다. 그리고 여기에는 사회적 고난과 개인적 비극이 필연적으로 뒤따랐다.

초기 식민지 시대에 유럽인 정착민들은 호주 원주민들을 쉽게 다루려면 술에 익숙하지 않은 호주 원주민들을 가능한 한 많은 시간 취하도록 하는 것이 가장 좋은 방법임을 알아냈다. 명예롭지 않은 초기 식민지 시대 이후에도 이와는 정반대의 형태이지만 파괴적인 정책이 슬프게도 살아남아 건재하다. 근래인 2013년 호주 고등법원은 원주민 집단 구성원들의 알코올 소유를 제한하는 퀸즐랜드 법이 인종차별법을 위반하지 않았다고 판결했다. 이 판결은 숨이 턱 막힐 정도의 온정주의에 근거한 것으로, 호주 고등법원은 이러한 조치가 "인권의 평등한 향유를 필요로 하는 인종 집단의 적절한 발전을 확보하려는 유일한 목적으로 취해진 것"이라고 밝히고 있다. 명백히 법원은 자신들의 판결에서 불공평의 징후만 비판할 뿐 불공평의 원인에 대해서는 개의치 않았다. 그리고 사회가 정말로 많은 원주민 공동체에서 드러나는 박탈감을 개선하기 원했다면 더 나은 방법이 있었을 것이라는 사실에 대해 판사들은 확실히 무지를 드러냈다. 그러한 방법 중 하나는 물론 음주를 전면적으로 허용하는 것이었고, 또한 호주인들이 전통적으로 전체 인류에게 사회적 관계를 증진시키는 역할을 해온 것처럼 원주민 호주인들에게도 동일한 역할을 하도록 허락하는 것이었다.

◆ ◆ ◆

일본에서는 사케가 보다 구별되는 계보를 가지고 있긴 하지만, 현대 일본에서 가장 널리 소비되는 술은 라거 스타일의 맥주이다. 이 라거들 중 상당수는 1980년대에 아사히 맥주가 맥아 중 복합당들을 분해하기 위해 개발한 기술을 이용해 만든 '드라이'이다. 이 조작으로 이 당들을 알코올로 변환할 수 있게 되었고(10장 참조), 그 결과물은 서양의 동종의 맥주에 비해 알코올 도수가 더 높았고 (필자의 생각으로는) 맛은 덜했다. 일본처럼 문화적으로 자의식이 과잉인 나라에서 예상할 수 있는 것은 맥주의 소비가 종종 강하게 의례화된다는 것이다. 그리고 맥주를 마시는 것은 종종 호주에서와 같이 그 나름대로 강렬하게 사교적인데, 심지어 6시 폭음의 일본 버전으로 보이기도 한다. 화이트칼라 샐러리맨 집단은 퇴근 후 다른 삶이 있는 각자의 가정으로 돌아가기 전에 주점으로 자리를 옮기는 것이 오랜 관습이었고, 맥주를 한 잔 (혹은 두세 잔) 마시는 것으로 시작해 대화를 풀어나가는 것이 전통이었다. 혹자들은 저녁 늦게까지 술을 마시고 흥청대는 것을 즐기기 위해 다른 형태의 주점을 찾을지 모르지만, 무엇을 마시든 간에 긴장을 푸는 데 도움이 되었다. 이를 통해 일본인들은 숨 막힐 정도로 형식화된 일본 기업의 위계질서 내에서 일하면서 쌓였던 긴장감을 해소하고 억압감에서 빠져 나오려 했다. 그리고 종종 상사가 집에 갈 시간이니 모두 헤어지자고 말하기 전에(때로는 전철이 운행을 멈춘 이후에 이렇게 말하기도 했다) 모든 사람이 몹시 취하곤 했다.

앞의 마지막 몇 문장은 과거 시제로 쓰였는데, 이는 일본에서도 오래된 기업 전형이 무너지고 소셜 미디어가 기업과 가족 이외의 소셜 네트워크에 참여하도록 장려함에 따라 상황이 변하기 시작했기 때문이다. 이러한 변화가 맥주를 소비하는 패턴에서만 시작된 것은 아니다. 왜냐하면 1994년 양조법이 바뀐 이래 일본 수제맥주가 하나의 분야로 등장했기 때문이다. 그럼에도 불구하고 오랜 관습은 남아 있고, 대도시에서는 여전히 붉어진 얼굴로 비틀거리면서 밤늦게 역으로 향하는 샐러리맨들을 볼 수 있다. 그 역 근처에서, 때로는 고가 철도를 지탱하고 있는 아치 아래에서 수많은 이자카야를 볼 수 있다. 이러한 곳은 전철을 타기 전에 잠깐 머물며 맥주를 마실 수 있는 주점으로, 개인과 무리 모두에게 적당한 아주 작은 간이 시설부터 규모 있게 잘 갖추어진 곳까지 다양하다. 이러한 친목적인 장소에 해당하는 곳은 동아시아 전역에서 볼 수 있다. 아마도 베트남 전역의 마을과 도시에서 볼 수 있는 비아호이도 여기에 해당할 것이다. 매우 민주적이고 종종 노천이기도 한 비아호이는 얼음 통 위에 찌그러진 알루미늄 통을 얹고 그 주변에 삐걱대는 의자들이 모여 있는 형태이지만 분위기로는 최고이다. 그곳에서는 맥주를 즐기는 사람들 사이에서 그들의 것으로 동화된 라거가 사회적 윤활유로서 진정으로 받아들여진다.

◆ ◆ ◆

서쪽으로 멀리 가보면, 남유럽의 국가들은 보통 와인을 마시는 사회로 여겨진다. 하지만 실제로는 굉장히 많은 양의 맥주가 그 따뜻한 남부의 나라들에서 소비되는데, 갈증을 해소하는 맥주의 전설적인 특성을 고려할 때 이는 그리 놀랍지 않다. 예를 들어, 스페인에서는 거의 모든 카페에 맥주 수도꼭지가 있고, 평균적인 스페인 사람들은 매년 거의 50리터의 차가운 맥주를 마신다(대개 4~5% ABV로 적당한 알코올 도수의 라거이다). 이탈리아 사람들도 여기에 뒤지지 않는다. 아이들이 어린 나이에 일상적으로 (희석한) 알코올을 접하게 되고 한창 인격이 형성되는 시기에 에탄올이 사악한 금단의 열매로 여겨지지 않는 나라들에서는 맥주를 마시는 일이 단순히 삶의 배경적 사실일 뿐이다. 결과적으로 폭음은 드물고, 적당히 꾸준하게 소비되어 어디에서나 맥주는 사회적 관계를 원활하게 하고 일반적인 동료의식을 더하는 역할을 한다.

물론 맥주는 맥주 자신이 가장 확실히 특별한 것으로 여겨지는 곳에서도 비슷한 역할을 할 수 있다. 독일은 맥주를 가장 좋아하는 사회인 데다 그 음료가 진화하는 데서 중추적인 역할을 해왔다. 따라서 전 세계적으로 최고의 맥주 축제인 맥주 마시기 축제를 바이에른 도시인 뮌헨이 주최하는 것은 그다지 놀라운 일이 아니다. 이는 물론 옥토버페스트에 대한 이야기이다.

묘하게도 옥토버페스트의 기원은 맥주와 아무 상관이 없었다. 1810년 10월, 곧 바바리아의 왕이 될 루트비히는 작센-힐드부르크하우젠의 테레세 공주와의 결혼을 축하하기 위해 테레지엔비제('테레세의 초원'이라는 뜻으로 지금은 주로 줄여서 '비즌'이라고 불린다)라는 곳에 새 경마장을 지었다. 비즌은 지금은 시 중심지에서 가깝지만, 그 당시에는 시 경계 밖에 있었다. 신혼부부에게 경의를 표하는 성대한 퍼레이드가 벌어졌고 이어서 결혼식과 첫 경주는 거대한 파티로 축복 속에 거행되었다. 그 성대한 행사는 매우 성공적이어서 그 이후 전쟁과 전염병으로 중단되지 않는 한 거의 매년 열리게 되었다.

옥토버페스트는 1819년(맥주가 처음 제공된 지 1년 후) 뮌헨의 도시 유력자들의 후원 아래로 편입됨으로써 하나의 사업으로 급속히 번영했고 1848년 루트비히의 퇴위 후에도 살아남았다. 공교롭게도 루트비히는 자신의 통치를 치명적으로 약화시킨 불명예스러운 맥주 폭동—루트비히가 맥주에 세금을 부과한 후 일어난 폭동—이후 불과 4년 만에 사임했다(루트비히의 치세는 영국계 아이리시 모험가 여인인 로라 몬테즈와의 스캔들에 연루됨으로써 끝났다). 이후 옥토버페스트의 기간은 길어졌고—지금은 글자 그대로 '비틀거리는 16일'로 늘어났다—곧 맥주 판매대와 농산물 전시를 비롯한 모든 종류의 카니발 스타일의 볼거리를 포함하게 되었다. 또한 옥토버페스트를 더 이상 왕실 결혼과 연관시키지 않게 되었고, 행사의 날짜도 좀 더 따뜻한 9월로 앞당겨졌다.

뮌헨이라서 불가피했을 수도 있지만 처음에는 먹기와 맥주 마시기가 옥토버페스트의 주된 일정이었는데, 이후 맥주와 관련된 다양한 전통—첫 맥주통의 마개 뽑기 및 시음 행사, 양조업자 행진, 의상 퍼레이드, 풍물 장터 분위기, 맥주 파는 천막, 무겁고 잘 깨지지 않는 1리터들이 유리컵 등등—이 서서히 늘어나기 시작했다. 19세기 말에 이르러서 이 행사는 오늘날 우리가 알고 있는 것과 거의 같은 형태를 갖추었다. 화려한 향수를 불러일으키는 볼거리는 비즌 동쪽 광범위한 풍물 장터 지역에 집중된 반면, 공원 서쪽의 넓은 길을 따라서는 거대한 천막들이 늘어서 있다(요즘에는 천막이 아니라 기껏해야 상징적인 캔버스 지붕이고, 나무로 만들어지고 크고 화려하게 장식된 스위스풍의 모조 가옥들이지만 말이다). 이 천막들은 끝이 보이지 않을 정도로 늘어서서 기념품, 사탕, 패스트푸드를 파는 가게들과 마주 보고 있다. 12개의 가장 큰 천막, 즉 페스트첼트는 각각 매일 두 번의 세션을 운영하는데, 한 세션에 수천 명의 고객을 수용할 수 있다. 기록상 사상 최대였던 해는 1913년으로,

1만 2000여 명이 자리했다. 각각의 페스트첼트는 각기 다른 양조장에 의해 운영되며, 테마와 전통, 그리고 애호가들이 각기 다르다. 옥토버페스트는 매년 전 세계에서 약 700만 명의 방문객을 끌어들이는 국제적인 행사로 자리 잡았다. 하지만 지역 사람들은 고객의 60%가 바이에른인이고 행사 기간 동안 적어도 하루걸러 한 번씩 저녁마다 참여하는 많은 열렬한 애호가들의 헌신이 있기에 이러한 위업이 가능하다고 자랑스럽게 말할 것이다.

우리가 참석했던 천막에서 산출한 고객 통계에 따르면 대부분의 고객이 뮌헨 지역 주민인 것으로 나타났으나, 이는 젊고 전통적인 바이에른 복장을 한 사람들로 인해 지나치게 편향되게 추정한 결과였다. 오후 4시에 문이 열렸고, 4시 15분까지 소란한 와중에 주로 브라스 밴드가 시끄러운 곡들을 연주했는데 놀랍게도 전통적인 바이에른의 음악은 많지 않았다. 4시 30분이 되자 모든 테이블이 가득 찼고, 천막 주변도 이미 서 있는 군중으로 가득 메워졌다. 헐렁한 스커트와 무릎까지 오는 가죽바지를 입은 종업원들이 테이블 사이를 오가며 믿을 수 없을 정도로 많은 거품을 내는 맥주 컵들을 나르고 있었다. 우리는 놀랍게도 아홉 개의 컵을 한번에 움켜쥔 사람을 발견했다. 컵 속의 맥주는—어느 천막이든지 맥주 순수령을 준수했을 것이다—전통적으로 늦은 여름에 소비하는 것을 목표로 3월에 양조된 홉 맛이 나고 맥아 농도가 높은 메르첸비어 스타일로, 구리 색깔의 라거이다. 옥토버페스트에서는 알코올 도수를 보통 6% ABV까지 높인다.

5시 30분까지 제공된 음식—주로 전통적인 방식으로 구운 치킨 반 마리—을 엄청나게 먹어치우고 나면 놓칠 수 없는 저녁 시간들이 시작되고 있었다. 6시가 되자 식탁에는 몇몇 흥청대는 자만 여전히 자리에 앉아 있었다. 대부분의 사람은 이미 자신들이 앉아 있던 벤치에 서거나 혹은, 비록 바람직하지 않다고 들었지만, 접시들을 치우고 테이블 위에 앉았다. 군중들은 밴드를 따라 노래를 부르다가 흥에 겨운 나머지 음악에 맞춰 팔꿈치를 위험하게 흔들기도 했다. 시간이 흐를수록 사람들은 더 큰 소리로 노래하고 대화를 나누었으며 더 많은 맥주를 주문하고 들이켰다. 몇몇 취객은 결국 비틀거리기 시작했지만, 숙련된 진행 요원들이 몸을 가누기 힘든 극소수의 사람들을 돌보아주어 큰 사고를 조심스레 피해나갔다. 10시에 문을 닫기 훨씬 전에 사람들은 이미 목이 쉬거나 약간 어지러워했을 뿐만 아니라 주변의 많은 낯선 사람들과도 친한 친구가 되었다. 그리고 이보다 훨씬 많이 마신 주정뱅이들은 다음날의 혹독한 상황에 미리 대비하고 있었다.

그렇다면 바이에른의 정체성을 보여주는 최고의 문화적 표현이라는 것 외에 '옥토버페스트'의 본질은 무엇일까? 대부분의 전통과 마찬가지로, 축제의 기원이 아마도 다소 케케묵은 (그리고 맥주가 없었던) 19세기 결혼 피로연이라는 사실에 아무도 더 이상 신경 쓰지 않는 것 같다. 초창기에 옥토버페스트에 참가한 사람들은 곧 겨울이 닥칠 것임을 알았기에 겨울철 재정 긴축이 시작되기 전에 즐길 수 있는 축제 기회를 잡은 데 대해 기뻐했다. 그러나 계절이 삶을 더 이상 지배하지 않는 오늘날 옥토버페스트는 바이에른이 집착하는 두 가지, 즉 맥주와 게뮈틀리히카이트(이것은 독특한 독일적 개념으로, 상대에게 따스함과 친밀감, 소속감을 느끼는 상태를 나타낸다)를 접목할 기회를 제공한다. 그것은 당신 자신이 어떻게 느끼는지에 대한 것이기도 하지만, 또한 함께 있는 사람들에 대한 것이기도 하다. 게뮈틀리히카이트는 주변 사람들과만 경험할 수 있는 행복의 종류를 묘사하고 있는데, 옥토버페스트를 근거로 판단하면 사람들이 더 많을수록 더 즐겁다. 옥토버페스트는 사람들에게 친구 간의 유대감을 촉진하는 독특한 촉진제로서, 맥주가 지닌 사회적 역할은 물론, 낯선 사람들 사이의 사회적 장벽을 허무는 역할에 대해 다시 돌아보게 한다. 옥토버페스트 맥주 천막의 붐비는 공용 식탁에서는 옆이나 뒤의 테이블에 앉아 있는 사람들과, 아니면 테이블 두 개가 떨어진 곳에 있는 사람들과 대화를 나누지 않는다는 것은 생각할 수도 없는 일이다.

◆ ◆ ◆

옥토버페스트는 비록 지금은 전 세계적으로 유명해졌지만, 그 자체로 독특하게 바이에른적인 행사로 남아 있다. 사람들은 아마도 영국에서 이런 전통이 생겨날 수 있으리라고는 상상도 할 수 없을 것이다. 영국은 폭음을 하는 일부 술꾼이 아닌 한(다행히 그 수가 감소하고 있다) 옥토버페스트를 마음껏 즐기기에 사람들의 성격이 너무 조심스럽고 표현이 직접적이지 않은 곳이다. 대신 영국의 맥주 문화를 이해하려면 대중 주점인 펍을 (가급적 많이) 방문할 필요가 있다. 펍은 물론 퍼브릭하우스의 줄임말이며, 바로 그렇게 그 시설이 시작되었다. 중세의 에일 와이프들은 자신의 집에서 맥주를 양조해서 대중에게 제공했다. 따라서 많은 펍은 누군가의 개인 집의 접견실에서 태동되었다.

성공적인 에일 와이프들은 자신의 동료보다 더 나은 맥주를 만들어서 지역 고객들을 끌어 모았고, 필연적으로 그녀의 집은 사람들이 모여 술만 마시는 곳이 아니라 세상 이야기를 주고받으며 공동체 사업을 하는 장소가 되었을 것이다. 이런 장소에서 맥주를 마시는 일과 사교를 하는 일(음모를 꾸밀 수도 있었다)은 거의 동의어가 되었다(이는 2장에서 기술한 고대 바빌론 주점과 유사한 상황을 연상시킨다). 인Inn은 보통 이들 에일 하우스보다 더 고급스럽게 꾸민 곳으로, 여행자와 일시 체류자들에게 음식, 술, 안식처를 제공했다. 소규모 기업으로 소박하게 시작한 인은 경제발전과 맞물려 확장되었고, 도로가 개선되고 장거리 마차 무역이 성장함에 따라 18세기와 19세기 초에 황금기를 누렸다. 그러나 그 시대는 19세기 2분기에 철도가 등장하면서 막을 내렸고, 역 주변의 호텔이 부상했다. 초창기부터 인은 사회 활동의 중심이었다. 제프리 초서Geoffrey Chaucer의 작품 『캔터베리 이야기The Canterbury Tales』—누구나 마주하게 될 예의 바른 집단의 한 단면을 다룬 이야기 책—에서 순례자들이 14세기 후반에 캔터베리 순례를 위해 모였던 곳은 오늘날의 남부 런던에 있는 타바드 인이었다. 에일 하우스와 인 모두 접대의 중심지로 지역사회에 거점을 제공했고, 친구들과 외지인들이 함께 모여들었다. 인에서는 와인과 독한 술도 팔았지만, 에일 하우스와 인은 나라에 넘치는 맥주를 기반으로 생겨났다. 셋째 범주의 여관인 태번tavern은 로마 시대부터 존재했지만, 태번은 이곳을 오랜 기간 운영했던 창업자들의 선호에 따라 와인을 전문으로 하는 주점이었다.

시간이 흐르면서 이러한 다양한 종류의 숙박업소 사이의 구분이 점차 희미해지기 시작했고, 오늘날 우리가 펍으로 알고 있는 혼합된 형태가 생겨났다. 숙박 전통에 뿌리를 둔 업소인 인은 전형적으로 여행객에게 방을 제공했지만, 에일 하우스의 후예들은 그렇지 않았다. 그러나 대부분의 펍은 사교모임의 중심적인 역할을 지속했다. 펍이 비록 시골 지역에서는 대체로 지역사회의 요구를 채워주는 경향이 있었지만, 급성장하는 도시에서는 종종 고객에 따라 펍의 역할이 분류되었다. 도시들이 성장함에 따라 맥주에 대한 수요가 급증했다. 그 결과 규모의 경제를 누리고 맥주를 훨씬 더 먼 거리까지 수송할 수 있는 기술을 향상시킨 대형 양조업체들이 출현했다. 시장이 지리적으로 차례로 커지자 확장된 운하의 네트워크(나중에는 철도 네트워크)에서뿐만 아니라 판매 현장에서도 신뢰할 수 있는 유통 수단이 필요해졌다. 이에 따라 대형 양조업자들은 결국 계속해서 펍을 사들이기 시작했고, 그 결과 특정 연령대의 사람들에게 친숙한 전속 형태의 펍들이 생겨났다. 이들 펍은 거대 양조 기업들이 직접 소유한 펍이거나, 특정 기업의 맥주만 팔기로 계약한 펍이었다. 곧 소수의 펍만 자유롭게 아무 맥주나 팔 수 있었고, 분별력 있는 소비자에게 선택권을 제공하는 업소로 남게 되었다.

산업 근로자들의 갈증은 맥주 수요의 증가를 불러 일으켰는데, 이러한 근로자는 거의 남성이었고 여성은 가정에 머무르는 것을 선호하게 되었다. 그러면서 펍은 공동체 생활의 중심으로서의 역할을 상실하기 시작했다. 아마도 19세기와 20세기를 통틀어 펍은 더 나빠진 사회적 환경―심하게 변덕스러운 세금과 면허법, 연속된 전쟁의 격동, 상류층의 일반적인 혐오, 불리한 인구 통계의 변화, 금주주의자들의 공격, 흡연 금지―에 의해, 그리고 다른 악영향에 의해 타격을 받았다. 제1차 세계대전 이후 맥주에 대한 수요가 급격히 감소했으며, 제2차 세계대전이 일어날 무렵에는 펍들이 대체로 곤란한 상태에 놓여 전형적인 저소득층 고객에게 순하고 종종 특징 없는 에일을 제공했다.

제2차 세계대전은 모든 것을 바꾸었다. 영국에 폭탄이 쏟아지면서 펍은 사람들이 서로 의지하면서 전시의 스트레스를 해소할 수 있는 공간을 제공했고 다시 한 번 공동체 정신의 상징이 되었다. 그러나 맥주 자체에 문제가 생겼는데, 원료 부족으로 품질이 저하되는 어려움을 겪었다. 또한 운송이 더 어렵고 보관 조건이 더 까다로운 기존의 큰 통 대신 작은 통 케그 에일을 만들어 유통하는 것을 선호하기 시작함에 따라 양조업자들은 영국 애주가들이 전쟁에 대한 기억이 희미해지기 시작했음에도 불구하고 상대적으로 순하고 시시한 맥주를 계속 마실 것이라고 확신했다. 이는 아마도 상황을 더 악화시켰을 것이다. 결국 전후의 일반적인 무기력함이 유지되는 가운데 많은 펍은 쇠퇴해 다소 쓸쓸하고 황폐한 상태로 남아 있었다.

게다가 20세기 후반기 들어 사람들이 즐길 수 있는 다른 수단들이 확산되면서 펍의 목적의식이 흔들리기 시작했다. 이와 더불어 또 다른 부정적인 현상은, 한 세대의 생각이 바뀌면서 대대적인 광고를 등에 업은 생맥주와 병 라거가 변변치 못한 케그 에일을 시장에서 축출하기 시작했다는 것이다. 이에 대응해 많은 펍은 의식적으로 시장의 특정 섹터에서 스스로의 입지를 구축하기 시작했다.

가족 중심으로 운영되어 주 고객이 가족인 곳도 있었고 몇몇은 맛있는 요리를 내놓는 고급 술집인 게스트로펍으로 바뀌었는데, 어떤 경우에는 좋은 맥주를 내놓는 레스토랑과 거의 구별할 수 없게 되었다. 몇몇 펍은 스포츠팬들을 위해 거대한 스크린을 설치했다. 가엾게도 몇몇 펍은 자신을 프로그램에 포함시킨 테마 펍으로 광고하기 시작했다. 그리고 몇몇 펍은 돌고 돌아 제자리로 돌아와 극적으로 맥주를 만들어 파는 선술집이 되었다. 이러한 정체성의 위기에도 불구하고 펍은 필연적으로 그 펍을 지지하는 사회만큼이나 다양한 핵심적인 사회적 장소로 유지되고 있다.

펍은 최선을 다해 단골과 낯선 사람 모두에게 동일하게 편안한 환경(되도록이면 빅토리아풍의 목공예품이 가득한 환경)을 제공한다. 그리고 보통 3~4% ABV 범위에 있는 영국 맥주와 함께, 남자든 여자든 가릴 것 없이 저녁 내내 끊임없이 마시고 대화할 수 있는 장소이다. 어떤 펍은 대부분의 분별 있는 사람들이 자신의 잔을 다 비울 때까지 기다리지 못하고 빨리 떠나고 싶어 하는 언짢고 맥 빠지는 최악의 장소였다. 그러나 최근 이런 펍들이 꾸준히 폐점함에 따라 그러한 장소들이 점점 줄어들고 있다는 것은 긍정적이다. 펍의 앞날을 전망해 보면, 펍은 더 흥미로운 종류의 맥주를 제공함으로써(영국의 수제맥주 운동이 꽃피움에 따라 훨씬 유리한 환경이 조성되었다), 좋은 음식을 제공함으로써, 아니면 보다 매력적인 환경을 제공함으로써 고객들을 끌어들이기 위한 의식적인 시도를 점점 더 많이 할 가능성이 있다. 그러나 펍이 어떤 개선책을 받아들이든 간에, 펍의 고객은 예로부터 이어져 온 행동양식을 따르려는 온갖 징후를 보여준다. 좌중 모두에게 술을 내는 관습은 호주보다 영국에서 덜 공식화되어 있을지 모르지만, 모두에게 먼저 술을 한잔씩 사는 것은 여전히 좋은 생각이다.

어떤 고난과 시련이 있더라도 펍은 인내한다. 그러나 펍은 적응함으로써 인내하는 것이다. 모든 세대는 호메로스에 대한 자신만의 번역을 필요로 한다는 유명한 말이 있다. 같은 이유로, 맥주를 마시는 모든 사회는 사교적으로 모여서 마실 수 있는 자신만의 환경을 필요로 한다. 미래의 영국 펍이 우리가 오늘날 알고 있는 것과 반드시 같지는 않겠지만, 지구상에 맥주가 존재하는 한 펍—그리고 다른 나라에서는 그런 장소에 상응하는 많은 곳—은 틀림없이 그 주변에 있을 것이다. 바꾸어 말하면, 주변에 맥주를 만들고 마실 사람들이 있는 한 펍은 계속 존재할 것이다.

제2부

맥주의
성분

제 5 장

필수 분자

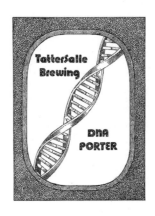

현재 미국 시장에 분자적으로 테마가 된 맥주들이 없는
상황에서, 이 맥주는 우리가 직접 만들어야 하는 또 다른
것이었다. 우리는 분자들의 밀도가 충분히 높은 스튜 상태인
에일을 원했고, 그래서 고알코올의 포터로 결정했다. 초콜릿,
크리스털 블랙, 밀 맥아의 복잡한 혼합물, 뒤이어 오래된
부르봉 통의 조각 부스러기들, 스코틀랜드 에일 효모, 골딩과
치누크의 홉이 맥주 양조에 들어갔다. 그 결과는 밀도 있고
어둡고 부드러운 에일로, 오래 지속되는 거품과 기분 좋은
달콤함, 그리고 약간의 위스키의 뒷맛을 지니고 있었다. 이
맥주는 우리가 찾고 있던 모든 분자의 복잡성을 갖추었다.

2부의 네 개 장에서는 맥주의 4대 성분인 물, 보리, 효모, 홉을 소개할 것이다. 자연사적 관점에서 볼 때, 맥주는 꽤 잡다한 성분들의 묶음이지만, 이 모든 성분이 공유하는 한 가지 기본적인 특징이 있다. 바로 맥주를 구성하는 성분은 분자들, 즉 원자로 이루어진 작은 구조물들이라는 것이다. 이 네 가지 마법의 성분을 좀 더 자세히 살펴보기 위한 전주곡으로, 이 작은 분자들을 잠깐 훑어보기로 한다. 이들을 훑어봄으로써 맥주가 왜 그렇게 맛이 좋은지, 그리고 어떻게 그렇게 놀라운 생리적 효과를 가지고 있는지 이해하는 데 도움을 얻을 수 있을 것이다. 그뿐만 아니라 보다 개선된 맥주를 제조하기 위해 긴 시간 동안 열정적으로 경쟁했던 모든 주요 참여자의 진화적인 역사에 대해 밝혀내는 기회도 얻을 수 있을 것이다. 이 장에 나오는 이야기 중 일부는 약간 기술적으로 보일 수도 있고, 독자에 따라 원한다면 건너뛸 수도 있다. 하지만 이 이야기들을 읽어두면 꽤 유용할 것이다.

무엇보다도 먼저, 맥주와 맥주의 성분은 원자로 구성되어 있으며, 원자가 결합해 분자를 이루고 있다. 이 지구상의 대부분의 사물과 마찬가지로 맥주도 탄소를 기반으로 하는데, 이것은 맥주에 탄소 원자가 많다는 것을 의미한다. 원자에는 여러 가지 종류가 있지만, 동물의 몸은 6대 주요 원소로만 대부분 이루어져 있고 경우에 따라 이들에 더해 그 외의 원소가 선택적으로 포함된다. 이 6대 원소 중 산소의 분포가 가장 높고, 탄소는 산소에 이어 두 번째이다. 원소기호 OCHNPS는 산소(O), 탄소(C), 수소(H), 질소(N), 인(P), 황(S) 등 6대 주요 원소가 동물에게 분포하는 양의 순서로 기억하는 데 도움이 될 수 있다. 효모는 동물의 몸을 구성하는 6대 원소에 더해 많은 염소로 이루어져 있다. 식물 또한 6대 원소로 이루어져 있지만, 마그네슘(Mg), 실리콘(Si), 칼슘(Ca), 칼륨(K) 등 4개의 원소도 식물의 구조에서 중요하다. 물은 무생물이면서 덜 복잡한 독립체로서, 맥주의 재료 중 원소의 수가 가장 적지만(H와 O로만 이루어져 있다) 용액 상태 또는 현탁 상태로 많은 다른 화합물을 함께 포함할 수 있다. 이러한 성질은 양조를 하는 데 매우 중요하다.

이 모든 원소의 원자 크기는 믿을 수 없을 정도로 작으며, 다른 원자와 결합해서 화합물과 분자로 만들더라도 그 결과로 생기는 구조 또한 매우 작다. 맥주 컵의 대부분을 차지하는 물을 생각해 보자. 단일 물 분자는 길이가 약 300pm, 즉 0.0000000003m이다. 맥주의 시음용 표준 잔은 지름이 약 6cm, 즉 약 0.06m인데 이것은 2억 개의 물 분자가 끝과 끝이 맞닿은 채로 잔을 가로질러 직선으로 이어져 있음을 의미한다.

다른 중요한 분자로는 맥주에 쓴맛을 내는 홉의 성분인 잔토휴몰이 있다. 플라보노이드인 잔토휴몰은 화학식이 $C_{21}H_{22}O_5$로 물 분자보다 더 크므로 약 800만 개만 앞서의 시음용 표준 잔을 가로질러 이어질 수 있다. 미국의 국내 맥주들은 홉으로 맛을 낸 후 함유하는 잔토휴몰의 함량이 다양하지만 농도가 리터당 0.2mg으로 매우 전형적이다.

따라서 이런 맥주를 300ml 잔에 따르면 잔토휴몰이 0.06mg 정도 함유되어 있는 것이다. 이러한 함유량을 무게로 따지면 그리 크지 않지만, 분자의 수로 따지면 10^{22}개가 넘는 큰 숫자이다.

이런 숫자들은 우리의 일상적 경험에서 보자면 무의미하지만, 맥주 한 잔에 담긴 화학적 세계의 진정한 규모를 충분히 이해할 수 있는 하나의 방법을 제공한다. 맥주를 만들 때 일어나는 화학반응에 대해 주의를 기울이면서 더 많이 배우다 보면 맥주라는 물질이 얼마나 복잡하고 반응성이 있는지 이해하는 데 이러한 숫자 감각이 도움을 줄 것이다. 우리는 또한 분자 고고학자들이 고대 맥주가 한번 담겼었던 도자기 그릇에 남겨진 분자 잔유물로부터 고대 맥주의 성분을 어떻게 추측할 수 있었는지도 살펴볼 것이다.

◆ ◆ ◆

맥주의 성분에 대한 자연사적 논의에서 가장 직접적인 관계가 있는 것은 디옥시리보 핵산(DNA)으로 알려진 크고 아름다운 분자이다. 이것은 생명과 유전형질의 분자이다. DNA는 염기들 또는 뉴클레오티드—탄소(C), 산소(O), 수소(H), 인(P), 질소(N)의 원자로 이루어진 분자—라 불리는 더 작은 분자들로 이루어진 복잡한 분자이다. 각 뉴클레오티드에는 주요 작용 부위가 네 개 있다(그림 5.1). 뉴클레오티드의 중심은 당고리이다(뒤에 논의되는 질소를 함유한 고리와 혼동해서는 안 된다). 세 개의 인산염이 당고리의 한쪽 끝단, 즉 5' 끝단에 결합할 수 있다. 다른 끝단, 즉 3' 끝단에는 수산기(OH) 그룹이 결합되어 있다. 마

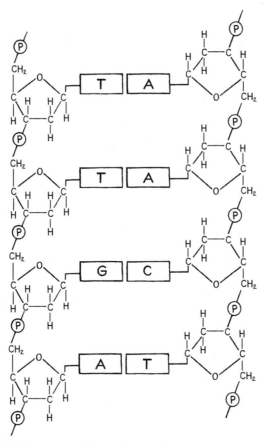

그림 5.1 | 이중나선 구조 DNA의 구성도(실제로는 긴 전체 DNA 중 짧은 영역). 이중나선의 세로 두 가닥 각각에는 네 개의 염기 또는 뉴클레오티드가 있으며, 이는 뉴클레오티드들의 염기 짝짓기(A는 T, G는 C)도 보여준다. 왼쪽 가닥은 아래 5'에서 위쪽 3'으로 방향을 잡고 있고, 오른쪽 가닥은 아래 3'에서 위쪽 5'로 방향을 잡고 있다.

지막으로, 측면에서 질소를 함유한 고리(뉴클레오티드의 '염기' 부분)가 나오며, 이는 각각의 뉴클레오티드에 고유의 정체성을 부여한다.

DNA에는 질소를 함유한 네 종류의 고리 구조가 있고, 따라서 네 종류의 염기가 있다. 이 염기들 중 두 개는 고리가 두 개 있고, 나머지 두 개는 고리가 한 개 있다. 두 개의 고리 염기는 아데닌과 구아닌이라고 하며, 단고리 염기는 타이민, 사이토신이라고 한다. 각각은 약칭으로 A, G, T, C로 알려져 있다. 5' 끝단에 있는 세 개의 인산염 중 하나는 3' 끝단 OH와 결합하는 것을 좋아하기 때문에 DNA 가닥이 5'에서 3'으로 방향을 잡고 있다. DNA는 긴 평행 측면에 가로대들로 연결되어 있는 사다리와 같은 이중 가닥 구조이며 또한 각 가닥 측면에 붙어 있는 2고리 구조와 1고리 구조의 염기들은 서로 특정한 방법으로 붙어 있는 것으로 밝혀졌다. A는 항상 T에 붙는 것을 좋아하고, G는 C에 붙는 것을 좋아한다. 이러한 현상을 염기 짝짓기라고 하며, 염기들은 서로를 보완한다고 한다. 이러한 상호 보완성은 DNA의 아름다움과 논리를 이해하는 데 매우 중요하다.

세로에 20개의 염기가 있는 DNA의 상호 보완적인 두 가닥을 상상해 보자. 두 가닥은 서로 단단히 달라붙어 이중나선을 그리며 서로를 휘감을 것이며, 그들을 따라 줄줄이 있는 염기들의 순서가 각 개별 분자의 기능을 결정한다. DNA는 A, G, T, C 네 개의 스펠링을 이용해 세 글자로 된 단어를 만든다는 점에서 서양 알파벳과 거의 같은 방식으로 작동한다. 가능한 모든 조합을 고려하면 64개의 서로 다른 단어가 이런 방식으로 만들어질 수 있다. 이 세 글자 단어는 아미노산들의 유전 정보를 코드화해서 지정하는 것으로, 아미노산은 생명체를 구성하는 소재인 단백질을 구성하는 분자이다. 그런데 단백질을 구성하는 데 관여하는 아미노산은 단 20개에 불과하기 때문에 64개의 세 글자 단어 중 44개는 불필요하다고 볼 수 있다. 그 여분의 세 글자 단어는 아미노산 중 몇몇의 예비 백업 코드로 사용되며, 여분의 세 글자 단어 중 세 개의 단어는 단백질의 유전 정보를 지정하는 단어들의 배열 끝에 '마침표' 역할을 한다. 예를 들어 아미노산 프롤린(P)은 유전 정보를 지정하는 세 글자 단어가 CCC, CCA, CCG, CCT, 네 개이다.

64개의 세 글자 단어는 유전자 코드라고 불리는 것을 형성하며, 표현력이 뛰어나다. 예를 들어, 각각의 아미노산은 크기, 전하, 그리고 물에 대한 친화력에서 서로 다르다. 다른 전하들, 크기, 소수성의 배열은 DNA에 의해 지정된 각 단백질의 2차원 선형 배열에 독특한 3차원적 접힌 구조를 더하기 위해 공모한다. 염기배열의 다른 분자적 양상과 함께 유기체에서 단백질의 기능을 일반적으로 좌우하는 것은 이 3차원적 구조이다.

단백질의 유전 정보를 지정하는 DNA 염기 배열은 유전자라고 알려져 있다. 하나의 예로 보리 게놈은 50억 개의 염기 쌍 길이로, 인간 게놈의 두 배나 되는 크기이다. 보리의 게놈에는 2만 6159개의 유전자(인간은 2만 개)가 7쌍의 염색체(인간은 23쌍)에 유전자의 선형 줄로 배열되어 있다. 염색체는 성 생식 유기체로서, 한 쌍으로 이루어져 있다. 왜냐하면 모든 개인은 자신의 어머니로부터 한 쌍 중 하나를 얻고 아버지로부터 한 쌍 중 다른 하나를 얻기 때문이다. 그리고 염색체가 하는 일은 염색체 쌍의 하나를 다른 염색체의 다른 하나와 교환하는 것, 즉 DNA의 물리적 교환인 재조합을 통해 개체군에 변이를 주는 것이다.

그림 5.2는 서로 다른 두 개체군에서 여섯 개의 개별 염색체가 지닌 염색체의 특정 영역을 보여준다. 여섯 개의 염색체에서 대부분의

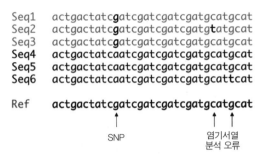

```
Seq1   actgactatcgatcgatcgatcgatgcatgcat
Seq2   actgactatcgatcgatcgatcgatgtatgcat
Seq3   actgactatcgatcgatcgatcgatgcatgcat
Seq4   actgactatcaatcgatcgatcgatgcatgcat
Seq5   actgactatcaatcgatcgatcgatgcatgcat
Seq6   actgactatcaatcgatcgatcgatgcattcat

Ref    actgactatcgatcgatcgatcgatgcatgcat
```

그림 5.2. SNP의 발견. 두 개체군에 대한 여섯 개의 염색체 염기서열을 보여주고 있다(회색 글자는 개체군 1이고, 검은색 글자는 개체군 2이다). 참고 염기서열(Ref)은 밑에 검은색 글자로 표기되어 있다. SNP는 하나의 화살표로 표시되어 있고, 염기서열 분석 오류는 두 개의 화살표로 표시되어 있다.

DNA 염기 배열은 동일하다. 그러나 상위 개체군의 염색체 세 개를 보면 하위 개체군의 염색체 세 개와 위치가 다른 염색체가 하나 있다. 이 유전적 변이점을 단일 뉴클레오티드 다형성(SNP)이라고 하는데, 이는 현대 유전체학에서 핵심적인 역할을 한다.

◆ ◆ ◆

전체 게놈의 서열을 분석하는 것은 쉽지 않다. 대부분의 게놈은 수십억 염기 길이인데 서열을 분석하기 위해서는 작은 조각으로 잘라야 하기 때문이다. 학계에 발표되어 우리가 완전하다고 여기는 많은 게놈도 사실 게놈들 사이에 약간의 차이가 있는데, 이는 게놈을 1000억 개에서 1조 개의 짧은 배열로 임의로 자르기 때문이다. DNA 조각들을 임의로 자르는 이유는 잘린 조각들 상호간에 중첩되는 부분이 존

```
                    acgatcgatcgatcgatgca
                     cgatcgatcgatgcatgcat
                       tcgatgcatgcatcgat
                         gcatgcatcgatgcat
                          gcatcgatgcatcgat
                           cgatgcatcgatcat
                            catcgatcatcatcat
                             atcatcatcatcga
                               tcatcatcgatgcat
                                catcgatgcatcatc
                                 gatgcatcatcatcatc
                                  catcatcatcatcatc
12개의
단편 서열
DNA 조각

연속적인
67개의
염기서열    acgatcgatcgatcgatgcatgcatcgatgcatcgatcatcatcatcgatgcatcatcatcatcata
```

그림 5.3. 각각 20개까지 염기를 갖는 12개의 단편 서열 DNA 조각이 연속적인 67개 염기서열인 DNA로 모이기 위해 나란히 정렬되어 있다.

재하고 이 중첩된 부분을 모으면 완전한 게놈의 배열을 얻을 수 있다고 생각하기 때문이다. 이는 거대한 데이지 체인의 배열을 만드는 방식과 상당히 비슷하다(그림 5.3). 그러나 이러한 과정이 모두 너무 계산에 의존하기 때문에 때로는 결과가 실제와 일치하지 않는다. 그러나 만약 (예를 들어 한 종류의 보리로부터) 이미 서열 분석이 완료된 게놈을 가지고 있다면 새로운 서열을 확인하는 것은 훨씬 쉬워진다. 그 게놈이 가까운 종의 게놈을 구축하는 데 참조가 되는 발판 역할을 할 수 있기 때문이다. 그러한 참조 자료 없이 어떤 게놈의 서열 분석을 실행하는 것을 드 노보 서열 분석이라고 한다. 다행히도, 보리, 홉, 그리고 많은 효모의 경우, 비교적 용이하게 서열 분석을 할 수 있는 전체 게놈에 대한 참조 서열 분석 자료가 있다.

이 모든 것의 목적은 가능한 한 많은 SNP를 탐지하고 분류하는 것이다. 시판되고 있는 염기서열 분석기 가운데 일부는 수십억 개의 짧은 DNA 조각—단편 서열이라고 불린다—을 생성할 수 있다. 그리고 이

기술은 연구자가 단백질 또는 DNA의 짧은 조각을 합성하고 이 짧은 조각을 관심 있는 생물의 게놈을 이해하는 데 도움이 되는 도구로 활용할 수 있는 단계로까지 발전했다. 보리 게놈이 가진 50억 개의 염기는 대부분 식물마다 동일할 것이기 때문에, 연구자들은 각 식물의 광범위한 범위에서 다른 (다형성의) SNP를 가진 게놈의 특정한 일부에 초점을 맞추는 표적 염기서열 분석법을 개발했다.

일단 컴퓨터가 중요한 SNP가 놓여 있는 염기서열을 식별하고 나면, 컴퓨터가 식별한 염기서열에 일치하도록 DNA의 짧은 조각이—비틀림이 있지만—합성된다. 각 SNP는 합성된 다섯 개의 DNA 조각을 가졌는데, 이들 중 SNP 위치에는 실제 보리 DNA에 대해 여러 가능한 시나리오와 일치하도록 구아닌, 아데닌, 타이민, 사이토신이 포함되어 있거나 또는 아무것도 포함되어 있지 않다. 다섯 개의 짧은 DNA 조각(각각의 DNA 조각은 다른 염기 또는 염기의 부재를 감지한다)은 동전 크기의 칩에 부착된다. 각 조각이 칩 위에서 차지하는 면적은 너무 작아서 수십만 개의 DNA 조각이 하나의 슬라이드에 부착될 수 있는데, 특정 위치에 있는 각각의 DNA 조각은 컴퓨터에 의해 추적된다. 이 시점에서 염기서열을 분석하려는 보리 개체의 DNA를 작은 형광분자로 표지해 작은 조각으로 자르고 칩과 반응하도록 허용한다. DNA는 염기쌍을 이루는 데서 상보성이 있기 때문에 보리 DNA의 모든 조각은 칩상에서 자신에게 100% 적절한 위치를 찾아낸다.

그런 다음 칩을 세척하고 슬라이드에 있는 미세한 형광 점을 특수 카메라를 통해 본다. 카메라는 보리 DNA가 어디에서 잡종이 되었는지 감지할 것이고, 이어서 그 위치에서 염기를 확인할 것이다. 유전적 변이 접근 방식은 칩 단계까지 동일한 프로토콜을 사용하지만, 대신에 비오틴이라는 분자를 SNP가 존재하는 합성 DNA의 짧은 조각에 부착한다. 그리고 이 작은 DNA 조각은 표적 게놈의 SNP를 '포획'하는데 사용된다. 각 관심 영역에 대해 상보적인 수천 개의 탐침이 칩 위에 배치된 후, 비오틴과 결합할 분자를 가진 작은 자성 비드가 DNA와 혼합된다. 비오틴을 함유한 모든 이중 가닥 DNA 조각은 모두 자성 비드에 결합한다. 다음으로 모든 비드상에 있는 비오틴 함유 분자를 다른 모든 혼합물로부터 분리하기 위해 자석을 사용한다. 관심 있는 SNP 없이 포획된 모든 DNA 조각은 씻어 없애고, 남은 DNA의 염기서열은 그림 5.4의 표준 방법을 사용해 분석할 수 있다.

표적 염기서열 분석 접근은 아마도 더 정확할 것인데, 약 100배 범위(여기서 범위는 단일 SNP에 대한 데이터 포인트의 수를 뜻한다)에서 고해상도를 실현할 수 있기 때문이다. 통상적으로 이러한 방법으로 수십만 개의 SNP를 분석할 수 있다. 이것을 실행하기 위한 패널 중에는 시판되는 것도 있고, 제조 판매의 독점권을 가지고 있는 것도 있다. 보리에 대해서는 진칩®발리 게놈 어레이GeneChip®Barley Genome Array, 아피매트릭스 22K 배리 1 진칩Affymetrix 22K Barry 1 GeneChip, 모렉스 60K 애질런트 마이크로어레이Morex 60K Agilent microarray 등 고속 염기서열 분석을 위한 어레이들이 있다. 홉에 대해서는 아직 칩이나 어레이가 개발되지 않았지만, 특히 홉Humulus lupulus 게놈을 위한 데이터베이스(HopBase 1.0)가 존재하기 때문에 향후 개발 전망은 매우 밝다. 효모에 대해서도 진칩 이스트 게놈 2.0 어레이GeneChip Yeast Genome 2.0 Array라는 유일한 어레이가 있지만, 효모 게놈은 너무 작기 때문에 많은 연구

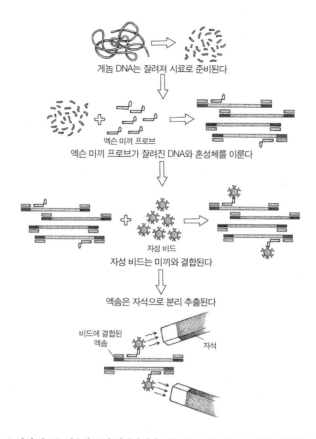

게놈 DNA는 잘려져 시료로 준비된다

엑슨 미끼 프로브
엑슨 미끼 프로브가 잘려진 DNA와 혼성체를 이룬다

자성 비드
자성 비드는 미끼와 결합된다

엑솜은 자석으로 분리 추출된다

비드에 결합된
엑솜   자석

그림 5.4. 자성 비드를 이용한 표적 염기서열의 포획. 비오틴 분자(굵은 외형)와 결합되어 있고 작은 점들로 그려진 띠 모습은 포획 염기서열을, 그 외의 다른 띠 모습은 표적 염기서열을 나타 낸다. 표면에 작은 돌출부를 가진 둥근 것이 비오틴에 결합하는 자성 비드이다. 그림 밑에 보이 는 자석은 자성 비드에 결합되어 있는 포획 염기서열을 분리해 낸다.

자는 이 유기체의 많은 변종에 대해 간단히 드 노보 염기서열 분석을 시도해 왔다. 그러나 염기서열 분석이 완결되어 일단 염기서열이 결 정되면 염기서열 분석이 완료된 효모 게놈은 양조업자에 의해 같은 식물의 다양한 변종과 종 사이에서 관찰되는 차이점의 유전적 기초를 밝히기 위해 빠르고 효율적이며 값싸게 활용될 수 있다.

아마도 게놈 염기서열 분석에서 제기되는 가장 큰 난제는 모든 데이터를 처리하는 일일 것이다. 그러나 그러한 자료들이 적절하게 해석될 경우 특정 유기체의 생물학과 자연사에 대한 많은 정보를 획득할 수 있기 때문에 이는 실행할 가치가 큰 과제이다. 종 간의 관계가 연구의 초점이라면, 몇 가지 다른 기술을 염기서열 자료에 적용할 수 있다. 예를 들어, 만약 재배되는 보리 또는 대대로 내려온 홉 식물의 가장 가까운 친척을 발견하고 싶다면, 소위 계통수라고 불리는 것을 생성하기 위해 게놈의 자료들을 사용하는 방법을 이용할 수 있다. 6~9장에서 이것에 대해 더 자세히 설명하겠지만, 여기서 관련 방법을 개략적으로 설명할 가치가 있다.

대대로 내려온 야생의 형태를 어떻게 농작물로 재배하기 시작했는지를 밝혀내기 위해서는 계통발생학의 방법을 사용할 수 있다. 이 방법에서는 그 식물들이 최근에 얼마나 공통 계통을 가졌는지에 기반해 생물 집단이 분화되는 진화 계통수를 만든다. 계통수를 가지면 계통수상의 한 종과 다른 종의 관계에 대해 추론할 수 있다. 만약 두 종이 계통수의 같은 분기점에서 비롯되고 그 사이에 다른 종이 없다면, 그들은 서로의 가장 가까운 친척뻘이라고 추론할 수 있으며 자매 분류군이라고 불릴 수 있다. 게놈 수준의 자료를 분석하는 또 다른 방법은 종 내 개체군의 동적인 움직임을 살펴보는 것이다. 이러한 개체군 접근법은 효모 변종과 보리와 홉의 등장 사이의 관계를 들여다볼 때 특히 중요할 것이다. 이러한 접근법을 사용해, 먼저 연구 대상 각 개체가 개체군으로 체계화되었는지 여부를 밝히려는 시도도 있다. 일단 이것이 이루어지면 정확히 얼마나 많은 개체군이 존재하는지 추론할 수 있다. 우리는 또한 게놈 수준의 정보를 사용해 자연적 선택과 인공적 선택이 게놈에 어떤 영향을 끼쳤는지도 밝혀낼 수 있다. 이러한 후자의 방법들은 특정 종에 속하는 각 개체의 게놈 전체를 스캔해 선택의 흔적을 반영하는 영역을 식별한다. 경작된 보리와 같은 길들여진 생물에서 이것은 재배자가 자신이 재배한 보리에서 어떻게 특정한 품질을 추구했는지를 해독하는 것과 다름없다.

게놈 학자들이 사용하는 방법은 매우 시각적이다. 그중 하나로 주성분 분석Principal Components Analysis(PCA) 방법이 있다. 이러한 통계적 접근방식은 비교에 관련된 모든 변수를 바탕으로 두 변종 간의 차이에 대한 수치를 산출한다. 분석된 생물 사이에서 나타나는 변이 패턴의 대부분을 설명하는 두 변수를 주요 성분 1과 2라고 하며, 이들을 2차원 그래프의 X축과 Y축에 나타낸다. 이 값은 이 2차원 공간에서 각 분석 단위로 무리를 이룬다. 그래서 만일 네 개의 개체 A, B, C, D가 있고 처음 두 개의 주요 성분에 대해 다음과 같은 거리를 가지면, 즉 A에서 B는 0.1, A에서 C는 0.5, A에서 D는 0.5, B에서 C는 0.5, B에서 D는 0.5, 그리고 C에서 D는 0.1을 가지면, 주성분 분석(PCA) 그래프는 B에 가까운 A, 서로 무리를 이루는 C와 D, 그리고 서로 멀리 떨어진 두 무리를 보여줄 것이다. 곧 알게 되겠지만, 이 접근 방식은 관련 개체의 전반적인 관련성과 조사 중인 무리의 수에 대해 대략적인 견해를 얻는 데 도움을 줄 수 있다.

알코올음료 생산에 중요한 또 다른 식물인 포도에 관한 개체군 체

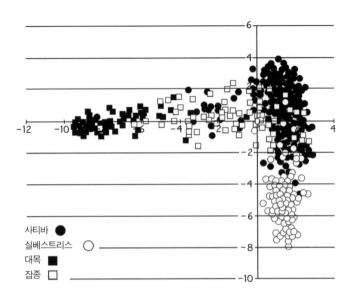

그림 5.5. 포도의 게놈에 대한 주성분 분석(PCA). 검은색 동그라미는 사티바 변종(와인 생산에 사용되는 포도의 아종)이며, 검은색 네모는 접붙이기에 사용되는 대목이다. 하얀색 동그라미는 실베스트리스 아종(야생으로 자라는 포도의 아종)이며, 하얀색 네모는 잡종이다.

계 연구는 앞서의 접근 방법과 이로부터 예상할 수 있는 바에 대한 좋은 예를 제공한다. 이 연구에서는 네 개 집단의 포도에 대해 2273개 개체의 포도 변종을 분석했다. 네 개 집단은 대목rootstocks, 잡종hybrids, 그리고 비티스 비니페라의 두 아종으로 대부분의 와인을 만드는 데 사용되는 사티바sativa와 야생으로 자라는 실베스트리스sylvestris였다. 주성분 분석(PCA)에서 보이는 네 개의 다른 무리는 상호 간 어떤 중첩이 있으며, 그러한 무리는 그림 5.5에 사용된 음영 표시에 의해서만 분명하게 나타난다는 것을 주목할 필요가 있다. 만약 도표에서 모든 점을 검은색으로 표시해 보여준다면, 네 개의 개체군을 그리 쉽게 추론할 수 없을 것이다.

따라서 존재하는 무리 또는 개체군의 수를 결정하는 보다 객관적인 방법이 조너선 프리처드Jonathan Pritchard와 그의 동료들에 의해 개발되었다. 스트럭처STRUCTURE라고 불리는 이 접근방식은 반복 과정에 의한 것으로, 개체군 체계의 모델을 시뮬레이션한다. 시뮬레이션에서 개체군의 수는 K로 지정된다. 스트럭처는 유전자 자료를 사용해 생각할 수 있는 많은 개체군에 대해 시뮬레이션을 실행한다. 이 접근방식은 서로 다른 K값에 대한 각 실행의 통계자료를 비교함으로써 얼마나 많은 개체군이 포함되어야 적합한지를 결정할 수 있다. 이 접근방식은 적절하게 K를 추정함으로써 연구 중 모든 개체를 K 개체군에 할당할 수 있다. 어떤 개체는 K 개체군 중 하나에 100% 확률로 배정된다. 그러나 단순한 확률에 따르면 일부 개체는 개체군 간의 이종 교배 효과 때문에 두 개의 개체군에 할당될 것이다. 표 5.1은 네 개의 개체와 K=2를 예로 들어 할당을 보여주고 있다.

그림 5.6은 두 개체군에 대한 할당 비율을 시각적으로 보여주는 막대그래프이다.

이것을 다양한 지역에서 수집한 포도 품종의 대규모 샘플로 확대하면, 스트럭처 접근방식은 우리에게 그림 5.7에 나타난 개체군 체계를 제공한다. 비티스 비니페라의 아종 중 하나는 원산지 개체군에 할당되기 어렵고 사티바와 잡종 모두에 다중 할당되고 있음에 유의하라. 대목(접목에 사용되는 특정 식물의 뿌리)과 실베스트리스 아종(야생으로 자라는 포도의 아종들)의 할당이 잘 설명되어 있다.

표 5.1 네 개의 개체와 K 개체군 간의 할당

	모집단 A에 포함될 확률	모집단 B에 포함될 확률
개체 1	100	0
개체 2	78	22
개체 3	22	78
개체 4	0	100

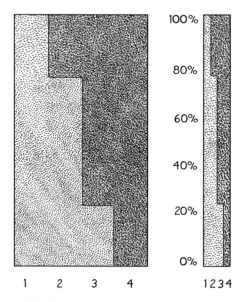

그림 5.6. 왼쪽: 스트럭처 분석에서 두 개의 다른 개체군(옅은 회색은 모집단 A, 짙은 회색은 모집단 B)에 할당된 네 개의 가상적인 개체에 대한 막대그래프. 오른쪽: 왼쪽의 그래프를 가로로 압축한 막대그래프(일반적으로 이런 방식으로 보여준다).

이와 같은 관찰은 우리가 유기체의 개체군 체계를 이해하는 데서 흥미롭기도 하고 유익하기도 하다. 또한, 곧 보게 되겠지만, 작물로 재배되는 보리, 효모, 홉의 계통을 이해하는 데에도 대단히 중요하다.

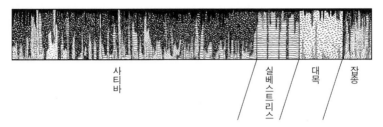

그림 5.7. 비티스 비니페라 생식질 컬렉션 중 2273개의 포도 변종에 대한 스트럭처 분석. 영역에서 서로 다른 음영은 스트럭처 분석에서 다른 종류의 변종을 나타낸다. 어두운 점의 색조는 사티바를 보여주고, 긴 선의 점은 실베스트리스를, 짧은 선의 점은 대목을, 작은 점은 잡종을 보여준다. 이 분석은 K=6(혹은 여섯 개의 조상의 개체군)에 대한 것으로, 에마누엘리(Emanuelli) 그룹의 문헌(2013)에서 인용했다.

제 **6** 장

물

왼쪽에는 부드러운 연성의 물로 유명한 플젠과 이름이 같은 지역에서
생산한 우리가 가장 선호하는 필스너 한 병. 오른쪽에는 버턴어폰트렌트
외곽의 어느 전통적인 양조 마을과 유사한 경도의 물을 가진 독일
도르트문트산의 필스너로부터 영감을 받은 라거. 설령 두 개의 맥주가
같은 경우는 한 번도 없다 할지라도 우리가 두 맥주에서 물의 영향을
감지할 수 있을까? 그건 그렇고, 두 맥주는 밤과 낮처럼 달랐다. 플젠산은
황금빛이고 맥아의 맛이 두드러지며 약간 달콤했던 반면, 도르트문트산
필스너는 강철빛이고 홉의 맛이며 씁쓸함이 강했다. 그러나 결국 이렇게
상반되는 차이점의 원인을 물로 돌리는 것은 적절치 않아 보였다.
도르트문트는 독일 북부에 위치한 반면, 플젠은 바이에른 주에 인접해
있다. 두 필스너는 독일 남부의 맥주와 독일 북부의 맥주를 구별하는
경향이 있는 그런 특징에서 정확히 대조를 이뤘다. 도르트문트산 병의 뒤
라벨에는 'ein pils bleibt ein pils(필스너는 항상 변함없이
필스너이다)'라고 쓰여 있었다. 우리는 궁금해졌다.

양조에서 효모의 중요성이 상식이 된 지금, 맥주의 실질적인 주인공은 맥주의 95%까지 구성하는 물이다. 만약 맥주 제조에서 물을 당연한 것으로 생각해서 소홀히 여긴다면 위험을 감수해야 할 것이다. 플젠이나 버턴어폰트렌트를 자랑스러워하는 주민이라면 누구나 확신하듯이, 맥주의 제조에서 물의 질은 비록 종종 다른 요인과 분리되기 어렵지만 모든 맥주에 강한 영향을 미친다.

물은 인간의 일상생활에 필수적인 요소 중 하나이다. 실제로 인간의 몸은 약 75%가 물로 되어 있다. 특별히 우리는 여기서 너무나도 단순한 분자인 H_2O에 대해 이야기하려 한다. 단지 세 개의 원자로 이루어진 이 분자 중 일부는 우주의 시초로 알려진 빅뱅만큼 오래되었을지도 모른다. 빅뱅은 약 135억 년 전에 일어났고, 상상할 수 없을 정도로 강렬한 열의 분출을 동반했다. 1초 이내에 상당한 냉각이 시작되었고 약 3분 이내에 수소(H)와 헬륨(He)을 형성할 수 있게 되었다. 나머지 원소들은 후에 형성되었으나, 물 중 다른 원소인 산소(O)의 경우는 산소가 풍부한 지구로부터 믿기 어려운 거리인 131억 광년 떨어진 곳에 있는 성계에 존재한다는 것이 최근 밝혀짐에 따라 첫 번째 산소원자도 매우 오랜 시간 전에 형성된 것으로 추정할 수 있게 되었다. 그러나 물 자체는 훨씬 후에 출현했을 것이다.

최근까지 널리 받아들여졌던 건조한 지구 이론Dry Earth theory에 따르면, 약 45억 년 전 태양계가 형성된 후 새로 형성된 지구가 그 궤도에 놓여 있는 행성 파편들을 모두 흡수하면서 수억 년이 흐르는 와중에 소행성 충돌에 의해 물이 지구에 처음 유입되었다고 한다. 그러나 태양 주위를 도는 베스타라는 한 소행성에 대한 연구는 이에 대한 생각을 바꾸고 있다. 베스타는 물을 가지고 있고 지구와 조성이 비슷하며 지구와 동시에 형성되었는데, 이는 이 두 행성에서 물이 동시에 생성되었음을 의미한다. 즉, 베스타에서 그랬던 것처럼 물은 지구가 형성될 때 함께 생성되었으므로 지구는 처음부터 젖어 있었고 계속 젖어 있었다는 것을 시사한다.

그렇다고 해서 맥주를 양조할 때 쓰는 물이 45억 년이나 되었다는 뜻은 아니다. 물은 매우 반응성이 큰 분자로 다른 화학물질과 화합물에 대해 용해하고 결합하는 능력이 뛰어나다. 이러한 반응성 때문에 개별 물 분자의 수명은 약 1000년으로 추정되어 왔다. 이것은 분명 물 분자가 다른 화합물과 반응하지 않고 인위적으로 분해를 시키지 않는 한 존재할 수 있는 가장 긴 시간이다.

물은 단순한 분자일 수도 있지만, 자신을 독특하게 하는 물리적 작용을 보인다. 물은 두 개의 수소 원자와 한 개의 산소 원자로 구성되어 있다. 원자 자체는 전하가 없는 중성자로 알려진 작은 입자, 양전하를 갖는 양성자, 그리고 음전하를 갖는 전자로 이루어져 있다. 대자연은 이들 전하에 관해서는 꽤 엄정한 회계 장부 담당자로, 양전하와 음전하가 균형을 이룰 때라야 분자가 더 안정적이다. 물은 전하의 균형이 잘 잡혀 있고 화학적으로 안정적인데, 이는 물의 두 수소 원자가 모두 하나의 산소 원자와 전자를 공유하며 결합하고 있기 때문이다(이는 공유 결합이라고 불린다). 그러나 물 분자는 균형 작용의 일환으로 양전기와 음전기의 양극성을 가지고 있어 다른 분자와 매우 흥미롭게 상호작용할 수 있는 특성을 갖고 있다.

물의 반응성은 양조업자에게 불가사의한 성질의 핵심이다. 어떤 금속은 물과 다소 격렬하게 반응한다. 많은 독자들은 고등학교 화학 실험실에서 금속성 칼륨과 물 사이에 발열 반응 실험을 했던 것을 기억할 것이다. 이러한 폭발 실험은 항상 야외에서 행해지는데, 이는 안전을 고려하기 때문이다. 심지어 나트륨도 물과 상당히 격렬하게 반응해 물 표면에서 불이 타는 놀라운 광경을 만들어낼 것이다. 물은 앞서 금속들과 같이 격렬한 반응을 동반하지 않고 많은 분자를 전하가 있는 두 성분으로 분해해 받아들인다[염화나트륨($NaCl$)을 예로 들면 Na^+와 Cl^-로 분해한다]. 전하가 있는 이러한 단일 성분은 이온이라고 불리며, 이들을 둘러싸고 있는 물 분자는 용해로 알려진 화학적 작용에 따라 이들을 갈라놓는다. 당 같은 작은 분자나 복잡한 탄수화물 같은 긴 연쇄 분자도 물에 용액화해 녹을 것이다. 그러나 그것들은 앞서와 같이 이온이 분리된 상태가 아니다. 대신 물 매질matrix 전체에 분포한다. 물의 이러한 성질은 양조업자에게 중요하다. 왜냐하면 이러한 성질은 물 분자가 당의 특정한 구조적 변화 없이 매우 약한 결합을 형성한다는 것을 의미하고 이는 발효 중에 발생하는 효모 효소와 당의 반응을 매우 용이하게 하는 조건을 충족시키기 때문이다. 그림 6.1은 용해와 용액화의 차이를 보여준다.

지하 환경에 따라 이러한 용해 또는 용액화가 진행되면서 지하수는

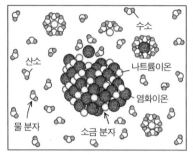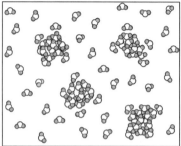

그림 6.1. 용해와 용액화의 차이. 왼쪽 그림은 염화나트륨(NaCl)—즉, 소금—에서 NaCl 분자
(그림 가운데 있는 크고 어두운 구와 작고 하얀 구의 무리)가 분리되고 자유 나트륨이온(Na)과
염화이온(Cl)을 물 분자들이 둘러쌈으로써 용해되는 것을 보여준다. 오른쪽 그림은 설탕이 용
액화되는 것을 보여준다. 설탕 분자는 분리되지 않은 채 물 분자에 의해 둘러싸인다(그림에 보
이는 네 개의 덩어리).

발효 과정 중 최적의 pH(알칼리성 또는 산성)를 유지하려는 맥주 제조
자의 목표를 돕거나 해칠 수 있는 많은 종류의 이온을 필연적으로 포
함하고 운반한다. pH는 매우 중요한데, 보리 등 곡물의 성분을 분해
하는 다양한 효소가 특정 산도에서 가장 잘 작용하기 때문이다. 마지
막으로 물은 온도를 쉽게 조절하고 균일하게 분포하는 중요한 장점을
갖고 있다. 생물학 교과서에서 물을 생명의 용매라고 부르는 것도 무
리는 아니다.

◆ ◆ ◆

맥주 양조 공정의 시작과 끝에서 단연 가장 많은 성분인 물은 모든
맥주 맛에 크게 영향을 미친다. 이것은 물이 단순한 기본 분자 외에

필연적으로 더 많은 화합물을 포함하고 있기 때문이다. 그러므로 비록 물이 약산성이더라도, 강, 호수, 대수층 같은 모든 천연 수원은 용해된 칼슘, 마그네슘, 나트륨, 칼륨, 그리고 다른 이온을 받아들여 균일한 상태로 존재할 것이다. 게다가 현대 사회에서는 호르몬과 항생제를 포함한 다른 화학물질이 물 저장시설에 침출되어 유입되기 때문에 우리가 접하는 대부분의 갖가지 물은 상당히 불균질한 용액일 수 있다. 활성탄 장치를 이용해 정제한 물조차 화학물질이 많이 포함되어 있을 것이다. 탄소 필터는 염소, 페놀, 황화수소, 그리고 기타 휘발성 및 악취성 화합물을 제거하는 데 효과적이며, 철, 수은, 킬레이트화 구리 등 소량의 금속도 제거한다. 그러나 탄소 필터로 정제된 물은 여전히 상당한 양의 나트륨, 암모니아, 그리고 많은 다른 화학물질을 포함하고 있을 것이다.

물은 종종 연수, 심한 경수, 또는 그 중간 상태로 표현된다. 물의 경도는 +2의 전하량을 갖는 금속 이온의 양에 의해 결정된다. 이들 중 가장 일반적인 것은 마그네슘과 칼슘이다. 심한 경수는 많은 양의 금속 양이온을 포함하고 있어 물의 성질을 염기성으로 만들거나 pH 값이 7이 넘도록 만든다. 물의 경도는 백만분율parts per million(ppm) 단위로 나타내는 반면, 물속의 금속 이온의 농도는 리터당 밀리그램(mg/l) 단위로 표시한다. 그 이름대로, 물의 부드러움과 경도는 다소 주관적이지만, ppm과 mg/l 단위로 표 6.1과 같이 분류할 수 있다.

수돗물은 장소에 따라 달라지는 것이 일반적이므로 어디서 양조하느냐가 결정적으로 중요하다. 맥주의 종류에 따라 가장 적절한 특정 pH의 물 조건이 각각 다를 테지만, 심지어 같은 곳이라 하더라도 모

표 6.1 물의 경도에 따른 금속 이온 농도

구분	백만분율(ppm)	리터당 밀리그램(mg/l)
연수	100 미만	17.1 미만
약한 경수	100~200	17.1~60
중간 경수	200~300	60~120
경수	300~400	120~180
심한 경수	400 이상	180 이상

든 도시의 수돗물이나 공업용수 공급원이 일 년 내내 균등한 품질의 물을 공급하지는 않을 것이다. 양조에 필요한 물의 공급과 질은 만들고 싶은 제품에 핵심적인 조건이며, 많은 유명한 양조 지역은 현지에서 공급되는 물의 질과 일관성 때문에 그 명성을 얻었다. 그림 6.2는 물의 경도 특성이 장소에 따라 어떻게 달라질 수 있는지에 대한 두 나라의 예를 보여준다.

물의 경도는 물이 비로 떨어진 뒤 이동하는 이력에 의해 결정된다. 호수나 연못의 지표수는 거의 항상 경도가 매우 낮은 연질의 물이다. 그러나 양조장으로 퍼 올리기 전에 암반을 통해 이동한 지하수라면, 특히 지하의 먼 경로를 흘러왔다면 많은 무기 화합물이 채취될 것이다. 예를 들어, 석회암을 통해 흘러온 물은 일반적으로 상당한 양의 칼슘과 마그네슘을 포함하고 있을 것이다. 따라서 지역의 지질은 양조장의 입지 결정에 큰 영향을 미칠 것이다.

세계적인 양조 지역은 이러한 변수를 보여주는 예시이다. 표 6.2는 몇몇 유럽 양조 지역의 물 경도를 보여준다.

□ 연수
▨ 경수
▧ 심한 경수
■ 매우 심한 경수

그림 6.2. 프랑스(왼쪽)와 미국(오른쪽)의 지역에 따른 경수 특성.

물의 경도가 매우 높은 몇몇 지역은 독한 에일 또는 스타우트를 양조하는 중심지이다. 예를 들어 석고가 풍부한 버턴어폰트렌트가 그렇게 오랫동안 변함없는 IPA를 만드는 전형적인 중심지가 된 것은 우연이 아니다. 물의 경도가 높은 다른 도시의 양조업자들은 대부분의 경우 물을 보다 연질의 범위로 만들기 위해 물을 처리한다. 만약 물이 원하지 않는 이온을 포함한 '일시적인 경질'이라면 어렵지 않은 방법을 적용할 수 있다. 바로 탄산염이나 중탄산염의 조건에서 물을 끓이는 것인데, 그러면 마그네슘과 칼슘을 침전화해 제거할 수 있다. 표 6.2를 보면 연질의 물이 유난히 돋보이는 한 지역이 바로 플젠인데, 그곳에서 산뜻한 필스너 라거가 생겨났다.

양조에서는 일반적으로 연질의 물을 공급하는 것이 더 바람직한데, 이는 경수를 연질로 변환하는 것보다 연질의 물에 단순히 미네랄을 첨가해 경질로 만드는 것이 더 용이하기 때문이다. 만일 물의 경도가

표 6.2 유럽 양조 지역의 물 경도

도시	물의 경도(ppm)
버턴어폰트렌트	330
도르트문트	283
더블린	122
뒤셀도르프	104
에든버러	176
런던	94
뮌헨	94
플젠	10
비엔나	260

100ppm을 초과하면 처리하지 않고 한정된 종류의 맥주만 양조하는 것이 일반적이다. 일반적으로 물을 더 경질로 만들기 위해 네 가지 화합물을 첨가하는데, 이는 특정 맥주의 이상적인 물을 모사하기 위해서이다. 황산칼슘이나 염화칼슘은 보다 순한 에일에서 점점 미디엄 바디의 에일을 위해 사용하고, 탄산칼슘은 다크 맥주를 위한 물의 경질화를 위해 사용한다. 마그네슘은 종종 다양한 영국식 에일에 이상적이라고 생각되는 물을 모사하기 위해 첨가한다. 양조업자들은 지역 지질로부터 제한을 받아왔으며, 양조할 때에는 대부분 경도가 낮은 물을 더 많이 사용했다. 수처리 기술을 통해 양조업자들이 이러한 제한으로부터 실질적으로 벗어난 것은 비교적 최근의 일이다.

◆ ◆ ◆

　지구의 화합물들은 온도와 압력에 따라 세 가지 다른 상태—기체, 액체, 고체—로 존재할 수 있다. 물은 좁은 온도 범위에서 가장 변화무쌍하며 세 가지 상태 모두 자연 발생적으로 발견되는 극소수의 화합물 중 하나이다. 물의 액체상은 물 분자들이 매우 가깝고 불규칙하게 배열되어 각 분자가 수소 결합으로 서로를 끌어당기고 있는 상태이다. 물의 고체상은 온도가 내려가면서 액체 상태의 물 분자들이 규칙적인 격자로 재배열되면서 형성된다. 물은 액체상보다 고체상의 밀도가 낮은 유별난 특성을 갖고 있다. 이로 인해 모두가 잘 알듯이 얼음은 물에 뜬다. 이것은 액체상의 물 분자들이 서로 간에 특정한 거리로 유지하는 격자를 형성해 얼음보다 더 밀집한 배열을 만들기 때문이다. 이와는 대조적으로 기체상의 물은 전형적으로 액체 형태보다 덜 밀집한 상태이다. 액체 상태의 물을 가열하면 물 분자 간에 서로를 끌어당기고 있는 비교적 약한 수소 결합이 깨지면서 물 분자가 분리되기 시작하고 서로를 밀어낸다. 그러면 밀집도가 훨씬 낮은 상태인 기체상이 되고 수증기를 형성한다.

　액체 상태의 물은 22℃(72℉)에서 단위 부피 $1cm^3$의 무게가 0.998g임에 주목해야 한다. 이는 $0.998g/cm^3$(갤런당 8.33파운드)로 표시한다. 이것은 물의 밀도를 나타내는데, 물에 당과 같은 화합물이 녹으면 그 밀도가 높아진다. 하지만 여기서 밀도는 무엇을 의미할까? 가장 간단한 정의에 따르면, 밀도라는 용어는 주어진 물질의 부피에 얼마나 많은 물질이 포함되어 있는지를 나타낸다. 분자에 관해서 보면, 밀도의 정의는 화합물의 분자들이 얼마나 가깝게 배열되어 있는지를 나타낸다. 화합물에서 매우 가깝게 배열된 분자는 느슨하게 배열된 분자보다 밀도가 높은 물체를 만든다. 기체 상태의 물이 고체나 액체의 물보다 더 가벼운(밀도가 낮은) 이유는 이 때문이다.

밀도에서 이끌어낸 값인 비중은 양조에서 매우 중요하다. 기술적으로 비중은 측정하는 용액의 질량을 같은 부피의 물의 질량으로 나눈 값이다. 이것은 물의 비중이 정의상 1.0이라는 것을 의미한다. 비중은 그램, 파운드, 밀리리터 등 특정한 단위로 표기되지 않고, '소수점'을 사용해 표현한다. 어떤 액체에 대한 비중 값에서 1을 뺀 값(점 이하 소수부)에 1000을 곱한 값을 비중의 포인트 값point value이라고 정의하기도 한다. 따라서 한 액체의 비중이 1.0666이라면, 그 액체의 포인트 값은 1.0666에서 1.000을 뺀 값 0.0666에 1000을 곱한 값 66.6이다. 용해된 탄수화물을 부피의 비율로 1%씩 가해줄 때 포인트값이 4씩 증가할 것이다. 따라서 만약 탄수화물이 혼합물 부피의 20%를 차지할 때까지 탄수화물을 첨가한다면, 포인트 값은 약 80까지 증가할 것이다.

따라서 맥주에 들어 있는 탄수화물과 당류는 발효 과정에서 사용 가능한 당의 총량만큼 맥주의 비중을 증가시킬 것이다. 그 결과 비중 측정은 알코올 함량을 산출하는 데 사용되곤 했다. 발효(10장에서 자세히 논의할 것이다)하기 이전의 양조액체를 맥아액 또는 맥아즙이라고 부르며, 양조액체의 비중을 초기 비중original gravity(OG)이라고 한다. 발효가 멈춘 후 양조액체가 차지하는 비중은 최종 비중final gravity(FG)이라고 부른다. 물은 탄수화물, 작은 당류 같은 첨가물을 잘 받아들여

용해할 뿐만 아니라 OG에도 영향을 미치는 다른 화합물에 대해서도 훌륭한 용매이다.

발효가 시작되면 당류가 알코올로 전환되는데, 알코올은 당류보다 밀도가 낮기 때문에 양조액체의 비중이 점차 낮아진다. 따라서 전체 용액에 대한 비중은 발효가 시작되기 이전보다 밀도가 낮아질 것이다. 즉, OG 대비 FG가 감소하는 것은 발효에 따라 알코올이 얼마나 많이 생산되었는지에 대한 정보가 된다. 비중에는 용해된 탄수화물과 당류, 그리고 그 외 양조액체의 다른 화합물이 미친 영향이 모두 포함되기 때문에 OG와 FG 간 비교가 알코올의 변환을 100% 정확하게 알려주지는 않는다. 하지만 대체로 꽤 정확하다.

대부분의 맥주는 그림 6.3과 같이 OG에서 FG까지의 범위로 특징 지어질 수 있다. 어떤 양조류(독한 맥주)는 꽤 높은 OG로 시작한다. 이들은 도펠보크, 아이스보크, 스카치 에일, 러시안 임페리얼 스타우트, 벨기엔 다크 스트롱 에일, 발리 와인 등이며, 1.080~1.12 범위의 OG, 80~120 범위의 포인트 값을 보인다. 일부 소수의 맥주만 1.040(포인트 값 40) 미만의 OG였다. 표준적인 일반 맥주, 즉 라이트 아메리칸 라거, 스코티시 라이트, 스코티시 헤비, 스코티시 마일드, 스코티시/잉글리시 브라운, 베를리너 바이세가 OG가 낮은 맥주이다. 이들은 대부분 OG가 1.040~1.060 범위이고 포인트 값은 40~60 범위이다.

물은 그 속에 담겨진 물체의 질량에 대해 묘한 작용을 한다. 그리스의 철학자 겸 수학자 아르키메데스는 아마도 이 사실을 알아차린 최초의 사람이었을 것이다. 폭군 히에로 2세는 아르키메데스에게 금 세공인이 자신의 왕관 중 하나를 제작할 때 일부 금을 은으로 대체하는 속

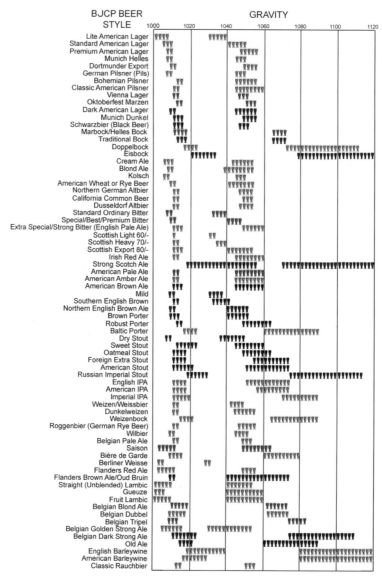

그림 6.3. 다양한 종류의 맥주(BJCP 자료 참조)에 대한 초기 비중(OG)과 최종 비중(FG)의 영역 예시. 각 맥주에는 작은 맥주잔으로 표시된 두 개의 영역이 있는데, 왼쪽은 FG, 오른쪽은 OG이다. 잔 모양의 음영 차이는 해당 유형에 대해 양조된 맥주의 전반적인 색깔 차이를 나타낸다.

임수를 쓰고 있는지 알아내도록 청부했다. 아르키메데스는 욕조에 앉아 자신의 몸이 물에 얼마나 담기냐에 따라 욕조의 수위가 변한다는 사실을 깨닫고서 속임수 여부를 측정하는 방법을 알아냈다고 한다.

저널리스트 데이비드 비엘로David Biello는 이 위대한 이야기를 유심히 들여다본 뒤, 금 세공인이 히에로 2세를 속이고 있다는 것을 아르키메데스가 증명했을 가능성이 높지만, 대학자가 자신의 발견과 동시에 목욕탕에서 뛰쳐나와 알몸으로 거리를 달리며 "유레카!"라고 외쳤다는 것을 포함한 이야기의 구체적인 내용 대부분은 아마도 사실이 아닐 것이라고 결론지었다. 그럼에도 아르키메데스의 부력 원리는 완벽하게 유효하며, 양조업자들에게 유익하다는 것이 입증되었다. 물에 넣은 물체는 부력(물속에서 물체가 차지한 부피만큼의 물의 무게와 동일한 반대의 힘)을 받는데, 맥주 제조와 와인 제조 모두에서는 발효 전후의 비중을 측정하기 위해 부력의 원리를 이용하고 있다. 다시 말해서 물에 뜨는 것은 그 무게에 상응하는 부력을 가지고 있다. 그림으로 다음을 묘사해 보자. 키가 큰 유리 용기에 액체가 담겨 있다. 액체는 $1g/cm^3$의 밀도를 가진 물이라고 하자. 이제 단면적이 $1cm^2$이고 무게가 10g인 원통을 그려보자. 만약 이 원통을 물이 채워진 앞서의 유리 용기에 넣으면, 원통은 10g 물의 부피인 $10cm^3$만큼 물속으로 가라앉을 것이다. 즉, 원통의 단면적이 $1cm^2$이므로 정확히 10cm($1cm^2 \times 10cm$는 $10cm^3$와 같다)만큼 물속으로 가라앉는다. 만약 가라앉은 원통이 용액에서 똑바로 서도록 균형을 잡으면, 옆에 센티미터 단위 눈금을 표시해 얼마나 가라앉는지를 쉽게 측정할 수 있다. 아르키메데스는 제작된 왕관이 물속에서 차지하는 물의 양과 왕이 원하는 무게의 금덩이를 비교함으로써 왕이 금 세공인의 부정행위에 대해 가진 의심을 확인했다.

그는 물속에서 금이 차지하는 물의 양이 왕관이 차지하는 물의 양보다 크다는 것을 알게 되었고, 따라서 왕관이 순금이 아니라는 것을 유추할 수 있었다. 맥락을 조금 바꾸면 밀도가 다른 두 용액에 동일한 물체를 담갔을 때 두 용액이 차지하는 부피 차이를 아르키메데스의 원리를 이용해 결정할 수 있다. 이제 앞에서 그림으로 묘사한 바와 같이 밀도가 0.95g/cm^3인 용액 중 원통을 상상해 보자. 원통의 무게는 여전히 10g이고, 그 원통은 새로운 용액 10g의 부피를 차지할 때까지 가라앉을 것이다. 그러나 이번에는 용액의 밀도가 0.95g/cm^3밖에 되지 않아 가라앉는 깊이는 10cm가 아닐 것이다. 정확하게 말하면 원통은 10cm를 0.95g/cm^3로 나눈 값, 즉 10.53cm만큼 가라앉을 것이다. 용액의 밀도가 낮기 때문에 원통이 더 많이 가라앉는 것이다.

이제 측정하고자 하는 첫째 용액은 발효 전 맥아즙이고 둘째 용액은 발효 후의 동일한 맥아즙이라고 상상해 보자. 발효 전 용액은 당류가 더 많이 들어 있어서 이 당류가 알코올로 전환되었을 발효 후보다 밀도가 높다. 이제 필요한 일은 앞서 기술한 바와 같이 적합한 원통과 함께 발효 후 용액의 알코올 함량을 추정할 수 있는 도구를 만드는 것이다. 이 장치는 액체 비중계라고 불리는데, 아르키메데스에 의해 발명된 것이 아니라 4세기 말 그의 후계자 중 한 명인 키레네의 시네시우스에 의해 발명되었다. 일반적인 액체 비중계는 그림 6.4와 같다. 하단의 벌브는 그램 단위로 설정된 중량의 추를 포함하고 있으며, 용액 속으로 가라앉는 부분이다. 잠기는 깊이는 상단의 액체 비중계 눈금 부분에 주어지며, 용액 표면의 메니스커스가 눈금을 가로지르는

눈금

무게

그림 6.4. 일반적인 액체 비중계.

부분을 읽는다. 발효 전후의 측정이 알코올 함량을 추정하는 데 어떻게 이용되는지는 10장에서 자세히 살펴보겠다.

제 7 장

보리

왼쪽에서 오른쪽 순서로 숫자 6, 8, 10으로 알려진 생 레미 노트르담 수도원산 세 개의 병맥주를 세 개의 동일한 잔에 부었다. 이 맥주들은 볶은 보리 맥아와 단단한 갈색 설탕을 양을 달리 첨가해서 양조한 것으로, ABV가 각각 7.5%, 9.2%, 11.3%이다. 색깔은 황금 베이지색에서 짙은 황갈색을 거쳐 거의 검정색인 적갈색의 범위에 걸쳐 있다. 맛은 마치 낮을 쫓아 밤이 오는 것처럼 다가왔다. 6은 연하고 부드러웠고, 8은 그윽하고 약간 달콤했으며, 10은 걸쭉하고 진한 캐러멜 맛이 났다. 이상하게도 우리는 잔들 간에 알코올 도수의 차이를 거의 감지할 수 없었다. 어쨌든 자리에서 일어설 때까지는 그랬다.

맥주는 사람들이 곡물을 재배했던 것과 거의 같은 시기, 즉 아주 오래 전부터 만들어졌을 가능성이 꽤 높다. 이스라엘의 오할로 2세 유적에서 발견된 2만 3000년 된 부싯돌 기구들을 현미경으로 검사하자 기이한 광택이 드러났는데, 이는 자루에 장착된 돌날을 사용해 규산질 곡물 줄기를 자를 때 형성된 것으로 추정 가능하다. 놀랍게도 이 시기는 마지막 빙하기가 끝나기 1만 2000년 전으로, 근동에서 정착된 삶의 시작 및 동식물의 재배와 가축화가 예고되던 때였다. 이것은 사람들이 식물 재료를 갈거나 빻을 때 맛이 좋아지고 더 달콤한 음식이 된다는 것을 알아낸 지 오래지 않아 맥주 또는 맥주와 유사한 음료가 생겨났음을 의미할 수 있다. 이는 고고학적 기록에서 오할로 2세 때보다 훨씬 더 과거로 거슬러 올라간다. 심지어 이러한 음료는 더 이른 시대에서 유래되었을지 모른다는 주장도 있다. 즉, 곡물을 씹는 것(이 방법은 안데스 치차를 만들 때 여전히 행해지고 있다)만으로도 침 속의 효소가 작용해 녹말을 발효가 가능한 당류로 바꾸는 행동이 되기 때문이다. 이러한 근거에 따라, 맥주는 아마도 어떤 형태로든 우리 인류가 현대적인 방식으로 행동하기 시작한 시점, 즉 약 10만 년 전 즈음 만들어졌을 것이라는 주장이 제기되어 왔다.

세계 각 지역에서는 맥주를 만드는 데 많은 곡물이 사용되었는데,

그중에서도 쌀, 수수, 옥수수, 사탕수수 등이 주로 사용되어 맥아로 만들어졌다. 그러나 지금 일반적으로 마시는 서양식 맥주를 양조할 때 쓰이는 핵심 곡물은 보리이다. 이것은 역사적 우연의 일치가 아니다. 보리는 양조 재료의 요구 조건을 완벽하게 만족시키는 효소 도구 상자라 부를 수 있는 것을 가지고 있다.

대부분의 풀처럼 보리도 꽤 단순한 구조를 가지고 있다. 그림 7.1은 뿌리부터 이삭까지 이 식물의 전체를 묘사하고 있다. 이삭은 보리 씨가 들어 앉아 있는 곳이기 때문에 양조업자에게 가장 중요한 부분이다. 이삭의 구조는 보리 종류에 따라 매우 다양하며, 그 다른 구조는 맥주를 양조할 때 민감한 관계로 작용한다. 이삭은 자신이 품고 있는 씨의 줄 수—2배수인 두 개, 네 개, 여섯 개—에 따라 다양하다. 직관적으로 볼 때 양조를 위해서는 줄 수가 많은 것이 나아 보일 수도 있지만 여섯 줄 보리가 반드시 선호되는 것은 아니다. 실제로 유럽의 양조업자들은 압도적으로 두 줄 보리를 선호한다. 특히 여섯 줄과 네 줄 보리는 효소의 구성이 두 줄 보리와 다른데, 이에 대해 간단히 살펴보도록 하겠다.

보리의 씨는 층상으로 되어 있는데, 이러한 구조는 왜 보리가 맥주를 만드는 데 선호되는 곡물인지를 이해하는 데 중요한 특성이다. 그리고 양조에서 결정적인 것은 그림 7.1에서 알류론 층으로 표시된 은 색인 씨의 작은 조직이다. 보리식물의 통상적인 수명주기 동안 씨의 내배유는 전분을 대량으로 비축하는데, 이는 나중에 씨가 발아하기 시작할 때 필요한 에너지를 공급하기 위함이다. 씨를 성장시킬 때 이 전분은 전분 본래의 형태로 직접 공급되지 않는다. 그러나 알류론 층

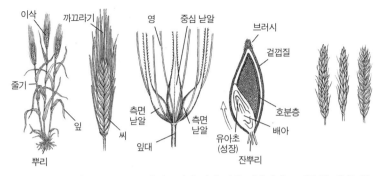

그림 7.1. (왼쪽에서 오른쪽으로) 보리 식물 전체; 이삭; 낟알; 씨의 단면도; 여섯 줄, 네 줄, 두 줄 보리 이삭들. 보리 이삭 간의 차이는 줄당 낟알의 수를 결정하는 이삭의 뒤틀린 정도에 기인한다. 여섯 줄 보리는 2/3 뒤틀리고, 네 줄 보리는 1/2 뒤틀리며, 두 줄 보리는 거의 뒤틀림이 없어 모든 낟알이 측면당 한 줄로 대칭적이고 곧다.

에는 발아 시 분비되는 효소의 저장물이 들어 있는데, 이 효소들은 즉시 내배유의 경계를 허물기 시작하고 다른 알류론 효소에 내배유 내부의 전분 알갱이들을 노출시켜 당류—주로 말토오스—로 분해시킨다(10장 참조).

다른 곡물도 씨에 알류론 층을 가지고 있긴 하지만, 어떤 곡물도 보리처럼 내배유 경계를 허물고 전분을 당류로 변하게 할 만한 능력을 가지고 있지는 않다. 따라서 주원료로 쌀이나 밀을 사용해 맥주를 만드는 양조장도 보통 약간의 보리를 첨가한다. 발아를 통해 보리 씨에서 당류를 얻어내는 과정을 맥아화라고 하는데, 맥아 제조자들은 맥아를 최대로 얻을 때까지 보리 씨가 발아하는 것을 억제해 자연계를 수탈한다. 즉, 발아를 인위적으로 유도하는 것이다(10장).

여섯 줄, 네 줄, 두 줄 보리 품종에서 씨의 배치는 이삭이 뒤틀린 정도에 따라 다르다. 이 뒤틀림은 줄당 낟알의 수를 결정한다. 두 줄 보리는 거의 뒤틀림이 없어 모든 낟알이 측면당 한 줄로 대칭적이고 곧다. 두 줄 보리에 비해 여섯 줄 보리는 2/3 뒤틀림, 네 줄 보리는 1/2 뒤틀림의 양상을 보인다(그림 7.1).

미국 이외 국가의 대부분의 맥주는 두 줄 보리를 사용해 양조하는 반면, 신세계인 미국의 맥주회사들은 여섯 줄 보리를 사용하고 싶어 한다. 두 종류 사이에 맛의 차이가 있기 때문에 여기에는 맛에 대한 문제가 고려될 수도 있다. 보리는 봄과 겨울에도 재배할 수 있는데, 겨울 보리는 늦가을 동안 개화를 촉진하기 위해 춘화처리라는 과정이 필요하다는 것이 주된 차이점이다(기본적으로는 추위에 노출된다). 만약 춘화처리가 없다면 겨울 식물은 시드헤드가 생성되지 않을 것이다. 재배되는 대부분의 보리의 종(랜드레이스landrace라고 알려져 있다)은 겨울 작물보다 봄 작물로 더 잘 자라며, 1960년대까지만 해도 유럽에서 이루어진 대부분의 맥아화는 두 줄 봄보리를 사용했다.

◆ ◆ ◆

세상에는 그야말로 수천 품종의 보리가 있다. 『보리 생식질의 사용과 현지 외 보존을 위한 글로벌 전략Global Strategy for the Ex-Situ Conservation and Use of Barley Germ Plasm』이라는 제목의 문헌에는 이들 보리 품종과 지구 전역의 많은 종류의 야생 보리에 대한 자료가 요약되어 있다. 이 모든 것은 전 세계 50개 이상 되는 기관의 기록과 정리를 관할하는 협정인 '국제 식량 농업 식물 유전자원 조약International Treaty on Plant Genetic

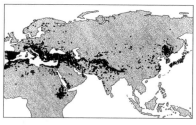

그림 7.2. 저장되어 있는 재배 보리 변종(왼쪽) 및 저장되어 있는 수집된 야생 보리(오른쪽)의 원산지를 보여주는 지도. 각각의 검은 점은 하나의 수집자료에 해당한다. *Global Strategy for the Ex-Situ Conservation and Use of Barley Germ Plasm*에서 인용.

Resources for Food and Agriculture(ITPGRFA)'에 의해 제정된 야생 및 재배되는 랜드레이스 보리 자료의 모음집에 서술되어 있다. 총 자료의 수는 현재 약 40만 개에 달하고 있다. 이러한 자료 모음집 중 가장 크고 가장 포괄적인 것은 캐나다 서스캐처원 주의 새스커툰에 위치한 캐나다 식물 유전자원the Plant Gene Resources of Canada(PGRC)에 있는 자료이다.

보리 재배업자들은 지난 두 세기에 걸쳐 이루어진 생육에 대해 양호한 기록을 유지해 왔기 때문에 이 많은 품종의 계통이 잘 알려져 있다. 롤랑 폰 보트메르Roland von Bothmer, 테오 반 힌툼Theo van Hintum, 헬무트 크뉘퍼Helmut Knüpffer, 가투히로 사토Katuhiro Sato 등이 자신들의 책『보리의 다양성Diversity in Barley』에서 이러한 보리들의 계통에 대해 요약해 놓았다. 약 3만 6000개의 품종 자료가 포함되어 있으며, 이 중 2만 5291개는 계통 정보를 가지고 있다. 그림 7.2의 지도는 이 품종들이 재배되는 곳과 자료(1만 2000개 이상의 자료를 수집했다) 중 야생 변종이 어디에서 온 것인지를 보여준다. 모든 서반구 품종은 유럽과 아시아로부터 수입된 데서 유래되기 때문에 서반구 지역은 지도에 나타나 있지 않다.

수집된 자료 중 모든 보리가 맥주 제조에 사용되는 것은 아니며, 이들 보리 중 많은 것은 가축 사료 생산에만 전적으로 사용된다. 그러나 현대의 맥아 제조자와 맥주 제조업자들은 이 자료를 많이 사용하고 있으며, 미국에서는 매년 미국맥아보리협회American Malting Barley Associate (AMBA)가 맥아 제조자들에게 그 해에 어떤 변종이 가장 적절한지를 알려준다. 유럽에서는 유로몰트Euromalt가 보리 변종과 맥아화에 대한 정보를 교환하는 역할을 하고 있고, 호주에서는 몰트 오스트레일리아 Malt Australia가 같은 서비스를 수행하고 있다. 이 단체들의 권고는 나라마다 다르다. 예를 들어 2017년 몰트 오스트레일리아는 27종의 랜드레이스를 인증했는데, 이 중 배스, 바우딘, 커맨더, 플린더스, 라 트로브, 웨스트민스터가 선호하는 주요 품종으로 이름을 올렸다. 유럽처럼 호주는 맥아화와 맥주 제조에서 주로 두 줄 보리 변종에 초점을 맞추고 있다. 미국은 AMBA가 인증한 두 줄 보리와 여섯 줄 보리를 모두 포함한 28종으로 구성된 2017년 랜드레이스 목록을 고지했다. 여섯 줄 보리에서는 트레디션과 레이시가, 두 줄 보리에서는 ABI 보이저, AC 메트카프, 호켓, 모라비안69 등이 2017년 가장 수요가 많았던 것으로 나타났다.

◆ ◆ ◆

쌀, 보리, 옥수수, 밀은 기본적인 해부 조직상 구조가 모두 매우 유사하다. 결국 그 곡식들은 모두 벼과식물이고, 꽤 밀접하게 연관되어 있다. 벼과식물은 식물의 분류상 주요한 두 갈래 중 하나에 속하는 외떡잎식물이다. 식물이 발달하는 동안 떡잎이라고 불리는 식물 배아의 부위가 식물 최초의 잎으로 발달한다. 외떡잎식물은 떡잎 부위가 하나인 꽃식물이다(또 다른 꽃식물 계통인 '쌍떡잎식물'은 떡잎이 두 개이다). 외떡잎식물은 매우 다양한데, 벼과식물을 포함해 백합, 야자, 튤립, 양파, 용설란, 바나나, 그리고 더 주요한 여러 그룹이 있다. 벼과식물과 더불어 레몬그래스, 사초, 아나나스, 그리고 보리, 쌀, 밀, 귀리 같은 곡물은 벼목으로 외떡잎식물의 갈래에 속한다.

벼목은 옥수수, 보리, 쌀, 그리고 잔디 풀 등을 포함한 40개 이상의 그룹으로 더 나눌 수 있다. 이 식물들은 모두 벼과에 속하며, 보리는 이 벼과 내에 보리속에 속한다. 여러 전문가의 의견이 서로 다르지만 어느 지역이건 보리속에는 10가지에서 30가지 이상의 종이 있다. 보리속의 이름 호르데움은 '곤두서다'라는 의미를 지닌 라틴어 'horreo'에서 유래했는데, 이는 보리이삭의 뾰족한 형태와 관련된 듯하다. 대부분의 맥주를 만드는 데 사용되는 보리는 호르데움 불가레Hordeum vulgare, 즉 H. 불가레 종인데 이는 '공통'이라는 의미를 지닌 라틴어 이름이다. 또한 양조할 때 가끔 사용되는 밀과 쌀은 역시 벼과에 속하며, 속과 종은 각각 트리티컴 에스티범Triticum aestivum과 오리사 사티바Oryza sativa라는 이름을 가지고 있다.

2015년 조너선 브라삭Jonathan Brassac과 프레드 블래트너Fred Blattner는 30여 종 남짓한 보리가 서로 어떻게 연관되어 있는지를 살펴보기 위해 게놈 수준의 DNA 서열 분석 데이터를 활용했는데, H. 불가레와 다른 두 종인 H. 불보숨H. bulbosum과 H. 무리넘H. murinum은 보리 속의 다른 30여 종과는 상당히 구별되는 그룹을 형성하고 있는 것이 분명했다. 이로 인해 이 종들이 전통적인 형태론적 그룹화에서 지닌 정당성은 그들 자신의 아속에서 함께 입증되었다. 그러나 이 종들이 어떤 분류학자에 의해서는 자신의 종으로 분류되는 반면, 다른 사람들에 의해서는 단지 아종으로 분류되면서 하나의 실체에 대한 의혹은 계속해서 제기되고 있다. 이것은 (아종으로 분류되었을 때) H. 불가레 스폰타늄H. vulgare spontaneum으로, 이는 모든 경작된 H. v. 불가레의 랜드레이스에 대해 대응 관계에 있는 야생종으로 간주된다. 랜드레이스의 공통 조상에 가장 가까운 것으로 알려진 이 야생 보리가 그 자체의 독립된 종인지 아니면 모든 재배된 형태가 H. v. 스폰타늄과 같은 종인지에 대해서는 아직도 의견이 일치하지 않고 있다.

호르데움 불가레의 랜드레이스는 식물 육종가들이 재배화(또는 기르기) 증후군이라고 부르는 과정을 거쳤기 때문에, 우리는 재배화된 변종들이 지닌 몇몇 특성은 야생 변종 중 그들의 상대 종의 특성과 다를 것이라고 예상해야 한다. 그리고 랜드레이스 보리 이삭은 야생에 비해 훨씬 덜 부러지는 것으로 밝혀졌다. 야생 보리 이삭의 잘 부러지는 특성은 자연 조건하에서 씨앗의 전파를 촉진시키는 데 유리하다. 하지만 보리 재배자에게는 셈법이 다를 수밖에 없다. 재배자들은 보리를 수확할 때 씨앗이 떨어져 나가는 것을 원치 않으며, 고대의 보리 재배자들도 수확할 때 낟알을 함께 보존할 수 있는 튼튼한 이삭 구조를 가진 식물을 선택하는 초보적 형태의 유전공학에 열중했던 것으로 보인다.

지금 명백히 알고 싶은 것은 '보리의 랜드레이스는 어디서 왔을까?'

하는 것이다. 그러나 그것을 알아내기 전에 보리가 여러 가지 야생 변종의 재배를 단번에 시작했는지, 또는 수차에 걸쳐 독립적으로 진행했는지 알 필요가 있다. 이 질문에 답하기 위해 야생 보리 및 재배되는 랜드레이스의 개체군 체계에 관한 여러 연구가 진행되어 왔다.

한편 보리 유전학자들은 이른바 다양한 야생 보리 컬렉션Wild Barley Diversity Collection(WBDC)을 설립함으로써 자신들의 작업을 표준화하기 위해 노력해 왔다. 이 컬렉션은 318종의 야생 보리 변종을 모아 만들었으며, 이들은 랜드레이스가 아닌 가능한 한 광범위한 변종을 대표하거나 보리가 번성하는 가능한 한 많은 다양한 생태 환경을 대표하기 위해 선택되었다. 대부분의 수집종은 대부분의 과학자들이 보리가 처음 재배되었다고 생각하는 근동의 비옥한 초승달 지역으로부터 온 것이며, 일부는 중앙아시아, 북아프리카, 그리고 흑해와 카스피 해 사이의 코카서스 지역으로부터 온 것이다. 비교연구를 위해 304종의 전 세계적인 수집종을 포함하고 있는 이른바 건조 지역 농업 연구 국제 센터International Center for Agricultural Research in the Dry Areas(ICARDA)의 보리 랜드레이스 대응종에 대한 수집종을 활용했다. 몇몇 연구는 WBDC 수집종만 독점적으로 사용하기도 하지만, 연구에 따라서는 가능한 한 많은 지리적·유전적 다양성을 다루기 위해 재배되는 변종의 광범위한 수집종을 포함시키고 있다.

이 많은 변종의 게놈 분석을 쉽게 수행하기 위해 연구자들은 보리 식물의 특정한 번식 특성을 이용했다. 보리와 다른 곡물들의 각 개체는 자신들 스스로 교접할 수 있는데, 실제로 이것이 번식하는 데 가장 좋은 방법이라는 것을 터득했다. 보리와 다른 곡물들은 때때로 다른 개체와 교접해 번식하지만, 그들이 선호하는 방식은 자신들 스스로 번식하는 것이다. 이러한 자가 번식은 정확하지는 않지만 어느 정도 자기 자신을 복제하는 것처럼 반응한다는 것을 의미한다. 이러한 방법으로 번식하면 성적 관계로 번식하는 종에 비해 그들의 유전자를 추적하고 그들의 기원을 재현하는 과정이 보다 용이해진다—왜냐하면 우리 모두가 알고 있듯이 암수의 성적 관계는 모든 것을 복잡하게 만들기 때문이다. 보리 연구를 가능한 한 쉽게 수행하기 위해, 사용한 수집종이 수확되어 가공되기 전에 3대에 걸쳐 스스로 번식하도록 했다.

◆ ◆ ◆

여러 연구 그룹이 호르데움 불가레 종 내에 있는 변종 품종의 유전적인 성질을 조사했다. 조앤 러셀Joanne Russell과 마틴 매셔Martin Mascher, 그리고 그들의 동료들은 전장 엑솜 분석whole exome sequencing이라는 기술을 사용해 보리 랜드레이스를 살펴보았다. 이 기술은 단백질의 유전 정보를 지정하는 게놈의 영역에서 게놈 서열을 분석한다. 각 게놈 조사에는 수백만 개의 데이터 포인트가 있으며, 그 데이터를 전부 이해하는 것은 5장에서 해결책을 탐구한 바 있는 빅데이터 처리학의 문제이다.

그림 7.3은 H. v. 불가레와 야생의 H. v. 스폰타늄에 있는 250개 이상의 개체에 대한 주성분 분석(PCA)을 보여준다. 이 분석은 모든 랜드레이스가 야생 변종(H. v. 스폰타늄)과 유사하기보다는 서로 간에 더 유사하다는 것을 알려준다. 비록 이런 접근방식에는 많은 문제가

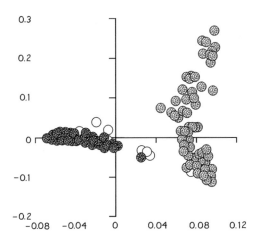

그림 7.3. 랜드레이스인 H. v. 불가레(어두운 색 동그라미)와 야생 변종인 H. v. 스폰타늄(회색 동그라미)의 주성분 분석(PCA). 각각의 점은 이 연구에 사용된 250개 이상의 개체 중 하나를 나타낸다. 하얀색 동그라미는 원래 야생의 H. v. 스폰타늄으로 분류되었으나 재배되는 랜드레이스에 더 가까운 것으로 보인다. X축은 데이터들 중 가장 큰 비율을 설명하는 염기서열을 나타내고, Y축은 그다음으로 큰 변이 정도를 나타낸다(축의 값은 임의의 값이다). 이 그림은 러셀(Russell) 그룹의 연구 결과(2016)를 인용했다.

있지만, 이 그림은 여전히 랜드레이스 각 개체와 야생 변종이 어떻게 서로 연관되어 있는지, 또는 최소한 이러한 변종들이 서로 어떻게 연관되어 있는지에 대해 생각하는 새로운 진로를 제공한다.

애나 포엣Ana Poets, 저우 팡Zhou Fang, 마이클 클레그Michael Clegg, 그리고 피터 모렐Peter Morrell은 보다 큰 집단의 보리 랜드레이스(803개)를 조사해 랜드레이스 간에 어떤 무리를 짓는 경향이 있는지 살펴보았다. 그리고 그들은 여섯 개의 적지 않은 주요 무리를 발견했다(그림 7.4). 더 놀랍게도 2차원 공간에서는 이 무리들이 랜드레이스가 발견된 지역의 지도에 겹쳐질 수 있었다. 예를 들어 그림 7.4에서 함께 무

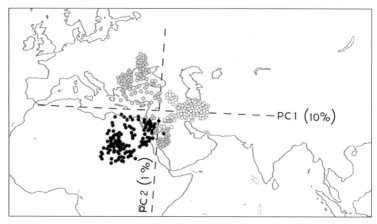

그림 7.4. 랜드레이스 보리(왼쪽)와 야생 보리(오른쪽)의 주성분 분석(PCA). 이 주성분 분석은 랜드레이스들이 발견된 지역의 지도 위에 가로놓인 803개의 랜드레이스 종에 대해 네 개의 무리를 추정해 이루어졌다. 이 그림은 포엣(Poets) 그룹의 2015년 연구 결과를 인용한 것이다. 동그라미 표시 내의 서로 다른 음영은 서로 다른 곳에서 온 것으로 추정되는 네 개의 무리, 즉 중앙유럽에서 온 것, 지중해 연안지역에서 온 것, 동아프리카에서 온 것, 그리고 아시아에서 온 것을 나타낸다.

리를 이룬 검은색 동그라미로 표시된 랜드레이스들은 비옥한 초승달 지대에서 나온 것이며, 회색 변종은 중앙아시아에서 발견된다.

　이러한 연구들이 흥미로운 이유는 랜드레이스들이 특정한 지리적 지역을 고수하는 경향이 있다는 것을 보여주기 때문이다. 포엣과 그의 동료들은 자신들의 관찰을 토대로 다음과 같은 결론을 얻었다. "보리를 경작한 이후 광범위한 인간의 이동과 랜드레이스들의 혼합에도 불구하고, 각 랜드레이스 개체의 게놈은 지리적으로 가장 가까운 야생 보리 개체군과 공유된 조상의 패턴을 나타낸다."

　이러한 연구는 또한 보리 랜드레이스와 야생 변종의 무리 또는 개

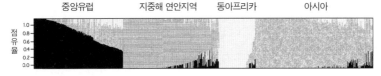

그림 7.5. 803개의 랜드레이스 보리종에 대한 스트럭처 분석(K=4). 이들은 그림 7.4의 주성분 분석(PCA)에서와 같은 네 개의 무리, 즉 중앙유럽에서 온 것, 지중해 연안지역에서 온 것, 동아프리카에서 온 것, 그리고 아시아에서 온 것이다.

체군의 수를 추정하는 데 도움을 줄 수 있다. 야생 보리와 그 보리의 랜드레이스에 대한 추정치는 4~10 범위에 있다. 주성분 분석(PCA)에서는 무리의 수를 식별하려는 시도가 매우 주관적이기 때문에 무리의 수가 약간 모호하다. 그림 7.4의 지도에 표시된 데이터를 사용해 스스로 시험해 보자. 다른 음영은 무시하고, 무리라고 생각하는 것 주위에 동그라미 표시를 그리도록 하자. 독자에 따라 지도에 열 개 이상의 동그라미를 표시할 수도 있고, 어떤 독자는 두 개 정도의 동그라미를 표시하는 데 그칠 수도 있다. 5장에서 본 바와 같이, 스트럭처 구성은 데이터 세트의 무리 또는 개체군에 대한 상세한 양상을 제공할 수 있다. 우리는 여기서 스트럭처 구성 중 두 가지 경우에 대해 논의할 것이다. 첫째는 포엣과 그 동료들의 연구(그림 7.5)이다. 그들은 중앙유럽, 지중해 연안, 동아프리카, 아시아 등 네 개 지역에서 대대로 내려온 개체군을 전제로 K를 4로 추정했다. 이 접근방식은 네 개의 개체군을 시각적으로 보여주지만, 일부 개체 사이에서 음영이 새어 나오는 것에서 알 수 있듯이, 여기에는 많은 불확실성이 있다. 그 의미는, 체계화된 개체군이 네 개 있는 것처럼 보이지만, 랜드레이스 간에도 상당한 혼합이 있어왔다는 것이다.

둘째는 러셀과 매서, 그리고 그들의 동료들에 의한 연구로, 근동의 비옥한 초승달 지역에서 온 91개의 야생종과 176개의 랜드레이스를 포함했다. 이 과학자들은 수집종들 중 주로 다섯 개의 특별한 품종의 유전학에 관심이 있었기 때문에 분석의 지리적 범위를 좁혔다. 그들은 랜드레이스 개체를 야생종에서 분리하고, 대대로 내려온 개체군의 수를 다섯으로 정했다(K=5). 그리고 자신들의 야생종을 이 다섯 개체 군에 할당했다. 야생 변종들은 분간할 수 있는 두 개의 무리로 분류되는데, 이는 그 변종들이 정의가 명확하고 대대로 내려온 두 개의 개체 군에서 왔음을 시사한다(그림 7.6). 이 두 무리 사이의 지리적 단절은 대부분 이스라엘, 키프로스, 레바논, 시리아에서 온 수집종 그룹과 터키, 이란에서 온 수집종 그룹 사이에서 발생한 것으로 보인다.

야생 변종의 상황을 상세하게 파악하고 나서, 연구원들은 그림 7.6과 같이 랜드레이스들을 분석했다. 이 그림은 수집된 야생종이 재배된 랜드레이스들과 얼마나 다른지를 잘 보여준다. 러셀과 매서, 그리고 그들의 동료들은 세 개의 무리가 있다고 제안한다. 이들 무리는 보는 사람에 따라 시각적으로 보일 수도 있고 그렇지 않을 수도 있으며, 이 무리들은 야생 개체군의 변이를 거의 가지고 있지 않다. 그러나 이 분석을 통해 이 지역의 랜드레이스 보리는 적어도 대대로 내려온 세 가지 패턴이 있다는 것을 알 수 있다. 앞서 언급한 다섯 개의 특별 품종은 이 분석에 포함된다. 이 무리들은 더할 나위 없이 특별한데 이는 이 무리들이 이스라엘에서 발견된 6000년 된 보리 낟알로 구성되어 있어 인간이 그 당시 내내 사용했던 품종을 대표하는 것으로 여겨지

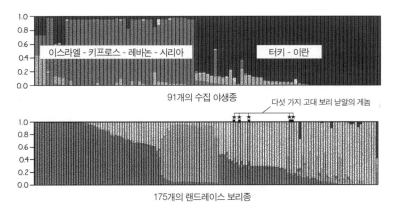

그림 7.6. 위 그림은 러셀 그룹 연구에서 사용된 91개의 수집 야생종에 대한 유사 스트럭처 분석이다. 대대로 내려온 개체군의 수는 다섯(K=5)으로 정했고, 다른 음영은 분석에서 각 개체를 이 다섯 개체군에 할당한 결과이다. 그림에는 시각적으로 분명한 두 개의 무리가 보인다. 아래 그림은 176개의 랜드레이스 보리종에 대한 유사 스트럭처 분석이다. 대대로 내려온 개체군의 수는 다섯(K=5)으로 정했고, 막대의 음영은 위의 그림과 같은 개체군임을 보여준다. 별표 시는 다섯 가지 고대 보리 낟알의 게놈을 나타낸다. 러셀 그룹(2016)과 매서 그룹(2016)의 연구 결과에서 인용했다.

기 때문이다. 그리고 그 품종들은 현대의 랜드레이스와 매우 유사한 것으로 보인다. 좀 더 구체적으로 말하면, 이 품종들은 이스라엘과 이집트에서 재배되는 근래 랜드레이스들과 밀접한 유사점을 보인다. 이는 보리의 재배가 요르단 계곡 위쪽에서 시작되었다고 보는 생각과 꼭 맞는 결과이다. 이 다섯 개 품종 시료에서 대대로 내려온 성분을 면밀하게 조사한 바에 따르면(그림 7.6에 검은색으로 표시된 부분) 오늘날 자라난 이스라엘 랜드레이스들은 야생 변종과의 우연한 교접에도 불구하고 6000년 동안 별로 변하지 않았음을 알 수 있다.

게놈 수준의 정보는 보리의 오래 전 계통뿐만 아니라 보리를 재배함에 따라 생겨났을지도 모를 유전자 변이를 규명하는 데에도 유익하다. 우리는 이미 야생종과 랜드레이스를 구별하는 주요한 외형적 차이인 연약한 이삭 특성에 대해 논의한 바 있다. 그러나 그 외 다른 특성도 지난 만 년 이상 동안 보리 재배업자들에 의해 확실히 선호되었다. 실제로 러셀과 매서, 그리고 그들의 동료들은 자신들의 데이터 세트를 이용해 랜드레이스의 선택에 따라 오랫동안 지속적으로 내려온 유전자의 종류를 식별했다. 보리의 여러 가지 특성 중에서도 개화되기까지의 날수, 그리고 온도와 건조함에 반응한 키 높이는 지난 수천 년 동안 이러한 랜드레이스를 선택한 것에 의해, 즉 좋은 것을 골라내 품종을 개량하려는 시도에 의해 얻어졌음을 증명했다. 이 두 가지 특성은 재배된 보리를 그들의 지역 환경에 적응시키는 데 중요하다. 하지만 과학자들이 지적하는 것처럼, 규명해야 할 요인은 아직 분명히 많다. 유전체학 연구가 늘어나면 이러한 요인이 무엇인지 알아내는 데 도움이 될 것이다.

우리가 보아온 연약한 이삭 특성은 아마도 재배에 의해 생긴 가장 중요한 유전적 변화였을 것이다. 연약한 꽃대 특성은 꽤 단순한 유전적 지배를 받고 있는 것으로 밝혀졌다. 두 유전자 Btr1과 Btr2가 관여하고 있는데 그 둘의 단백질 생산물은 서로 상호작용을 한다. 이 두 유전자 생산물이 적절하게 상호작용하면 꽃대가 연약하다. 하지만 유전자 돌연변이의 결과로 비정상적으로 상호작용하면 꽃대는 강하게 유지되고 꺾이지도 않는다. 쌀과 밀처럼 재배되는 다른 곡물들 역시 강한 꽃대를 가지고 있는데, 쌀, 밀, 보리의 재배자들이 동일한 유전적 경로를 통해 이 곡물들에서 이 성질을 선택했는지 궁금해진다.

모하마드 푸크헤이란디시Mohammad Pourkheirandish와 타카오 코마츠다
Takao Komatsuda는 보리의 연약한 꽃대 특성이 사실상 유일하다는 것을
보여줌으로써 궁금증을 해소했다. 쌀과 밀 시스템은 Btr1/Btr2 상호
작용을 포함하지 않는 것이다. 물론, 같은 꽃대의 성질을 획득하는 데
에는 한 가지 방법만 있는 것이 아니다. 이것은 진화생물학에서 흔히
볼 수 있는 주제인 만큼, 식물 재배자들 역시 인공적인 선택을 이용해
같은 원리를 우연히 발견했다는 것이 그리 놀라운 일은 아니다.

◆ ◆ ◆

로빈 앨러비Robin G. Alaby는 2015년 보리 생물학 개관의 첫 문장에서
보리 재배의 역사에 대한 이해를 다음과 같은 짧은 말로 요약했다.
"보리는 어느 한 곳에서 온 것이 아니다." 이러한 날카로운 관찰이 중
요하다. 왜냐하면 대부분의 연구자는 오래 전부터 야생에서 재배가
시작된 것이 필연적으로 일어난 특이한 단일 이벤트라고 생각해 왔기
때문이다. 앨러비는 지금까지 조사된 보리의 모든 랜드레이스에는
4~5대에 걸쳐 내려온 야생종들의 게놈 자취가 있다는 것을 지적함으
로써 게놈 자료에 대한 해석을 명확히 한다. 그리고 다음과 같은 중요
한 의문을 제기한다. 보리는 재배된 곡물 형태 중에서 예외적인가, 아
니면 규칙에 의한 것인가? 그에 대한 답은 보리가 그 규칙을 잘 설명
해 줄지도 모른다는 것이다. 보리의 경우, 비옥한 초승달 지대의 보통
지역에서 재배되기 시작한 것으로 보이는데, 이는 분명 단순한 과정
이 아니었다.

과거에는 농업에 가장 바람직한 특성을 가진 보리 랜드레이스를 얻기 위해 품종을 개량하는 일이 시행착오를 반복하는 업무였다. 6000년 전 보리 농부들은 제대로 된 유전학을 전혀 몰랐으나 똑똑했고 자신이 원하는 수확을 얻을 수 있을 만큼 자신들의 식물에 대해서도 충분히 알고 있었다.

그들은 늘 수율과 품질이라는 두 가지 주요 특성을 염두에 두고 문제를 해결하려고 지속적으로 노력했다. 수율의 특성으로는 씨 모종의 수, 다모작 가능성 같은 특징, 돌연변이를 일으킬 경우 더 효율적으로 수확할 수 있는 연약한 씨앗 성질 등을 들 수 있다. 품질의 특성으로는 단백질 함량, 오일 함량에 영향을 미치는 요인, 식물의 영양성분과 관련된 어떤 다른 표현형이 있다. 20세기 동안 보리 재배자들은 지루하고 노동 집약적인 과정에서 품종개량을 촉진시키기 위해 여전히 고전적인 유전학의 지식을 이용하고 있었다. 그러나 근래에 게놈기술이 등장하고 이 기술을 많은 수의 교접과 랜드레이스에 쉽게 적용할 수 있게 되자 이제는 보리 및 다른 곡물의 품종을 개량할 때보다 저렴하고 빠른 기술을 사용한 매우 다른 접근법을 사용할 수 있게 되었다.

게놈 기반의 식물 품종개량은 특성의 예측 능력에 의존하는 게놈예측이라는 개념을 사용한다. 이러한 품종개량에는 많은 수의 랜드레이스에 대한 게놈 수준의 염기서열 분석뿐만 아니라 표적이 될 수 있는 특성(씨앗 크기, 단백질 함량, 단백질 산출량 등)에 대한 풍부한 데이터가 필요하다. 이 접근법을 사용하기 전에는 보리 품종개량 실험이 방대했으며 비용도 많이 들었다. 그러나 이제 보리 재배자들은 게놈 예측을 이용함으로써 특정한 특성을 목적으로 품종개량을 쉽게 할 수 있는 방법에 대해 더 정확하고 더 빠르고 더 저렴하게 아이디어를 얻을 수 있다. 이러한 몇 가지 연구는 이미 맥주 양조에서 중요한 품질 특성을 평가하기 위해 이루어지고 있다.

말테 슈미트Malthe Schmidt와 그의 동료들은 봄보리와 겨울 보리가 지닌 12가지 맥아화 특성의 예측 능력을 분석했다. 그리고 이 12가지 바람직한 맥아화 특성의 순위를 매김으로써, 그들은 겨울 보리를 사용하는 것이 더 용이하다는 것을 보여주었다. 또 다른 연구는 종자 품질 특성을 개선하는 데 유전적 잔재를 이용할 수 있는 가능성을 입증했다. 나나 닐슨Nanna Nielsen과 그의 동료들은 종자 무게, 단백질 함량, 단백질 수율, 에르고스테롤 수치(일반적으로 곰팡이와 박테리아에 대한 저항성의 지표로 생각된다) 같은 특징을 조사해 유전체학이 이러한 특성에 대한 품종개량 프로그램의 효과를 어떻게 예측할 수 있는지를 보여주었다. 아직 초창기이긴 하지만, 유전체학의 접근법은 이미 보리 재배에서 효율성, 수확량, 품질 향상을 촉진하는 능력을 입증했다. 하지만 보리의 미래는 훨씬 더 최첨단인 기법, 즉 최근 많은 호평을 받은 새로운 유전자 가위(CRISPR) 기술―직접적인 유전자 편집 기술―에 달려 있을 가능성이 높다. 그러나 이 이야기가 어떻게 전개되든 간에 한 가지 확실한 것은 분자생물학이 맥아 제조가들과 맥주 양조업자들의 원료를 개선시킬 큰 가능성을 가지고 있다는 것이다.

제**8**장

효모

가늘고 반짝이는 갈색 병에는 라벨이 붙어 있지 않았지만, 병목을 빙 둘러 돋은 유리 링에 쓰인 거의 알아볼 수 없는 글자를 자세히 들여다보니 '트라피스트 맥주(Trappisten Bier)'라는 글자가 드러났다. 마개는 좀 더 구체적이었다. '트라피스트 베스트블레테렌(Trappist Westvelteren) ⑫ 10.2%.' 실제로 세계에서 가장 전설적인 맥주 한 병을 들고 있는 우리가 받은 처음 충격은 순식간에 위압감으로 대체되었다. 플랑드르에 있는 생 식스투스 수도원의 수도사들에 의해 소량 양조되어 대개 비밀과 의문으로 가득 찬 수도원 내부에서만 소비되는 이 병 안의 액체는 드물게 높은 생효모 함량에 기인하는 생생한 효모 맛과 함께 깊은 견과 맛이 나는데 '월드 베스트 비어(world's best beer)'로 자주 선정되곤 했다. 결국 우리는 용기를 내어 마개를 열었다. 세계 최고의 맥주? 음, 맥주에서 가장 즐거운 점이 순수한 다양성에 있다고 본다면 그것은 극도로 힘든 결정이다. 단지 병과 아름답게 어울리는 내용물이 실망시키지 않았다고만 해두자.

우리는 사실상 매일 매시간 미생물의 바다에서 헤엄치고 있다. 우리 몸의 안팎에서 서식하는 서로 다른 미생물 종의 수는 약 1만 개로 추정되는데, 이는 전형적인 열대 우림에 존재하는 것으로 생각되는 식물 종의 2~3배이자 지구의 모든 조류 종과 거의 같은 숫자이다. 그리고 이것은 우리에게 '달라붙어 있는' 미생물 생명체일 뿐이다. 고인이 된 우리의 동료 스티븐 굴드Stephen J. Gould가 공룡의 시대나 인간의 시대는 결코 없었다고 선언한 것도 무리가 아니다. 오히려 우리 모두는 항상 미생물의 시대를 살아왔다.

남녀를 불문하고 모든 사람의 몸 안팎에 서식하는 미생물이 다 같은 것은 아니다. 또한 사람의 신체에는 모든 부위마다 서로 다른 미생물의 군락이 존재한다. 이 작은 단세포 생물은 세균, 원시세균, 그리고 진핵 생물이라는 세 개의 큰 그룹 또는 생육 영역 중 하나에 속한다. 이 셋은 지구상의 모든 생명체를 하나로 연결하는 하나의 공통 조상의 후손이다. 이것은 생식의 상세한 계획을 운반하는 게놈(5장)과 비교해 보면 알 수 있다. 세균 그룹과 원시세균 그룹의 구성원은 자신의 게놈 주위에 핵막이 없는 확실한 단세포 유기체인 반면, 진핵 생물 그룹은 단세포 또는 다세포가 될 수 있고 벽으로 둘러싸인 핵을 가지고 있다. 맥주의 재료인 보리와 홉은 인간처럼 다세포 진핵 생물이지만, 맥주에서 셋째로 중요한 성분인 효모는 단세포 진핵 생물이다.

효모는 균류라고 불리는 주요 진핵 생물 그룹의 일부로, 버섯도 진핵 생물 그룹에 포함된다. 믿기 힘들겠지만, 버섯은 단일 생물이 아니라 모두 같은 종에 속하는 단세포 생물의 조직화된 집단이다. 버섯은 비교적 분류하기 쉬운 매우 익숙한 외형과 형태를 가지고 있다. 작은 효모는 특징 없는 구조 때문에 강력한 현미경을 사용하더라도 분류하기가 쉽지 않다. 하지만 단순한 형태에도 불구하고 이 단순한 생명체가 취할 수 있는 다양한 라이프 스타일은 놀랍다. 그리고 이는 종의 거대한 집합체와 진화적 패턴으로 이어졌다. 우리의 일상만 돌아보더라도 이와 관련된 관찰을 검증할 수 있다. 즉, 버섯과 같은 균류 종을 이용해 만든 요리를 먹지 않는 날이 거의 없으며, 균류는 또한 무좀과 같은 많은 사소한 질병뿐만 아니라 가장 고질적이고 불편한 질병의 근원도 될 수 있다. 그리고 사람에 따라 균류가 환각을 일으키는 경험의 원천이 될 수도 있다. 150종 이상의 균류에서 발견되는 실로시빈 화합물은 환각을 일으키는 작용으로 유명하다. 그리고 아주 기이하게도 모든 균류는 식물보다 동물과 더 가까운 친척 관계이다. 따라서 엄격한 채식주의자가 버섯이 든 샐러드를 먹는다면 그것은 어김없이 부정행위가 되는 것이다.

균류에는 주요한 두 종류가 있다. 거기에 더해 이 두 주요 종류와는 너무 달라서 각각 자신만의 주요 그룹을 이루고 그 그룹에 속한 균도 몇몇 있다.

주요 그룹 중 하나인 담자균류(예를 들어 말불버섯, 버섯, 말뚝버섯 등을 포함한다)는 아마도 대부분의 사람에게 더 친숙할 것이다. 하지만 또 다른 주요 그룹인 자낭균류는 맥주, 빵, 와인에 중요한 종을 포함하고 있다. 듀크 대학교의 라이타스 빌갈리스Rytas Vilgalys가 이끄는 대규모 협력 연구자들은 균류가 서로 간에 어떻게 계통적으로 관련되어 있는지를 결정하기 위해 더 잘 알려진 균류 200종에 대해 연구했다. 그들은 이 균류 종들의 계통수를 구축하기 위해 DNA 배열 정보를 사용했다(이 방법에 대해서는 14장에서 상세히 기술할 것이다). 이 계통수는 다행히도 기존에 믿었던 균류의 계통적 관계에 대해 많은 것을 확인시켜 주었지만, 여러 새로운 균류의 자리매김을 처음으로 보여주기도 했다. 그리고 그것은 우리가 알고 있는 균류가 얼마나 적은지를 깨닫게 만들었다. 현재 공식적으로 기술된 균류는 약 10만 종이지만, 일부 연구자들은 우리 지구상에 150만 종에서 500만 종의 균류가 있을지도 모른다는 의견을 제시하기도 한다.

맥주, 빵, 와인을 만드는 데서 주역인 균류는 양조업자의 효모라고도 알려진 자낭균 사카로미세스 세레비시아이지만, 몇몇 다른 균류도 양조하는 데 바람직하거나 아니면 바람직하지 않은 방법으로 역시 영향을 미친다. 맥주 양조에서 보리와 홉 같은 다른 유기체 성분과 마찬가지로, 맥주 제조 과학이 발전함에 따라 효모의 유전적 또는 유전자 구성에 대한 이해는 꾸준히 더 중요해지고 있다. 전통적인 접근법과 최근의 게놈 기술 사이에는 여전히 줄다리기가 이어지고 있지만 대부분의 맥주업자는 유전체학이 자신들의 양조기술에 제공하는 정보를 이용하는 것에 상당히 개방적이다.

사카로미세스 세레비시아는 1996년에 게놈 염기서열을 결정한 최초의 진핵 생물 가운데 하나이다. 1990년대에 전장 유전체 분석wholegenome sequencing이 등장했을 때, 이 효모종은 경제적으로 중요하고 게놈의 크기가 작기 때문에(우리 인간 게놈의 염기는 30억 개인 데 비해 사카로미세스 세레비시아 게놈의 염기는 1200만 개이다) 염기서열 분석의 명백한 하나의 후보였다. 전장 유전체 염기서열 분석 초기에는 컨소시엄에 1000만 달러에서 2500만 달러의 비용이 지불된 것으로 추정된다. 이처럼 막대한 경비가 소요된 것은 이 컨소시엄에 많은 미지의 연구자들이 포함되었기 때문이기도 하지만 그 당시 이용 가능했던 1세대 염기서열 분석 기술은 수준이 뒤떨어지고 값비쌌기 때문이기도 하다.

그러한 이유로 2005년까지는 소수의 효모종에 대해서만 전장 유전체 변이를 조사할 수 있었다. 그러나 이제 효모 게놈 100개의 염기서열을 하루도 안 되는 시간에 결정할 수 있고 1996년 첫 번째 효모 게놈 염기서열 분석에 지불한 비용의 일부만 소요된다(아마도 게놈당 100달러 이하일 것이다). 이 극적인 변화는 두 가지 이유로 일어났다. 첫째, 일단 주요 그룹의 어떤 게놈의 염기서열이 생성되면 관련 종의 다른 게놈을 조사하는 발판 또는 참고자료의 역할을 할 수 있다. 둘째, 염기서열 분석은 차세대 염기서열 분석이라 불리는 것으로, 심지어는 차차세대 염기서열 분석이라 불리는 것으로 변해왔다. 다음을 보면 염기서열 분석 속도에서 얼마나 많은 가속이 일어났는지를 알수 있다. 1980년대의 대학원생은 논문 전체를 하나의 종에 있는 하나의 유전자에 대한 염기서열 분석으로 채웠을 것이다. 1990년대에는 동등한 연구 과제가 수십만 개의 염기와 여러 종으로 확장되었을 것이다. 그리고 2000년대의 학생들은 100여 종에 대해 수천만 개의 염기를 쉽게 취급할 수 있었다. 2010년대 중반에 이르러서는 기술 발전으로 인해 이 숫자가 수십억 개까지는 아니더라도 수억 개의 염기까지로 도약할 수 있었다. 오늘날에는 한 명의 학생이 일상적으로 300억 개의 염기까지 염기서열을 생성할 수 있으며, 1980년대와 1990년대 동안 유전체학 논문에서 달성한 모든 작업을 단 1초도 안 되는 짧은 시간과 아주 적은 비용으로 수행할 수 있다.

◆ ◆ ◆

이러한 발전을 감안할 때, 연구자들이 자신의 탐구에서 어떤 야생 효모종이 맥주, 빵, 와인을 만드는 데 필수적인 효모와 가장 가까운 계통에 있는지 알아내기 위해 수천 종의 효모 변종과 종을 분석했다는 것은 놀라운 일이 아니다. 이 문제를 연구하고 있는 과학자들은 이러한 지역 변종을 포획 효모라고 부르는데, 사카로미세스 세레비시아 변종과 그들의 가까운 친척뻘 종자를 위한 집중화된 저장소는 과학자들의 탐색에 도움을 주어왔다. 이 저장소들 중 가장 큰 것 가운데 하나는 영국 노리치의 식량자원연구소Institute of Food Resources(IFR)에 있는데, 이 연구소는 4000개 이상의 변종을 보유하고 있다.

맥주, 빵, 와인 제조에 관여하는 효모는 주로 단일 과인 사카로미세스과에 속한다. 그리고 이 과는 수천 개에 이르는 종을 포함하고 있으나, 앞서 언급했듯이 사카로미세스 세레비시아가 오직 이 상품들의 생산에 필수적인 종이다. 사카로미세스 세레비시아와 그 효모의 가까운 친척뻘인 종들의 역사는 흥미롭기도 하고 복잡하기도 하다. 그

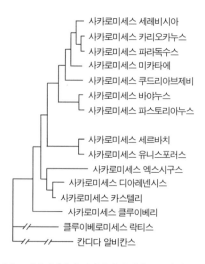

그림 8.1. 사카로미세스 세레비시아와 밀접하게 관련된 종들의 계통. 가지의 길이는 계통을 따라 종들에 의해 일어나서 축적된 변화의 크기에 비례한다. 클리프튼(Cliften) 그룹의 연구 결과 (2003)에서 인용했다.

림 8.1은 이러한 종들 간의 관계를 보여준다. 종들 간의 교접에 의해 쉽게 만들어지지 않는 어떤 종을 여전히 기대하는 것은 마치 움직이는 표적을 겨누고 있는 것처럼 보이기도 한다. 그림에 없는 한 가지 특이한 종이 있는데 저온에서 자라는 사카로미세스 유바야누스가 그것으로, 이 종은 사카로미세스 세레비시아와 더불어 라거 효모 사카로미세스 파스토리아누스의 모체 중 하나이다. 또한 바야누스라고 불리는 그룹에 있는 한 종을 주목할 필요가 있다. 분류학자들이 이미 알려진 종에 접두사를 추가할 때마다 그 접두어는 종에 대한 무언가를 의미하는데, 이 분류학적 맥락에서 '유(eu)'는 '진짜'를 의미한다. 그러나 와인 제조에도 사용되는 사카로미세스 바야누스는 실제로 사카로미세스 세레비시아, 사카로미세스 우바룸, 사카로미세스 유바야누스의 세겹 교잡인 것으로 밝혀졌다. 이 효모들 중 사카로미세스 유바야누스는 실제로 사카로미세스 바야누스가 밝혀진 후에 발견되었는데, 효모 계통이 얼마나 혼란스러울 수 있는지를 보여주는 좋은 예가 되었다. 그 이야기의 복잡성을 분간해 내기 위해서는 현대의 유전체학이 필요했다.

사카로미세스 세레비시아는 대부분의 생애 동안 성관계를 자제하는 독실한 수도승처럼 살고 있다. 그러나 놀랄 만큼 난잡해질 때도 있다. 이 효모종의 다양한 생활양식은 번식할 때가 되었을 때 효모 개체군이 얼마나 적절한 환경에 있느냐에 따라 달라진다. 여기서 적절한 환경이라는 것은 영양소가 주변에 얼마나 많은가를 의미한다. 그림 8.2는 이 발아 효모의 수명주기를 보여준다. 효모는 주변 환경에 영양소가 많을 때는 무성 생식을 하지만, 환경이 척박하고 영양분이 거의 없을 때는 유성 생식을 통해 포자를 만든다. 여기서 우리는 균류가 식물보다 우리 인간에 더 가까운 관계라는 데 공감하게 된다. 식물은 일상에 필요한 에너지를 생산하기 위해 태양빛과 흙에서 나오는 영양분을 모두 사용할 수 있다. 그러나 균류는 우리처럼 탄수화물 같은 영양소를 필요로 한다. 그리고 이러한 영양소의 부족은 불가피하게 사카로미세스 세레비시아의 생식 전략에 변화를 만든다. 즉, 효모는 효모 생물학자들이 애정을 담아 '스뮤schmoo(정체모를 물질)'라고 부르는 유전적으로 동일한 딸세포를 싹 틔우게 하는 대신, 우리의 성세포와 동등한 반수체 포자를 생산해 다른 효모와 유전물질을 교환하거나 때때로 교배종의 효모 생성을 위한 메커니즘을 그들에게 제공한다(그림

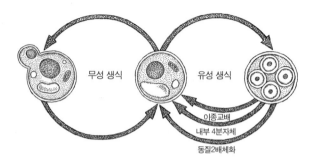

그림 8.2. 효모의 수명주기. 영양소가 많을 때는 효모 세포(그림 가운데)가 만족스럽게 무성 생식을 한다(왼편 주기). 이 생식을 통해 '스뮤'(그림 맨 왼쪽)를 생산하며, 자매 효모를 싹 틔우고 계속해서 자신의 독자적인 수명주기에 진입한다. 반면에 영양분이 거의 없을 때는 효모 세포가 유성 생식을 '결정'한다. 그리고 효모의 게놈은 생식체들 또는 4분자체를 생산한다(그림 맨 오른쪽). 그리고 그다음에는 여러 가지 선택이 가능하다. 이 선택 중 하나는 4분자체 중 하나의 세포가 또 다른 개체의 4분자체로부터 단세포를 만나는 것이다. 유성 생식 주기에서는 복잡한 짝 짓기 체계가 존재한다.

8.2). 하지만 보통은 주변에 영양소가 많으며, 사카로미세스 세레비시아는 환경 중에 아주 많이 존재하고 연구실에서 키우기가 용이했다. 이러한 이유로 사카로미세스 세레비시아는 과학자들이 선호하는 연구 주제가 되었고, 효모가 단백질의 상호작용 및 유전자에 의해 어떻게 조작되는지를 이해하는 데 매우 유용한 모델을 제공했다.

맥주 효모의 기원을 결정하기 위한 실험실의 접근방식은 보리(7장)의 경우와 유사해, 가장 가까운 야생종과 아종을 검색의 시작점으로 사용했다. 사카로미세스 파라독수스 종이 이 역할로 선택되었는데, 왜냐하면 이 종은 인류에 포획되지 않아 온 것이 분명하고 어디에서도 효모로 사용되지 않기 때문이다. 이렇게 사카로미세스 파라독수스 종이 인류에 '포획'되지 않은 상태를 유지해 왔다면 사카로미세스 세레비시아가 어떠했는지를 보여주는 모델이 될 수 있다. 이렇게 선택한 후 연구원들은 비맥주 효모—와인과 사케의 효모, 의료용 샘플, 과일이나 나무의 삼출물 같은 천연 발생원에서 추출한 효모를 포함해—를 배경으로 맥주 효모 변종의 지리적 개체군 체계를 조사했다. 사카로미세스 파라독수스의 개체군 체계는 그 종이 발견되는 다양한 지리적 지역 사이에서 뚜렷한 유전학적 경계와 함께 상당히 명확한 것으로 나타났다. 스트럭처 분석 결과, 유럽, 동아시아, 북미, 하와이에서 각 하나씩 네 개의 뚜렷하게 다른 개체군이 나타났다. 구체적으로 유럽, 극동, 미국의 변종은 100% 확실하게 혼성 없는 것으로 판단할 수 있으며, 하와이의 변종은 약 80%는 하와이, 20%는 북미의 변종이 혼성된 것으로 보인다. 비포획 효모 개체군들이 뚜렷하게 구별되는 이유는 아마도 효모 생물학자들과 맥주 양조업자들이 이 효모를 덜 조작했기 때문일 것이다.

지아니 리티Gianni Liti와 그의 동료들은 36가지 종류—와인 제조, 임상 치료, 제빵을 위한 효모를 포함해—의 사카로미세스 세레비시아 변종의 유전체학을 조사했을 때 매우 다른 결과를 얻었다. 여기서 그들은 대대로 내려오는 변종에 개체를 할당하는 것이 매우 어렵다는 것을 알게 되었고, 비록 그들이 사용한 대부분의 변종은 맥주 양조와는 크게 관련 없는 와인 효모였지만, 사케와 와인과 맥주 효모에 대해 각각 명확하게 구분되는 증거를 제시할 수 있었다. 이는 각각의 효모가 음료의 발효에 처음 사용된 이래 지속적으로 분리된 상태로 있었을 가능성을 나타낸다(하지만 닌카시와 그녀의 맥주에 빵이 사용된 것을 기억하라). 이것은 또한 인간의 창의성(또는 행운)에 의한 개별적인 사례에

연루된 효모 변종이 포획되었음을 시사한다. 케빈 베르스트레펜Kevin J. Verstrepen과 그의 동료들은 2016년, 157종의 사카로미세스 세레비시아 변종 발효 효모를 포함한 훨씬 더 큰 규모의 연구를 수행해 맥주 양조 효모의 유전체학을 더 정확하게 밝혀냈다. 5장에서 논의한 유전체학 도구를 사용해 데이터가 우리에게 말해주는 것을 차근차근 살펴봄으로써 그들이 포획한 효모 변종 체계를 자세히 조사해 보자.

먼저, 베르스트레펜 그룹은 157개 변종의 염기서열을 새로 분석했는데, 이는 그들이 표적 염기서열 분석이 아닌 고전적인 게놈 염기서열 분석법을 사용했다는 것을 의미한다. 이 접근법은 효모 게놈의 크기가 작기 때문에 가능했는데, 이로 인해 각 변종에 대해 평균 6억 7500만 개의 염기 쌍의 서열을 결정할 수 있었고 결과적으로 모든 변종에 대해 극도로 질 높은 게놈 염기서열 분석을 할 수 있었다. 이때 커버리지가 중요한데, 커버리지는 단순히 유기체의 단일 게놈 크기로 나눈 염기서열이 결정된 DNA의 양을 의미한다. 이 경우 평균 6억 7500만 개의 염기 쌍을 단일 게놈 크기 500만 개로 나누면 커버리지가 각 변종별로 약 68배에 달한다. 이 정도의 커버리지는 놀라운 규모이다. 이 데이터 세트에서 염기서열의 분석 오류가 발생할 가능성은 거의 없다.

이 방대한 양의 데이터를 이해하기 위한 첫 번째 접근법은 주성분 분석(PCA)을 통해 정보를 살펴보는 것이다(그림 8.3). 훈련을 받지 않은 일반인의 눈으로는 아마도 다섯 개, 네 개, 또는 세 개의 무리로 보일 수도 있지만 결국은 연구 수행상 네 개가 적절한 값으로 보인다. 이 그래프는 이러한 변종 사이에서 일어날 수 있는 모든 가변성의 약

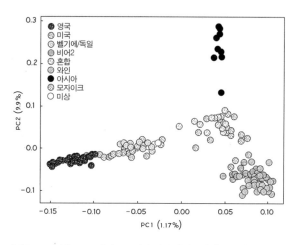

그림 8.3. 미어(Meere)/베르스트레펜 그룹이 수행한 사카로미세스 세레비시아 유전체 데이터에 대한 주성분 분석(PCA). 갤론(Gallone) 그룹의 연구 결과(2016)를 인용했다.

20%만 담고 있으며, 이는 여전히 이 분석 범위 외에도 많은 정보가 남아 있음을 의미한다. 이 분석은 수백 개의 차원을 2차원으로 환원해 시각화를 용이하게 해준다. 이 분석을 대략적으로 살펴보면, 맥주 효모가 공간의 두 영역에서 불쑥 나타난 것으로 보인다. 즉, 하나는 횡방향으로 위치한 '일련의 변종의 기다란 줄 모양 무리'이고, 다른 하나는 와인 효모 변종(그래프의 우측 하단)이 있는 무리이다. 수직 방향 줄 모양 무리는 이미 다른 사카로미세스 세레비시아 변종과는 상당히 다른 것으로 알려진 아시아 사케 효모를 나타낸다.

체계를 여덟 개의 개체군(K=8)—통계적 시험을 통해 가장 가능성이 높다고 간주되는 수—으로 설정한 후, 효모 변종에 대한 보다 엄밀한 스트럭처 분석을 통해 그림 8.4를 얻을 수 있다. 그림에서 속이 꽉 찬 블록

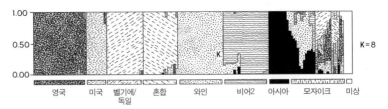

그림 8.4. 157개의 효모 변종에 대한 스트럭처 분석. 개체군에 관한 실마리는 그림의 맨 아래에 주어져 있고 개체군이 그림 8.3과 같은 원산지임을 나타낸다. 갤론(Gallone) 그룹의 연구 결과 (2016)를 인용했다.

으로 나타낸 것과 같이 여러 지리적 지역은 매우 특정한 개체군들로 식별된다. 묘하게도 '비어2Beer2'라고 표시된 맥주 효모는 와인 효모에 어느 정도 친화성이 있는 것으로 보인다. 비어2 그룹은 벨기에, 영국, 미국, 독일, 그리고 동유럽의 효모 변종이 혼합된 특이한 그룹이다. 혼합 효모 변종은 전혀 별개의 것처럼 보이지만, 여러 효모 개체군의 요소도 가지고 있다. 모자이크 변종이라고 칭한 것은 분석에서 모든 다양한 개체군이 뒤범벅된 것으로 보이기 때문에 그에 맞게 적절하게 명명한 것이다.

K를 8로 설정했을 때 이 효모들의 계층 관계의 가능성은 명확하지 않다. 개체군의 수가 적을수록 지리적 지정들 중 일부 몇몇이 함께 묶이는 경향이 있지만 가능성 있는 계층 관계를 조사하는 최선의 방법은 계통발생 분석을 수행하는 것이다(그림 8.5). 효모의 여러 야생 변종은 계통수상의 기저에 있다. 이것이 당연한 이유는, 포획된 효모는 모두 계통수에 함께 뿌리를 내린 야생 효모로부터 유래해야 했기 때문이다. 베르스트레펜과 그의 동료들이 관찰한 바와 같이 이 계통수

상에 있는 종 간 연결 형태와 많은 산업적 변종의 위치는 다음을 시사한다. 즉, "오늘날 얻을 수 있는 수천 개의 산업적 효모는 식품 발효의 효능을 보인 단지 몇몇 소수의 조상 변종으로부터 기인하는 것으로 보이며, 그 결과 각각이 특정 산업 용도에 사용되는 별개의 계통으로 진화했다."

계통수 자체는 맥주 효모 역사의 몇 가지 중요한 측면을 보여준다. 첫째, 영국 및 벨기에/독일의 맥주 효모 그룹은 하나의 조상을 공유하고 있음을 나타낸다(그림 8.5의 노드 2 참조). 이것은 이 두 유럽 지역에서 사용되는 효모가 다른 효모와는 상당히 분리된 채 별개로 유지되었다는 것을 의미한다. 만약 이 깔끔한 분리가 그들 계통의 중요한 요소가 아니었다면, 우리는 지리적으로 떨어진 다른 계통의 변종이 계통수상의 영국 그리고/또는 벨기에/독일 부분을 침입한 것을 볼 수 있었을 것이다. 미국의 효모 변종과 영국의 효모 변종은 더 밀접한 관계인 것으로 보이는데, 이는 벨기에/독일의 효모를 제외하고 이 두 나라의 효모가 함께 연결된 데서 알 수 있다(노드 1). 혼합된 효모 변종이라고 명명하는 것이 실로 적절한 이유는 모든 혼합된 변종의 유래가 되는 조상(노드 3)이 빵 효모를 포함하는 다른 지리적 영역에서 많은 변종을 발생시키기 때문이다. 와인 효모 그룹은 몇몇 맥주 효모와 다른 효모가 와인 효모와 같은 그룹(노드 4)에서 나타나기 때문에 계통수상 자신의 위치에 관해서는 완전히 순수하지 않다. 비어2 그룹의 효모들은 벨기에, 영국, 미국, 독일, 동유럽의 혼합으로 이루어져 있지만, 모두 하나의 공통 조상에서 나온다(노드 5). 앞에서 제시한 바와 같이 비어2 그룹은 와인 효모에 어느 정도 친화성이 있으며, 계통수

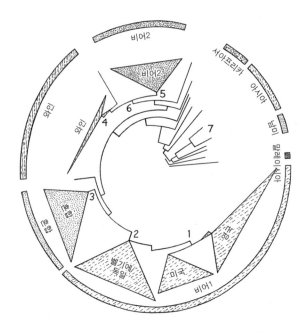

그림 8.5. 157개의 효모 변종에 대한 계통발생 분석. 노드의 번호가 의미하는 바는 본문에 설명되어 있다. 가지의 길이와 그룹의 삼각형의 깊이는 관심 대상 변종이 변화한 정도와 상관관계가 있다. 갤론 그룹에 의해 할당된 범주는 그림의 바깥쪽 동그라미에 있다. 갤론(Gallone) 그룹의 연구 결과(2016)를 인용했다.

는 이를 강하게 뒷받침한다(노드 6). 마지막으로, 사케 효모 또한 하나의 조상으로부터 유래되며, 계통수에서 그들이 차지하는 위치(노드 7)는 그들로부터 다른 모든 산업용 효모 변종이 대대로 내려왔음을 보여준다.

이 시점에서 맥주 양조에 관심이 있는 사람들은 에일 효모와 라거 효모의 차이에 대해 궁금해 할 것이다. 그 둘은 상당히 다르다(또한 계통수의 다른 영역에 위치해 있기도 하다). 잘 알려진 대로 라거 효모는 발효통의 바닥에서 대부분의 발효를 일으키는 반면, 에일 효모는 위에서 발효를 일으켜 통의 윗부분에 두꺼운 잔류물을 남긴다. 아마도 더 중요한 사실은 에일 효모는 실온에 가까운 조건에서 가장 잘 작용하는 반면, 라거 효모는 훨씬 더 추운 온도에서 더 잘 작용한다는 것일 것이다. 더구나 조안나 베를로스카Joanna Berlowska, 도로타 크레지엘Dorota Kregiel, 카타르지나 라즈코프스카Katarzyna Rajkowska 등은 2015년의 연구에서 라거 효모의 게놈 및 생리학적 성질이 에일 효모와는 매우 다르다는 것을 분명히 보여주었기 때문에 이 두 효모는 상호간 상당히 분리되어 있었을 것이라고 예상할 수 있다.

여기서부터 복잡해진다. 최근까지 모든 라거 효모는 사카로미세스 칼스베르겐시스 종에 속하는 것으로 간주되어 왔으나, 근래에 일반 맥주 효모인 사카로미세스 세레비시아와 가까운 이종 사카로미세스 유바야누스 사이의 이종교배 잡종으로 확인되었다. 하지만 이 잡종화 이벤트가 일어나기 이전에, 조상들 중 하나는 자신의 게놈을 복제했던 것이 분명하다. 이러한 이벤트들이 언제 일어났는지는 알 수 없지만(아마 500년도 더 된 일일 것이다. 2장 참조) 게놈 복제와 잡종화는 어느 계통에서나 깜짝 놀랄 만한 이벤트이다. 문제를 더 애매하게 만드는 것은, 잡종 라거 효모에는 사카로미세스 파스토리아누스라는 이름이 붙여졌고, 앞서 언급했듯이 또 다른 종인 사카로미세스 우바룸이 맥주 효모 역할에 관여했다는 논란까지 있었다는 것이다. 하지만 우리는 이 모든 복잡한 요소가 라거와 에일 효모가 반드시 효모 계통수의 다른 부분에 있어야 한다는 생각을 더욱 뒷받침해 줄 것으로 기대하는 것은 아닐까? 꼭 그렇지는 않다. 미국, 독일/벨기에, 그리고 비어2 그룹의 여러 다른 라거 효모가 베르스트레펜과 그의 동료들의 연구에 포함되었고, 그 효모들은 비어2 그룹과 독일/벨기에 그룹 양쪽 모두에 분포되어 있는 것으로 밝혀졌다. 이것은 두 종류의 맥주 효모 사이에 존재하는 큰 차이점을 개의치 않은 결과이기 때문에 이상하게 보일 수 있다. 그러나 한편으로 와인 효모 그룹에서는 맥주 효모가 발견되고, 두 개의 뚜렷한 비어 그룹도 있다. 보아하니 포획된 효모들의 세계에서는 무엇이든 허용되는 듯하다.

◆ ◆ ◆

지금껏 사카로미세스 속genera(屬)[분류군 계급의 일종으로, 과(科)와 종(種)의 사이에 위치한다_옮긴이] 내에 있는 효모들에 초점을 맞춰왔지만, 이들 외에 다른 속의 효모들도—어느 정도의 불안감과 모험심을 필요로 하지만—맥주의 양조에 사용된다. 대부분의 경우, 사카로미세스가 아닌 효모종은 역사적으로 성가신 존재로 여겨져 왔고, 맥주 양조에 잠재적인 저해 요소로 여겨져 왔다. 40년 전 자가 양조home-brewing된 초기 맥주는 알코올의 도수가 상대적으로 만족스러웠던 반면 탁하고 이상한 맛이 났는데 이는 조리 및 발효과정에서 충분히 주의를 기울이지 않았기 때문이라 생각된다. 아마도 야생으로 추정되는 미지의 효모종이 맥아즙으로 침범했을 것인데 이는 발효기로 되어 있던 에일 효모에게서 옮겨졌던 것으로 보인다. 이것은 우연한 사고였지만, 최근 사우어 비어, 세종, 팜하우스 에일 맥주가 출현하면서 사카로미세스 세레비시아와는 별 관계없는 다른 종의 효모가 주류 맥주 양조업에 등장했다. 서로 다른 속에 속한 두 종류의 효모 데케라와 브레타노미세스는 이들 스타일의 맥주를 만드는 데서 매우 중요하다. 맥주 양조에 사용하는 사카로미세스가 아닌 종은 대부분 사카로미세스와 계통상 비교적 가까운 관계이지만, 이들 두 속은 피치아라는 또 다른 속과 함께 계통수에서 상당히 멀리 떨어진 관계에 있다. 분명 효모 속의 극단적인 다양성 때문에 실험해 볼 만한 잠재적인 효모의 종류가 많다. 따라서 오염시키는 것보다 실험을 하는 것이 더 낫다고도 생각할 수 있다. 그리고 한편으로 많은 맥주 양조의 역사는 뜻밖의 여러 가지 발견에서 비롯되었다.

맥주 효모에 대한 이 모든 발견으로도 충분하지 않은 것처럼, 베르스트레펜 그룹의 인상적인 연구에서도 몇 가지 매우 중요한 사실을 추론할 수 있다. 그 추론 중 어떤 것은 효모를 유전적으로 조작하기 위해 게놈 생물학을 이용하는 것을 포함한다(16장 참조). 그러나 나머지 다른 추론은 맥주 효모의 생물학을 이해하는 데 중요하다. 먼저 계통수를 자세히 살펴보면 계통수 가지의 길이가 균일하지 않다. 왜냐하면 그 길이는 계통을 따라 얼마나 많은 변화가 일어났는지를 의도적으로 나타내기 때문이다. 이제 와인 효모 변종과 맥주 효모 변종을 보자. 그리고 와인 효모 가지가 맥주 효모 가지보다 더 짧고 굵다는 것에 주목하자. 이것은 비슷한 기간 동안 맥주 효모의 게놈이 와인 효모의 게놈보다 더 많이 변했다는 것을 의미한다. 2016년, 앤서니 보너먼Anthony R. Borneman과 그의 동료들은 119개 와인 효모 변종의 게놈 다양성을 면밀히 살펴봤고, 와인 효모들이 매우 균질하다는 것을 알아냈다. 와인 효모의 유전적 다양성은 그들이 예상했던 것보다 훨씬 적었다. 사실 그들의 분석은 유전적 다양성에서 병목 현상을 찾아냈다. 이렇게 생각해 보자. 하나의 봉지에 같은 수의 하양, 빨강, 검정 구슬을 담은 다음, 그 구슬들을 끝이 점점 좁아지는 옛날 우유병에 넣는다. 그리고 우유병을 흔들어 구슬들을 쏟아내리려고 하면 몇 개의 구슬만 튀어나올 것이고, 나머지는 좁은 병목에 박혀 머무를 것이다. 이렇게 몇 개만 튀어나오면 구슬들의 원래 색 비율인 1 대 1 대 1 아닌 다른 비율로 분포될 것이다. 그리고 실제로 한 가지 색의 구슬만 나오는 경우도 많을 것이다.

만약 구슬이 유전자를 나타내고 구슬 색이 대립 형질의 유전자를 나타낸다고 생각하면 유전적 병목 현상에 대한 좋은 비유가 될 것이다. 일단 병목 현상이 발생하면 불가피하게 동종 교배가 뒤따를 것이고, 이것은 새로운 그리고 아마도 위축된 변이 패턴을 증진시킬 것이다. 와인 효모에 대한 계통수 가지가 아주 짧아진 것은 확실히 바로 이 현상에 기인한 것으로 보인다. 반면에 인위적으로 생육된 맥주 효모는 훨씬 더 많은 유전적인 변화를 보인다. 맥주를 양조할 때, 양조장의 효모는 와인 효모가 겪는 장기간의 영양 부족에 노출되지 않는다. 우리가 본 대로 효모는 성관계를 맺지 않고도 꽤 잘 번식할 것이다(그림 8.2). 그리고 포자 형성을 유도하고 성 생식을 촉진하기 위해 영양 단절이 필요하다. 많은 맥주 효모 변종은 결과적으로 포자 형성 능력이 저하되었고, 일부는 심지어 완전히 기능을 상실했다. 실제로 비어1 그룹의 대부분의 효모 변종은 포자를 형성할 수 없다. 성적 관계를 피하는 것, 또는 심지어 성적 관계에 대한 능력을 상실하는 것은 인위적으로 생육되는 변종의 특징이다. 예측불허의 환경에 있는 야생 효모에게는 이것이 위험한 전략일 것이다. 그러나 그것은 분명 양조업자들이 많은 맥주 효모 변종에게 강요한 것 중 하나였다.

그리고 사실 성적 관계를 피하는 것은 맥주 효모에게 아주 적합한 것으로 밝혀졌다. 양조업자들의 효모는 통상 한 번의 양조 주기에 사용되며, 그 외에는 다음 주기를 위해 이송하거나 재활용된다. 이러한 과정이 거듭된다. 양조업자들은 보통 한 회분의 양조 과정이 완료된 후 다음 회분을 신속하게 다시 시작하므로 효모를 장기간 보관하지 않으며, 효모는 대개 원활하게 잘 공급된다. 이는 와인 제조의 계절성과는 대조적이다. 와인 효모는 매년 거품이 이는 곰팡이 속에서 활기를 띠는 짧은 기간만 적절하게 활동한다. 그리고 남은 한 해 동안은 말라붙은 맥주통, 포도밭, 심지어는 곤충의 내장에 달라붙어 지낸다. 다음 발효 주기까지 갈 확률이 낮아진 이 힘든 시기에 와인 효모는 일상적으로 성적인 관계를 갖고 발효 작용의 라이프 스타일을 벗어나 살게 될 것이다. 대부분의 경우 와인 효모는 맥주 효모에 비해 개체군 크기가 매우 작을 것이고, 이는 세 가지의 매우 흥미로운 개체군 효과로 이어진다.

첫째, 개체군의 크기 차이로 인해 맥주 효모는 와인 효모보다 더 빨리 진화하고 더 많이 변화할 것이다. 이 현상은 그림 8.5의 결과에 의해 입증되기도 하고 훨씬 더 큰 유전적 다양성을 통해 나타날 수도 있다. 둘째, 양조업자는 어느 정도 개인 사업자이기 때문에 좋은 성분의 조합을 발견하면 그 조합을 숨기고 혼자 간직하는 경향이 있다. 이로 인해 결과적으로 맥주 효모 변종은 서로 격리되어 분화가 증가한다. 결국 맥주 효모 변종은 일반적으로 성적인 번식 능력이 상실된 것으로 보이며 또 자신에게 강요된 타고난 본연의 선택을 해야 하는 극도의 어려움 없이 비교적 순탄한 상태이기 때문에 게놈에게서 더 많은 돌연변이를 허용할 수 있다.

하지만 양조업자가 좋은 환경을 제공하지 않는다면 포획된 맥주 효모는 자신의 역할을 잘하지 못할 것이다. 따라서 지난 수천 년에 걸친 맥주 양조는 이 효모들에게 강제된 하나의 큰 진화 실험이었다. 몇몇 효모는 야생으로 남아 많은 유전적 변이성을 유지해 왔다. 다른 효모들은 포획되고 길들여져 지금은 야생의 조상과 매우 다르게 행동한다. 그리고 포획된 효모들은 매우 고립된 환경에 처해 있기 때문에 그 환경에 대해 매우 한정적으로 반응하며 변화해 왔다. 그 과정에서 맥주 효모는 길들여지는 유기체의 두 가지 특성, 즉 극단적인 게놈 분화와 극단적인 니치 특수화 특성을 획득한 것으로 보인다. 다행히도 우리가 맥주를 양조하는 한 사카로미세스 속의 안과 밖 모두에서 변화의 여지가 충분히 남아 있으며, 이는 앞으로도 맥주 효모 생물학이 흥미로운 상태로 남아 있을 것임을 분명하게 한다.

◆ ◆ ◆

마지막으로 효모와 맥주에 관한 이 지루하고 긴 이야기에서 가장 최근의 어려운 점은 맥주 양조가 전통으로부터 급진적으로 이탈하고 있다는 것이다. 초기부터 맥주 양조업자들은 여러 회분을 생산하는 데 제한을 받아왔다. 발효가 완료되고 맥주를 뽑아 병에 담은 후에는 모든 양조장비의 죽은 효모와 살아있는 효모를 모조리 세척해야 새로운 발효 과정을 다시 시작할 수 있었기 때문이다. 하지만 맥주가 세척 과정 때문에 끊기지 않고 요즘의 많은 독한 술처럼 지속적으로 생산될 수 있다면 어떨까? 워싱턴 대학교의 화학자 앨샤킴 넬슨Alshakim Nelson은 이것을 가능하게 하는 방법을 제안했다. 그의 팀은 3차원 인쇄 기술을 사용해 하나의 효모 개체군이 번성해 한 번에 몇 달 동안 활동할 수 있는 미세한 하이드로겔 생물반응기를 만들어냈다. 효모가 주입된 이 작은 입방체들은 포도당 용액에 떨어질 때 효모가 발효 작용을 잘할 수 있도록 작업을 수행하기 시작하는데, 용액이 공급되는 한 그 과정은 지속된다. 왜 효모가 이러한 조건하에서 삶과 죽음의 순환을 포기하는지는 아직 알 수 없으나, 적어도 이 새로운 접근방법의 가능성은 맥주 양조의 미래에 아주 흥미로운 일이다.

제**9**장

홉

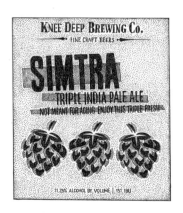

2600IBU(국제적 쓴맛 단위)인 홉 폭탄이 매장에 나와
있을지도 모르나, 찾기가 쉽지 않은 것은 아마도 나름의
이유가 있을 것이다. 우리가 맨해튼 섬의 맥주 판매장들을
샅샅이 뒤졌지만 131IBU인 트리플 IPA보다 더 익스트림한
어떤 것도 보지 못했다. 세 개의 굵직한 홉 구과가 라벨에서
두드러져 보였으며, 구과 바로 위에 인쇄된 지시의 문구 '숙성
불필요(NOT MEANT FOR AGING)'가 궁금증을 자아냈다.
마개가 열리자 강한 심코 홉의 내음이 났다. 이어서 향이 좋은
11.25% 알코올을 입안에 머금었더니, 풍부하지만 너무
강하지 않은 홉 맛을 바탕으로 달콤한 과일의 부드러운 에일이
느껴졌다. 밸런스는 훌륭했고 솔직히 더 높은 IBU의 맥주를
발견하지 못했음에도 매우 만족스러웠다.

현대 맥주의 핵심 재료는 보리 알갱이, 그리고 덩굴식물 홉(휴물러스 루풀러스)의 건조시킨 씨를 품은 구과이다. 보리는 처음부터 들어 있었지만, 홉을 추가한 것은 경험을 통해 알게 된 것이었다. 보리와 맥주의 역사는 친밀한 관계여서 적어도 인간이 정착 생활을 시작한 시간으로까지 거슬러 올라가지만, 일상적으로 맥주에 홉을 포함시키는 과정은 겨우 1000여 년 전으로 거슬러 올라간다(2장과 3장 참조). 전통적으로 유럽 맥주 제조가들은 야생 허브의 혼합물인 그루이트로 맛을 냈지만, 9세기 들어 이러한 허브 조합물은 홉을 첨가하는 것으로 대체되기 시작했다. 이러한 변화는 여러 가지 장점을 수반했는데, 홉은 상큼한 쓴맛을 더했을 뿐만 아니라 방부제로서의 역할도 했기 때문이다. 그러나 누구나 바로 홉을 채택한 것은 아니다. 영국은 16세기에 이를 때까지 홉을 채택하는 상태로 아주 천천히 전환되고 있었다.

이렇게 늦게 전환된 이유 중 하나는 홉을 따라다니던 다소 의심스러운 평판 때문이었을 것이다. 12세기 독일 빙겐의 대수녀원장 힐데가르트는 "홉은 인간의 우울함을 키우고 영혼을 슬프게 하며, 내장을 무겁게 짓누르는 듯하다"라고 비판했다. 훨씬 더 오래 전 어느 때에는 홉이 남성의 발기불능과 남성 유방 유발의 원인이라는 좀 더 비속한 수준의 의혹을 받기도 했다. 이는 아마도 홉이 함유하고 있다고 근래에 알려진 식물성 에스트로겐과 관계있을 것으로 생각할 수도 있지만 아직 입증된 사실은 아니다. 하지만 홉 그 자체, 즉 건조시킨 구과는 중세 시대 의학에서 널리 사용되었으며, 그중에서도 특히 치통과 신장결석의 치료를 위해 사용되었다. 홉은 또한 진정 효과가 높이 평가되었고, 얼마 전까지 더 나은 수면을 위해 베개 속을 채우는 데에도 일상적으로 사용되곤 했다.

정치도 한몫을 했을 것이다. 16세기에는 다음과 같은 짤막한 노래가 있었다.

홉, 종교개혁, 모직천, 그리고 맥주
이 모두는 같은 해에 영국에 도착했다네

여기서 언급하는 것은 헨리 8세 시대에 영국에 개신교가 도입된 것과 홉이 첨가된 맥주가 출현한 것 사이의 우연의 일치에 관한 것이다. 정치적 풍향을 등에 업고 16세기 중반부터 홉 맥주는 영국에서 크게 성공했고, 그 변화를 거부하는 사람은 거의 없었다. 또한 주목할 만한 것은 16세기로 한 세기가 바뀌기 직전에 맥주 순수령을 지역에 적용함으로써 독일의 수도원에서 그루이트 맥주 생산이 중단된 것이다. 이들 법의 표면적인 의도는 저렴한 가격으로 빵을 원활하게 공급시키기 위해 밀 등 다른 종류의 곡물 사용을 통제하는 것이었지만, 그 법들은 또한 로마 가톨릭 교회의 힘을 약화시키는 중요한 정치적 의도도 가지고 있었다. 그루이트 맥주는 종교개혁자들이 배제하고 싶었던 술이었던 것 같다.

맥주 순수령은 맥주 제조기술의 발달에도 영향을 미쳤다. 맥주 순수령은 반천 년 동안 그 당시 알려진 세 가지 재료인 물, 보리, 홉으로 맥주 제조를 표준화하려 해온 것으로, 이 같은 강제적 추진은 그 외 다른 재료에 대한 실험적인 시도를 기본적으로 제한했다. 다행히 지난 수십 년 동안 그 모든 것이 변하긴 했는데, 그것은 여러모로 처음으로 되돌아가는 것이었다. 그러나 요즘 많은 양조업자들이 맥주 제조에서 온갖 종류의 조건을 널리 실험하고 있지만, 홉은 언제나 맥주에서 결정적으로 중요한 재료로 빠지지 않는다. 자, 이 놀라운 덩굴식물에 대해 좀 더 자세히 살펴보자.

◆ ◆ ◆

홉은 밀이나 보리처럼 꽃을 피우는 식물이다. 그러나 보리가 외떡잎식물인 반면, 홉은 쌍떡잎식물로 계통이 다르다. 외떡잎식물과 쌍떡잎식물은 잎집의 특성으로 구별되는데, 잎집은 일반적으로 식물의 첫 잎으로 발달하는 조직의 단순 덮개이다(7장). 즉, 외떡잎식물은 이러한 잎집이 하나이고 쌍떡잎식물은 두 개인 것이 기본적으로 다른 점이다. 그림 9.1은 식물의 관계 속에서 홉의 분류를 요약한 것이다.

20만 종 이상의 쌍떡잎식물은 식물학자들의 해부학과 분자 정보를 바탕으로 보다 작은 분류학 단위로 분류된다. 쌍떡잎식물의 첫 번째 분할은 진정쌍떡잎식물군과 일반적으로 붕어마름으로 알려진 작고 기묘한 식물군 사이에 일어난다. 그다음 분할은 몇 개의 다른 특이한 계통들과 홉이 속하는 '핵심진정쌍떡잎식물군' 사이에 일어난다. 이

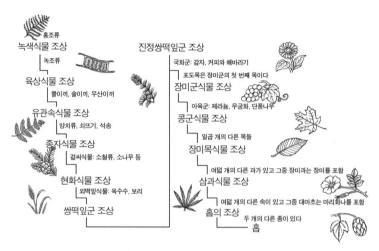

그림 9.1. 홉(휴물러스 루풀러스)의 분류. 식물의 다양하고 보다 높은 단계 범주 안에서 홉의 위치를 보여주고 있다.

핵심진정쌍떡잎식물군은 장미군(홉 포함)과 국화군(가지, 감자, 고추, 일년초 해바라기, 토마토, 커피, 그리고 일반적인 식탁용 허브 같은 많은 식용식물 포함)으로 나뉜다. 장미군은 콩군(홉 포함)과 아욱군(제라늄, 무궁화, 단풍나무 등 포함)이라고 불리는 두 개의 큰 그룹으로 나뉜다. 콩군에서 가장 먼저 갈라지는 그룹은 포도를 포함한 포도목이다. 콩군의 남은 여덟 개 소군(목)은 장미목을 포함하는데 이 장미목에는 (몇 개의 예만 들면) 장미, 마리화나, 홉 등이 속해 있다. 장미목에는 아홉 개의 과가 속해 있는데, 그중 하나는 삼과로 여덟 개의 속을 포함하고 있다. 이들 중 두 개의 속—인도 대마속(마리화나)과 우리에게 오랫동안 친근한 환삼덩굴속—은 많은 유사점을 공유하고 있으며 매우 밀접한 관계이다. 환삼덩굴속에는 현재 세 가지 종류의 환삼덩굴, 즉 휴물러

그림 9.2. 쌍떡잎인 식물의 잎 배열. 맨 왼편의 식물 잎은 네 개의 전형적인 식물 잎 배열이다. 가운데 보이는 보다 어두운 두 개의 잎은 홉 식물의 마주나기와 어긋나기 배열이다. 맨 오른쪽은 인도대마 잎으로, 손바닥 모양의 겹잎이다.

스 스칸덴스(혹은 자포니카), 휴물러스 유나넨시스, 그리고 보통의 홉인 휴물러스 루풀러스가 있다.

현재 삼과에 속하는 속은 약 10개인데, 흥미롭게도 이 가운데 인도대마속과 환삼덩굴속은 가장 가까운 동류이다. 메이칭 양Mei-Qing Yang과 그 동료들은 홉과 마리화나의 중요한 형태학적 특징의 진화를 해독하기 위해 나무의 생김새를 관찰했다. 구체적으로 말하면 홉과 마리화나는 잎의 배치(일명 잎차례)가 삼과의 다른 식물들과 매우 다르다. 대부분의 식물의 줄기에서 잎의 배열은 어긋나기잎, 마주나기잎, 돌려나기잎, 뭉쳐나기잎 등의 패턴을 가지고 있는데(그림 9.2), 삼과의 조상은 어긋나기잎의 패턴을 가졌던 것으로 보인다. 그러나 그림에서 알 수 있듯이, 홉과 인도대마는 둘 다 혼합된 배열을 가지고 있다. 인도대마에서는 낮은 편의 잎이 서로 마주나기잎의 배열로 나오는 반면, 꼭대기에 가까운 잎은 어긋나기 배열을 보인다. 홉에서는 인도대마처럼 층층의 배열은 아니지만, 어긋나기잎, 마주나기잎 배열이 모두 존재한다. 이로 인해 대마초 잎과 홉 잎은 모두 잎의 밑 부분에 있는 하나의 위치에서 돌출되거나 갈라져 나와 이루어진 손바닥 모양의 형태를 이룬다. 인도대마 잎은 아홉 개 또는 일곱 개로 갈라진 전형적인 손바닥 모양이고, 홉의 잎은 한 개, 세 개, 또는 다섯 개로 갈라지고 보다 통통한 물갈퀴가 있는 손바닥 모양이라서 대조를 이룬다 (그림 9.2).

홉의 암수를 분류하는 방법은 흥미롭다. 이는 이 식물이 어떻게 번식하는지를 알려주는 열쇠이기도 한다. 삼과에 속하는 모든 식물의 조상은 아마도 암수한몸이었을 것이다. 이는 식물의 수컷과 암컷의 생식기관이 모두 하나의 개체에서 발견되었다는 것을 의미한다. 삼과의 대다수 나머지 속 역시 전적으로 암수한몸이지만, 인도대마와 홉은 같은 과 내에서 예외에 속한다. 인도대마는 통상적으로 암수한몸과 암수딴몸 둘 다일 수 있다. 다시 말해 마리화나 식물에서는 하나의 개체군 안에 수컷, 암컷, 또는 암수한몸이 모두 존재할 수 있다. 이와는 대조적으로 홉은 때때로 암수한몸이 나타나기도 하지만 거의 대부분 암수딴몸으로 존재한다. 이 식물들의 생식 습관은 중요한데, 마리화나 및 홉은 암컷만 그리고 처녀생식인 경우에만 각각 원하는 생산물인 싹과 구과를 생산하기 때문이다. 마리화나를 재배하는 사람들은 다음 세대의 번식을 위해 식물에 충격을 주거나 스트레스를 줌으로써 자성화된 꽃가루를 생산하고 암컷 개체들이 균일하게 생겨나게 하는 방법을 배워왔다. 그리고 연구자들은 번식을 위한 자성화된

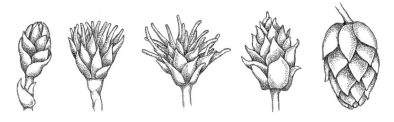

그림 9.3. 암컷 홉의 꽃이 피는 과정. 왼쪽 '머리 핀' 모양의 단계에서 오른쪽 홉 '구과'까지 발육하는 과정을 보여준다. 중간 단계에 있는 꽃의 뾰족한 돌기들이 구과의 조직으로 변환되는 것에 주목하자.

꽃가루를 생산하기 위해 식물을 유전자적으로 조작하는 방법을 찾아냈다. 홉 재배 농가들도 같은 목적으로 스트레스를 이용하려고 노력했지만, 홉에서 나오는 꽃가루는 이런 방법으로 생육할 수 없음이 밝혀졌다. 그래서 그들이 시도한 것은 개체군에서 가능한 한 수컷의 수를 제한하는 것이었다.

홉 식물의 수컷 꽃은 수컷의 생식 구조, 즉 꽃가루를 품고 있는 수술을 갖고 있다. 암컷 꽃은 과일을 생산하는 구조나 난자를 갖고 있으며, 결국 맥주의 핵심 재료인 홉 구과로 성장하는 부분은 암꽃에 달린 작은 돌기이다. 이상적인 홉 구과는 씨가 없어야 한다. 실제로 대부분의 홉 재배 매뉴얼은 씨앗을 품은 암컷 개체가 발견되면 원인을 제공한 수컷을 색출해 제거해야 한다고 제안하고 있다. 일단 암컷 식물이 꽃을 피우면, 꽃 위의 돌기는 그림 9.3에 묘사된 바와 같이 쉽게 식별되는 구과로 변환될 것이다.

홉에는 또한 다년생 식물과 일년생 식물의 특성이 혼합되어 있다.

이 식물은 20년까지 살 수 있다는 점에서 다년생이지만, 일 년에 한 번만 번식한다는 점에서는 일년생이다. 홉은 덩굴로 자라고 꽃은 그 덩굴구조를 따라 형성된다. 지금까지 홉을 덩굴식물이라고 불러왔지만, 사실 덩굴식물과는 큰 차이가 있다. 홉의 덩굴은 자신을 고정하기 위한 홉지 또는 덩굴손의 도움 없이 위쪽 방향의 나선모양으로 자라기 때문이다. 반면에 많은 덩굴식물은 그들이 자라는 주변 환경 구조에 달라붙는 뾰족하게 아래로 향하는 털을 가지고 있다. 전 세계 홉의 재배지역에서는 나무로 만든 지지대와 끈을 따라 30피트 높이까지 휘어 올라가는 덩굴들의 인상적인 광경을 볼 수 있다.

홉의 구과는 개화 단계를 지나 더 발육한 암꽃이다. 많은 식물이 이렇게 발육한 배아를 보호하고 영양을 공급하기 위해 열매를 만든다. 알려진 바와 같이 재배자들은 식물을 속여 수정되지 않고도 이 단계로 들어가도록 할 수 있는데, 홉도 예외는 아니다. 구과에서 해부학적으로 중요한 부분을 꽃대, 루풀린 샘, 포엽, 그리고 소포엽과 함께 그림 9.4에 나타냈다. 포엽은 구과의 바깥 구조를 이루는 잎 같은 모양의 녹색 껍질이며, 포엽의 화학 성분은 맥주 양조에서 중요하지 않다. 소포엽은 구과의 줄기인 꽃대에서 나온 잎 모양의 작은 돌기이다. 소포엽은 기름과 수지뿐만 아니라 탄닌과 폴리페놀도 함유하고 있는데, 이 모든 것이 맥주 양조에 도움이 된다. 그러나 아마도 맥주 양조에서 구과의 가장 중요한 부분은 루풀린 샘일 것이다. 갓 수확한 홉 구과에서 루풀린 샘은 노란색으로 보일 것이고, 기본적으로 에센셜 오일과 수지의 덩어리이기 때문에 상당히 끈적끈적한 특성을 띤다. 이 덩어리는 맛이 쓸쓸한데, 이것이 홉이 맥주에 주는 쓴맛의 원천이다.

루풀린 샘

소포엎

꽃대
(잎대)

그림 9.4. 홉 구과의 바깥 포옆을 벗겨내고 중앙부를 절개한 내부 구조를 보여주고 있다. 소포 옆은 포옆 안쪽에서 구과를 둘러싸고 있으며 녹색을 띤 덮개 모양을 하고 있다. 꽃대는 구과 안쪽 전체를 관통하는 줄기의 한 부분으로 소포옆들이 이 부분에서 나온다. 루풀린 샘들은 구과의 가운데 축 주변 가까이에 놓여 있다.

홉 구과에는 수백 가지의 서로 다른 화학물질이 있다. 무게 비율로 따지면 평균적으로 홉 구과는 섬유소와 목질소(40%), 단백질(15%), 총 수지(15%), 물(10%), 애시(8%), 타닌(4%), 지질과 왁스(3%), 단당류(2%), 펙틴(2%), 아미노산(0.1%)을 함유한다. 구과의 거의 절반이 섬유소와 목질소라는 것은 놀라운 일이 아니다. 둘 다 식물의 생체 구조상 중요한 화합물이기 때문이다. 섬유소와 목질소는 다소 질긴 분자(섬유소는 우리 내장에 있는 박테리아의 도움을 받더라도 소화하는 데 어려움을 겪는다)이며 우리가 마시는 맥주의 맛과 냄새에 미치는 영향은 미미하다. 나열된 나머지 화합물 중 가장 중요한 것은 에센셜 오일과 총 수지이다. 에센셜 오일과 총 수지는 맥주에 쓴맛과 독특한 향을 주기 때문이다. 에센셜 오일은 또한 몇몇 맥주에 과일 맛, 매운맛, 꽃향의 특성을 준다. 총 수지의 범주는 경질과 연질로 된 두 가지 주요한 종류의 수지를 포함한다. 연질수지는 유기용매인 총 수지 중 헥산에 용해되는 부분이다. 연질수지는 맛과 향에 중요한 알파산을 포함하고 있기 때문에 총 수지에서 연질수지의 분율은 종종 홉 변종에 대해 특별히 정량화된다. 헥산에 용해되지 않는 경질수지는 알파산과는 약간 다른 분자인 베타산으로 이루어져 있다. 관련 알파산은 휴물론, 코휴물론, 애드휴물론 등이 주를 이루며, 베타산은 대부분 루풀론, 콜루풀론, 애드루풀론 등으로 이루어져 있다.

◆ ◆ ◆

홉 식물에서 바로 나온 알파산 자체는 맛이 쓰지 않다. 쓴맛을 얻기 위해서는 이성질화라는 화학적 과정을 거쳐야 한다. 홉을 끓이면 쓴맛이 나는데, 끓이기 전후의 분자의 구조는 상당히 다르다. 이 두 구조에서 알파와 아이소-알파는 형태의 차이가 사소해 보이지만 인간이 어떻게 맛을 보고 냄새를 맡는가에 매우 중요한 요소이다(11장 참조). 간단히 말하면 맥주에서 쓴맛이 나는 것은 알파산인 휴물론이 아이소-휴물론으로 변환된 결과이다. 반면에 베타산은 끓이더라도 이성질화 과정이 일어나지 않는다. 베타산은 산화될 때만 이성질화 과정이 일어나는데 이때 생기는 베타산의 쓴맛은 맥주에 적절하지 않은 맛으로 여겨진다. 이 때문에 양조업자들은 베타산을 피하려고 애쓴다.

맥주 양조에서 더 중요한 측정 중 하나는 맥주의 쓴맛을 수치화한 국제적 쓴맛 단위인 IBU^{International Bitterness Unit}이다. 이것은 맥주 중 아이소-휴물론의 함유량을 100만분의 1, 즉 백만분율(ppm) 단위로 정의한 것으로, 맥주에서 IBU를 측정하는 것은 다소 과정이 복잡하다. 알파산과 아이소-알파산은 헥산 및 기타 유기용매에 용해되며, IBU를 측정하는 목적이 단위 부피당 아이소-휴물론의 함량을 정량하는 것이라면 유기용매에 대한 알파산의 용해도는 일정 부피의 맥주로부터 아이소-휴물론을 추출하는 데 도움을 줄 수 있다. 맥주의 IBU는 휴물론이 아이소 형태로 변환된 시점인 맥아즙의 끓임과 홉처리 단계를 거친 후 측정한다.

이제 측정 과정을 알아보자. 적절한 시험관에 아이소-옥탄과 특정 양의 맥주를 가한다. 많은 유기용매와 마찬가지로 아이소-옥탄은 물에 녹지 않기 때문에 혼합액 중 물은 아이소-옥탄과 분리된다. 다음으로 아이소-휴물론이 모두 아이소-옥탄에 녹도록 하기 위해 전체 혼합액의 pH를 낮추어 산도를 높이고 혼합액을 흔들어 혼합한다. 이 단계에서 혼합액 중 아이소-휴물론을 모두 아이소-옥탄에 녹여야 한다. 다시 말하지만 아이소-옥탄과 물은 섞이지 않기 때문에 모든 반응이 일어나는 시험관에는 유기용매층과 수층, 두 개의 액상이 생긴다. 용해도 특성상 아이소-휴물론은 수층에서 쉽게 추출되어 유기용매층에 존재하게 된다. 특정 양의 유기용매층을 큐벳이라고 불리는 작은 유리 측정 용기 또는 플라스틱 측정 용기에 주입한다. 이 큐벳을 특정 파장의 빛을 시료용액에 통과시키고 흡수량을 측정하는 기계인 분광계에 장착한다. 용액의 아이소-휴물론은 농도에 비례해 빛이 광원 바로 맞은편에 놓여 있는 검출기에 도달하지 못하도록 흡수하거나 차단한다. 맥주 내 아이소-휴물론의 농도에 비례하는 광 흡광도를 측정하는 데에는 빛의 특정 파장(275나노미터)을 사용한다. 자, 측정된 흡광도 수치와 계산 방정식을 통해 우리는 드디어 맥주의 쓴맛을 나타내는 IBU를 얻을 수 있다.

대부분 맥주의 IBU 값은 20에서 60 사이이다. 하지만 이 측정치가 쓴맛을 평가하는 전부는 아니다. 만약 IBU가 60이더라도 맥주에 쓴맛을 상쇄하는 다른 화합물이 포함되어 있다면, IBU가 20인 맥주보다 쓴맛이 덜 날 수 있다. 또한 IBU는 맥주가 가진 쓴맛과의 관계성만 나타내는 것이지, 홉의 다른 특성에 의해 전달되는 행복감, 즉 '호피니스hoppiness'를 표현하는 것은 아니라는 것에 주목할 필요가 있다. 국제적인 쓴맛 단위는 홉이 주는 행복감의 척도가 아니며 그렇게 생각해서는 안 된다는 것이다. IBU가 100에서 200 범위인 맥주는 대부분 쓴맛이 현저하지만, 시장에는 2600IBU에 이르는 익스트림한 괴물급도 있다(그림 9.5). 이러한 점은 IBU 측정의 효용성에 대한 논란을 불러 일으켜 왔다. 왜냐하면 우리의 미각은 IBU가 단지 150 수준 이하일 때만 최근 맥주들의 다양한 쓴맛을 확실하게 분별할 수 있을 것이기 때문이다.

마지막으로 IBU와 홉 관계가 지닌 미묘함에 대해 언급할 필요가 있다. 맥주의 IBU는 너무 오래 저장하면 감소하는데, 이는 아이소-휴물론이 시간이 지남에 따라 분해되는 경향이 있음을 시사한다. 게다가 근래에는 홉을 알갱이(펠릿) 형태로 만드는 것이 일반적이다. 이 과정에서는 건조한 홉을 분쇄해서 미세분말로 만들기 위해 해머 밀을

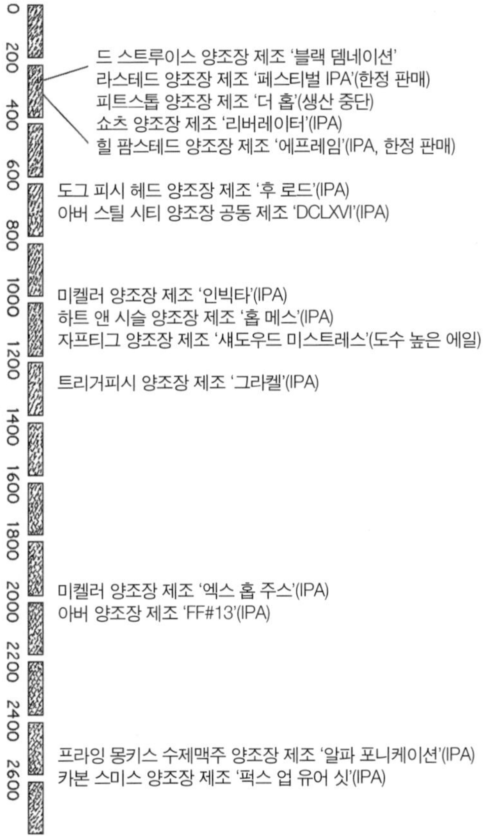
0
200
400
600
800
1000
1200
1400
1600
1800
2000
2200
2400
2600
드 스트루이스 양조장 제조 '블랙 뎀네이션'
라스테드 양조장 제조 '페스티벌 IPA'(한정 판매)
피트스톱 양조장 제조 '더 홉'(생산 중단)
쇼츠 양조장 제조 '리버레이터'(IPA)
힐 팜스테드 양조장 제조 '에프레임'(IPA, 한정 판매)
도그 피시 헤드 양조장 제조 '후 로드'(IPA)
아버 스틸 시티 양조장 공동 제조 'DCLXVI'(IPA)
미켈러 양조장 제조 '인빅타'(IPA)
하트 앤 시슬 양조장 제조 '홉 메스'(IPA)
자프티그 양조장 제조 '섀도우드 미스트레스'(도수 높은 에일)
트리거피시 양조장 제조 '그라켈'(IPA)
미켈러 양조장 제조 '엑스 홉 주스'(IPA)
아버 양조장 제조 'FF#13'(IPA)
프라잉 몽키스 수제맥주 양조장 제조 '알파 포니케이션'(IPA)
카본 스미스 양조장 제조 '퍽스 업 유어 싯'(IPA)

그림 9.5. 이 그림은 세계 최고의 쓴맛 맥주를 포함해 200~2600IBU 범위에 있는 몇몇 맥주를 보여준다. 이 외에 200IBU 아래에도 수천 종의 맥주가 있다. 그림 중 어떤 맥주는 지금 생산이 중단되었을 수도 있다.

사용하며, 미세분말은 동물 사료처럼 보이는 작은 알갱이로 압축된다. 양조 과정에서 알갱이와 구과 중 어떤 형태가 더 적절한가에 대해서는 여전히 의견이 나뉘고 있으나, 구과인 홉과 알갱이 형태의 홉 모두 각기 장단점이 있고 결국 비슷비슷하다는 평가를 받고 있다.

◆ ◆ ◆

지금까지 우리는 홉을 하나의 유형으로 취급해 왔다. 하지만 사실 홉의 종류는 많으며, 양조 과정의 종류와 단계에 따라 적합한 홉을 사용한다. 어떤 품종은 알파산이 풍부하고 특히 쓴맛이 중요하게 평가된다. 이 품종 중에는 미국에서 수제맥주 혁명이 시작되던 즈음 아이다호 대학교에서 재배된 걸리너와 몇 년 후에 워싱턴 주에서 개발된 너겟이 있어 일찍부터 사용되었다. 이 두 품종 모두 약 13%의 알파산을 함유하고 있는데, 1930년대에 영국에서 재배된 노던 브루어 같은 이전 시대 품종이 9%의 알파산을 함유했던 것에 비하면 높은 수치이다.

일반적으로 홉은 맥주에 쓴맛을 내는 역할을 하는 것으로 알려져 있지만, 대부분의 품종은 실제로 향기, 즉 '아로마' 항목으로 분류된다. 즉, 알파산 함량이 더 낮고 더 은은한 향을 내는 화합물이 더 영향력을 갖고 있는 것이다. 미국에서 잘 알려진 '아로마' 홉은 매운맛, 꽃맛, 감귤류 맛을 갖고 있는 캐스케이드를 포함한다. 그리고 전통적인 영국의 퍼글의 대안으로 종종 생각되는 컬럼비아도 포함한다. 퍼글은 여러 가지 뛰어난 영국 에일의 중추적인 요소로, 나무 향, 허브 향, 때로는 과일 향까지 제공한다. 또 다른 고전적인 영국의 아로마 홉으로는 독특한 꽃향기 같은 매운맛을 지닌 골딩이 있다.

홉 변종 중에는 알파산과 향을 모두 얻기 위해 특별히 재배된 것도 있다. 노던 브루어는 때때로 미국의 클러스터 및 독일의 펄과 함께 이 범주에 포함되는 경우가 있다. 사츠 홉은 순수한 쓴맛으로 유명한 필스너의 생산에 사용되는 전통적인 홉으로, 흥미롭게도 단지 3%의 알파산만 포함한다. 사츠는 독일의 할러타우와 테트낭어 같은 변종과 함께, 종종 쓴맛보다 향을 강하게 강조하는 '노블' 홉의 범주에 속한다. 같은 홉의 변종이 그렇게 쉽게 한 가지 이상의 범주에 분류될 수 있다는 것은 변종들의 이종번식이 얼마나 만연해 왔는지를 감안하면 아마 놀랄 일이 아닐 것이다. 예를 들어, 미국의 센테니얼 아로마 변종은 비교적 최근인 1970년대에 재배되었음에도 불구하고 3/4은 브루어스 골드이며, 3/32은 퍼글, 1/6은 이스트 켄트 골딩, 1/32은 바바리안, 그리고 1/16은 미상으로 혼성되어 있다.

따라서 제공되는 홉 변종들의 다양성은 당황스러울 수밖에 없다. 이것은 아마도 생물학자들이 홉의 조상을 규명하는 데서 효모와 보리의 경우보다 덜 진보한 이유 중 하나일 것이다. 그럼에도 불구하고 몇몇 연구는 분자 및 다른 관련 기술을 홉 계통의 문제에 적용시켰다. 비유전적인 접근이지만 매우 흥미로운 시도 중 하나로 마이클 드레셀 Michael Dresel과 그의 동료들은 약 90개의 홉 변종에 대한 117개의 화학적 특성을 조사했다. 그들은 고성능 액체 크로마토그래피(HPLC)를 사용해 홉 속에 있는 것으로 알려진 100개 이상의 화합물에 대한 화학 정보를 얻었다. 용액이 HPLC의 분리 칼럼에 흘려 보내지면 용액 중 다양한 화학물질이 서로 분리되고, 분리해서 얻은 화학물질을 이미 설명한 분광계를 사용해서 측정하면 화학적 특성을 알아낼 수 있다. 드레셀과 그의 동료들은 각 변종의 화합물을 가장 잘 분리하고 그

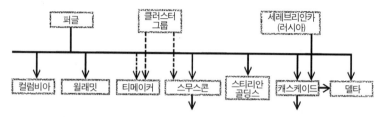

그림 9.6. 드레셀 연구그룹(2016)에 의해 작성된 홉 계통도의 일부. 연구에 사용한 변종들의 관련성이 단지 1/10밖에 되지 않는다는 것을 보여주고 있다. 아래쪽으로 향한 화살 표시는 나머지 홉 계통도와의 연결을 나타낸다.

에 대한 정량적 데이터를 얻기 위해 고안된 HPLC를 사용해 90개 이상의 홉 변종에 대한 계통도를 구축했다. 그중 10개는 그림 9.6에 나타나 있다. 아츠시 무라카미Atsushi Murakami와 그의 동료들은 엽록체의 표적 유전자에 대한 DNA 염기서열을 포함한 여러 종류의 DNA 염기서열 분석을 수행함으로써 전 세계 40개 이상의 장소에서 생육된 홉 식물들을 조사했다. 이 조사를 통해 그들은 휴물러스 루풀러스 내에는 두 개의 주요 계통, 즉 유라시아 그룹과 아시아/신세계(북미) 그룹이 있다는 것을 발견했다. 그러나 여기서도 중국의 시료들이 분류상 구분에 깔끔하게 들어맞지 않았기 때문에 두 그룹 사이의 경계가 명확하지 않다. 그러나 이것이 지금까지 이루어진 진전이다.

연구자들은 다양한 홉 변종의 게놈에는 충분한 변화가 있다는 것을 입증했다. 이러한 DNA 지문은 미래에 다른 미확인 홉 샘플들의 기원을 확인하는 데 사용될 수도 있을 만큼 다채롭다. 그러나 홉 식물의 게놈 분석은 아직 초기 단계로, 게놈 초안은 2015년에야 만들어졌다. 그리고 이 첫 번째 초안은 불완전하기로 유명하다. 그래도 이 게놈을 이용하는 것은 미래의 유전자 및 게놈 연구에 기회를 제공할 것이다. 왜냐하면 홉 게놈 데이터베이스인 홉베이스HopBase가 이미 존재하기 때문이다. 이 데이터베이스는 수확량과 곰팡이 및 바이러스 감염에 대한 유전적 저항성과 관련된 연구에 사용될 것이다. 또한 현대 맥주 양조에서 가장 중요한 역할을 하는 주목할 만한 식물의 생물학적 역사를 밝히는 데에도 사용될 것이다.

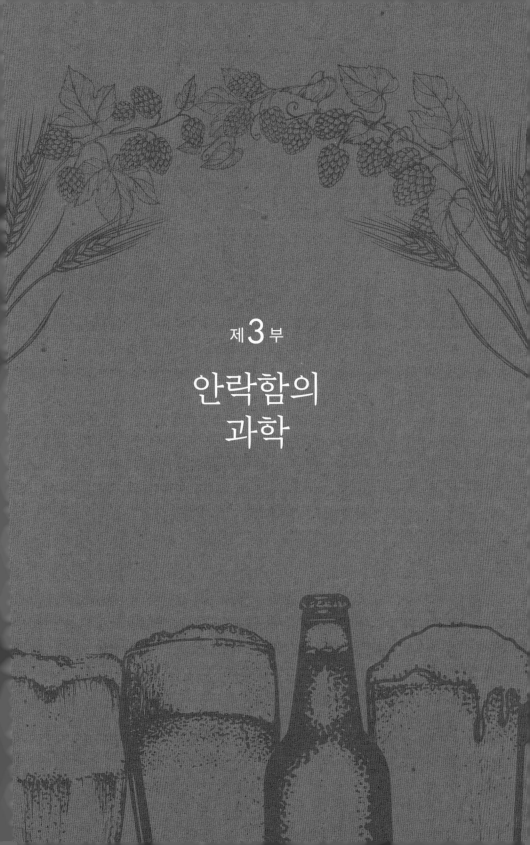

제 **3** 부

안락함의
과학

제10장

발효

최강의 독주들과 경쟁하면서 특이하게 높은 알코올 함량으로 주객을 유인하는 '맥주'들이 있다. 이 알코올 폭탄들은 대개 동결 증류법을 이용해 만들어지는데, 이는 액체 중 알코올이 적은 부분을 인위적으로 제거하는 과정을 수반한다. 발효에 대한 우리의 논의를 시작하기 위해 우리는 확실히 전통적이지 않으면서 조금 더 절제된 무언가를 맛보기로 했다. 우리는 럼주 통에서 숙성된 16.9% 알코올의 향신료를 가미한 펌킨 에일을 선택했다. 그 에일을 구리잔에 부었을 때에는 어떤 거품이나 방울도 보이지 않았으나 입에 넣자 비로소 깊은 끈적거림이 느껴졌다. 그 맛은 과일이 많이 든 럼 케이크의 맛을 보는 것처럼 부드럽고 풍성했다. 우리는 이 호박색의 명품의 맛과 120분 홉처리를 한 18% 알코올의 에일의 맛을 비교해 보았다.

대비는 완벽했다. 이는 두 맥주를 잘 결합하면 영리한 양조업자들이 많은 양의 정제 전 거친 보리 알코올을 자신에게 유리하게 이용할 수 있는 방법이 많다는 것을 보여주었다.

맥주를 마시는 데는 여러 가지 이유가 있지만, 그중 하나는 알코올 성분이 부여하는 바람직한(또는 바람직하지 않은) 효과를 다양하게 경험하기 위한 것이다. 그렇기 때문에 맥주에 대한 생물학적 설명으로 적어도 알코올 분자의 놀라운 화학 작용과 자연사를 간략하게 언급할 필요가 있다. 화학 용어가 익숙하지 않은 독자라면 '당+효모=알코올+이산화탄소' 정도의 식만 알아도 충분할 수 있을 것이다. 하지만 좀 더 자세한 내용을 원하는 독자들을 위해 설명을 계속하려 한다.

알코올의 근원이 어디에서 시작되었는지 알아보도록 하자. 알코올이라는 단어는 어떤 유기 분자들의 전체 집합을 말하는 것이기도 하다. 따라서 기술적으로 보면 많은 종류의 여러 다른 알코올 분자들이 있다. 그러나 맥주를 마시는 사람들이 관심을 갖는 특정한 알코올은 에탄올이다. 우리가 1장에서 제시한 은하수 바Milky Way Bar의 예에서 알 수 있듯이, 알코올 분자는 지구가 아닌 우주의 다른 곳에서도 자유롭게 존재한다. 하지만 분자상태로 유리된 에탄올 자체는 지구상에서 오히려 드물기 때문에 인간은 에탄올을 만드는 유기체를 찾아야 한다. 또는 실험실에서 힘들게 합성해야 에탄올을 얻을 수 있다. 맥주와 와인의 양조업자들이 당을 알코올로 변환시키기 위해 선택한 유기체는 효모인 사카로미세스 세레비시아이다.

어떤 분자의 기능은 분자를 구성하는 원자들과 그 원자들이 배열되는 방식에 따라 달라진다. 원자들의 배열은 분자의 형태(포개지는 방식)에 영향을 미치고 분자의 특성에도 영향을 미친다. 같은 화학적 조성을 가진 분자라도 공간에 원자들이 배열되는 방식이 다를 수 있고, 배열방식에 따라 다르게 반응할 수 있다. 분자와 분자의 원자들—그리고 원자의 전자들—은 화학반응식의 성분이다.

어떤 화학반응식이든 첫째 규칙은 식의 양쪽이 균형을 이루어야 한다는 것이다. 그렇지 않으면 몇 가지 흥미로운 부작용이 발생할 것이다. 화학반응식을 작성할 때, 우리는 분자를 이루는 각 원자의 원소 기호와 원자의 개수를 아래첨자로 표기한 분자식을 사용한다. 예를 들어, 한 개의 탄소(C)와 두 개의 산소(O)를 가진 이산화탄소는 분자식 CO_2로 표기된다. 그러나 이 표기는 분자의 원자들이 어떻게 배열되는지를 나타내지는 못한다. 따라서 화학자들은 분자식 대신에 '막대기와 공 모양 표기법'을 사용하는 것을 좋아한다. 이 표기법이 분자의 모양을 더 잘 묘사하고, 그 결과 분자의 기능을 이해하도록 돕기 때문이다. 이 표기법은 팅커토이처럼 보이는 동그라미와 막대기 같은 기호들을 사용한다. 원자를 상징하는 각각의 '공'은 이웃 원자에 대해 얼마나 많은 결합을 만들 수 있는지에 따라 원자에서 튀어나온 특정한 수의 '막대기'를 가지고 있다. 두 원자가 서로 결합하는 방법에는 여러 가지가 있는데, 가장 흔한 것은 두 원자가 하나의 전자를 공유하며 형성되는 이온 결합이다. 수소는 보통 하나의 결합을 만들기 때문에 하나의 결합막대를 가지고 있다. 반면 산소는 일반적으로 두 개의 결합을 만들 수 있기 때문에 두 개의 막대기를 가지고 있고, 탄소는 네 개의 결합을 만들 수 있기 때문에 네 개의 막대기를 가지고 있다. 주어진 원자에서 튀어나온 막대기의 수는 원자번호와 전자 궤도에 의해 좌우되며, 막대기와 공 표기법에서 이산화탄소는 다음과 같이 표기된다: O=C=O. 두 개의 산소 원자로부터 각각 두 개씩 총 네 개의 결합이 있으므로 탄소 원자는 총 네 개의 결합을 가진다.

이 표기법은 평면적이지만 실제 분자는 공간에 3차원 구조로 존재한다. 그래서 우리는 분자가 표기법상 갖는 구조와 실제 자연에서의 형태(막대기와 공)를 구별할 필요가 있다. 이산화탄소의 경우 3차원 구조는 선형적으로 배열되기 때문에 표기법과 유사하다. 그러나 다른 많은 분자는 서로 특정한 각도로 연결된 원자들로 이루어진 진정한 3차원 구조를 갖는다. 이러한 3차원 구조는 양조에서 핵심적인 요소이다. 발효가 일어나는 분자 수준에서는 분자의 크기와 모양의 적합성이 알코올을 생성하는 반응을 촉진하는 관건이기 때문이다. 자연계의 반응은 반드시 어떤 원자가 관여하는가를 따지기보다는, 오히려 각 분자의 외부 형태에 따라 진행된다.

대부분의 약의 성분처럼, 에탄올도 아주 작은 분자이다. 실제로 에탄올의 분자량(원자량의 합)은 46으로, 가장 작은 처방약인 히드록시우레아(분자량 76)보다도 작다. 알코올은 그림 10.1과 같이 중심 탄소 원자를 가지고 있다. 위에서 언급한 바와 같이 하나의 탄소 원자가 네 개의 결합을 만들 수 있으므로 전형적인 알코올 분자에는 중심 탄소로부터 나오는 네 개의 팔이 있다. 네 개의 팔 중 하나는 모든 알코올에서 항상 동일하게 OH(또는 수산기) 그룹과 결합한 것이다. 그림의 R은 수소원자 또는 다른 유기 분자일 수도 있고, 메틸 그룹(CH_3)이라고

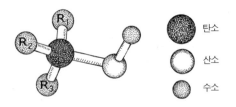

탄소

산소

수소

그림 10.1. 왼쪽: 알코올 분자의 모형. R은 가운데 위치한 탄소에 결합된 그룹을 나타낸다. 알코올 분자의 변하지 않는 부분은 수산기(OH)이다. 메탄올에서 R은 모두 수소인 반면, 에탄올에서는 R1, R3는 수소이고 R2는 메틸기(세 개의 수소와 결합한 하나의 탄소 원자)이다.

불리는 더 복잡한 분자 곁사슬일 수도 있다. 만약 세 개의 R이 모두 수소라면, 이 분자는 메탄올이라 불린다(메탄올은 매우 독성이 강하며, 실명과 사망을 일으킬 수 있기 때문에 조심해야 한다). 그러나 단순히 메탄올에 함유된 수소들 중 하나를 CH_3로 바꾸는 것만으로 이 분자는 치명적인 메탄올에서 즐거움을 주는 에탄올로 변환된다.

다른 두 종류의 알코올, 부탄올과 프로판올은 발효 과정에서 오염으로 인해 원하지 않는 박테리아와 효모가 들어간 경우 생성되기 때문에 양조업자들에게 중요하다. 이 알코올들은 신경계에 대해 독성이 있기 때문에 생성되어서는 안 되는 것이다. 이 알코올들은 주로 셀룰로오스가 분해될 때 생성되며 맥주의 양조 과정에서는 배제되어야 한다.

효모는 맥아의 당을 분해해 맥주의 알코올을 생산한다. 이 당들 중 가장 친숙한 것은 달콤한 커피를 위해 사용하는 자당이다. 또한 비슷한 종류의 분자로는 맥아당과 유당이 있다. 이 세 가지 모두 이당류인데, 이당류는 단당류라고 불리는 덜 복잡한 당을 결합해 만들어진다

(일부 더 복잡한 다당류 당 또한 양조업자들의 관심을 끌긴 하지만 일반적인 일은 아니다).

당의 기본 구조는 탄소들로 이루어진 고리이다. 단당류 당의 고리에는 다섯 개 또는 여섯 개의 탄소가 있을 수 있다. 고리에 있는 두 개의 인접한 탄소는 그 사이가 단일 결합으로 이루어져 있다. 또한 각각 그 옆에 있는 또 다른 탄소와 결합을 하기 때문에 각 탄소에는 다른 결합을 할 수 있는 두 개의 자리가 남는다. 이 자리들을 H나 OH가 다양한 조합으로 고리의 위아래로 결합해 당의 화학적 균형을 맞춘다. 모든 당이 다 같은 맛을 내는 것은 아니다. 왜냐하면 고리의 탄소들에서 위아래로 튀어나와 있는 다른 그룹들은 각각 독특한 형태로 혀에 있는 미각 수용체와 상호작용하기 때문이다. 11장에서 혀의 서로 다른 미각 수용체를 자극해 맛을 내는 방법에 대해 자세히 살펴보겠지만, 기본적인 개념은 맛의 근원이 분자(이 경우는 당)의 형태에 좌우된다는 것이다.

고리에 여섯 개의 탄소가 들어 있는 단당류인 포도당을 생각해 보자(그림 10.2). 화학자들은 시계판의 숫자처럼 고리에 있는 탄소에 번호를 매기는데, 3시 방향 탄소를 시작으로 1부터 6까지 번호를 부여한다. 고리의 탄소에서 위아래로 튀어나와 있는 H 또는 OH 그룹의 배열 순서는 당의 전체적인 구조를 규정하는 데 결정적인 요소이다. 포도당 분자에서는 탄소 1에서 4까지의 OH 그룹의 순서가 아래, 아래, 위, 아래이다. 포도당의 둘째 OH를 위아래로 뒤집으면 마노스라는 당이 아래, 위, 위, 아래로 만들어지는데, 이것의 맛은 달콤하지만 불안정해서 자연에서는 찾아볼 수 없다. 탄소 1과 탄소 2의 OH를 위

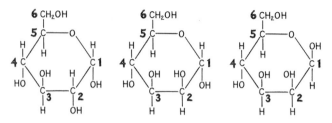

그림 10.2. 왼쪽: 포도당의 화학적 구조. 탄소(C) 1부터 4까지 수산기 OH의 순서가 아래, 아래, 위, 아래라는 점에 유의하자. 다른 당류는 OH의 배열이 다르다. 가운데 그림은 불안정한 마노스의 구조(아래, 위, 위, 아래), 오른쪽은 쓴맛의 디마노스의 구조(위, 위, 위, 아래)를 나타내고 있다.

로(위, 위, 위, 아래) 올리면 쌉쌀한 맛의 마노스가 만들어진다. 이와 같이 화학적 구성과 일반적 구조가 같은 당 고리에서 곁 그룹들의 배열을 바꾸는 것만으로 두 개의 반대되는 맛을 낼 수 있다. 탄소 1, 2, 3, 4의 OH 그룹을 배열할 수 있는 방법은 정확히 16가지이다. 이들은 기본적인 화학적 구성에는 차이가 없지만 우리의 미뢰에 미치는 영향은 극적으로 다를 수 있다.

식물은 광합성에 의해 생성되는 에너지를 저장하는 놀라운 방법을 발전시켜 왔다. 식물은 물과 같은 물질로부터 전자를 떼어내고 이 전자를 이산화탄소와 탄소가 포함된 더 큰 다른 분자를 만드는 과정에 재순환시키는데, 이 분자에 에너지가 화학적 형태로 저장된다. 당은 이 과정의 최종 생산물이기 때문에 식물은 포도당과 포도당으로부터 만들어진 다른 긴 사슬 분자의 형태로 향후 사용을 위한 막대한 양의 에너지를 저장할 수 있다. 이 긴 사슬의 분자는 전분과 섬유소를 포함하는데, 이 분자는 우리의 미뢰가 반응하기에는 너무 크기 때문에 우리 몸이 느낄 만한 어떤 맛도 결여되어 있으며 체내에서 효율적으로 분해될 수 없다.

전분은 두 종류의 분자로 이루어져 있다. 첫째는 아밀로오스로, 글리코시드 결합이 하나의 포도당과 다른 포도당을 연결하고 있는 단순하고 곧은 사슬 분자이다. 둘째는 아밀로펙틴인데, 부분적으로는 선형이지만 전분의 더 큰 분자를 만들기 위해 갈라진 가지를 형성하기도 한다. 전분 중 아밀로펙틴과 아밀로오스가 차지하는 비율은 3 대 1 정도인데, 일단 식물 세포에서 분리해 내면 분말성 물질이 된다. 이와는 대조적으로 섬유소는 포도당 사슬로 구성되어 있는데, 이 사슬들은 때때로 구조적으로 단단한 격자체를 형성한다. 섬유소는 종이의 원료이고 상추와 같은 음식의 주요 성분이기도 하다(섬유소는 우리의 소화 작용에 의해 거의 분해되지 않기 때문에 섬유질 식품인 상추와 잎이 많은 녹색 채소들을 식단에 포함시키도록 권고된다). 살펴본 것처럼 비록 섬유소와 전분은 둘 다 포도당 분자의 긴 사슬로 이루어져 있지만 이 둘은 전혀 다르게 반응한다. 이는 매우 중요한 사실이다.

이 긴 사슬의 분자인 전분은 양조의 원료이다. 왜냐하면 정말 운 좋게도 자연은 전분을 더 작은 당으로 전환시킬 수 있는 능력이 있고 더 작은 당은 효모의 작용으로 알코올로 변환되기 때문이다.

◆ ◆ ◆

수확한 보리 알갱이 속은 그 안에 있는 배아의 영양분이 되기 위한 전분의 긴 분자들로 가득 차 있다. 효모는 전분을 분해하는 데 필요한 효소 생산 장치를 가지고 있지 않기 때문에 이 분자들만으로는 발효에 무용지물이다. 배아가 성장할 준비가 되었을 때, 보리 알갱이는 가득 차 있는 긴 전분 분자 일부를 배아가 사용할 수 있는 더 작은 당과 더 작은 전분 분자로 분해하기 위해 내놓는다. 보리 알갱이 자체에는 포도당, 맥아당, 말토트리오스 등 다양한 종류의 당을 만드는 데 사용하는 효소 세트가 장착되어 있다. 배아의 성장 과정이 일찍 중단되면 효소는 작동을 멈추고, 만들어진 당과 짧은 전분 분자는 알갱이 속에 그냥 남아 있게 된다.

맥아 제조자는 보리 알갱이를 물에 담금으로써 배아가 성장할 때가 되었다고 인지하게 하는 속임수를 쓴다. 이를 통해 효소가 배아에 필요한 영양분을 공급하기 위해 긴 사슬의 전분을 분해하는 과정을 촉발시킨다. 만들어진 당과 짧은 전분들로 보리 알갱이가 꽉 차 부풀어 터질 듯할 때, 맥아 제조자는 보리 알갱이를 가열해 건조시킴으로써 그 과정을 멈추게 한 다음 그 알갱이를 오븐에서 굽는다. 건조 시간은 맥아화된 알갱이에 원하는 색과 맛을 주기 위해 다양하게 조절된다. 맥아 제조자는 이러한 단계가 언제 어떻게 진행되는지 그 과정을 정확히 조절함으로써 전분 대 효소의 비율을 조절할 수 있는데, 이것은 양조 과정의 다음 단계를 위해 중요하다.

양조업자는 싹이 튼 보리 알갱이 속에 있는 모든 당을 원활하게 뽑아내기 위해 알갱이를 으깬다. 알갱이를 으깨는 과정에는 몇 가지 단계가 있다. 그 첫 번째 단계는 맥아화한 보리를 찬물에 담그는 것인데 이 과정은 당의 젤라틴화를 유발시킨다. 젤라틴화가 당을 뽑아내는 데 있어 필수적이지는 않지만 다음 단계에서 으깨진 알갱이를 가열해

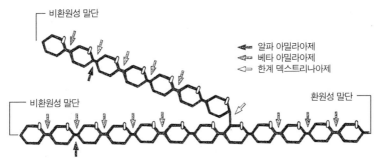

비환원성 말단

알파 아밀라아제
베타 아밀라아제
한계 덱스트리나아제

비환원성 말단

환원성 말단

그림 10.3. 아밀라아제 및 한계 덱스트리나아제가 긴 사슬의 전분 분자를 단일고리 단당류 당으로 자르는 방법. 화살 표시는 특정 효소가 긴 사슬의 전분 분자 중 어디를 자르는지 보여준다.

부풀어 오르면 젤라틴화가 본격적으로 진행되고 당의 방출 속도가 빨라진다.

일정 온도 범위에서 으깸은 맥아 내의 효소를 활성화시키는 효과도 얻을 수 있다. 이러한 효소들(알파 아밀라아제, 베타 아밀라아제, 한계 덱스트리나아제)은 긴 사슬의 전분을 따라 미끄러져 움직이는 작은 기계처럼 작용해 당 고리 사이의 결합을 잘라낸다. 그림 10.3에는 전분 사슬에서 작업 중인 이 세 가지 효소가 묘사되어 있다. 전분 분자들은 전적으로 선형(아밀로오스)이 되든지 또는 갈라진 가지(아밀로펙틴) 형태가 될 수 있다. 이 전분 분자들을 싹둑 자르는 효소는 아밀로오스와 아밀로펙틴 모두에 작용하는 알파 아밀라아제 및 베타 아밀라아제이다. 셋째 효소인 한계 덱스트리나아제는 아밀로펙틴의 분지점을 잘라내고 곁사슬을 제거해 이러한 녹말 분자들의 크기를 줄인다. 그 결과 걸쭉한 용액은 포도당과 같은 단일고리 단당류 당으로 꽉 채워지는데, 이를 맥아즙 또는 맥즙이라고 부른다.

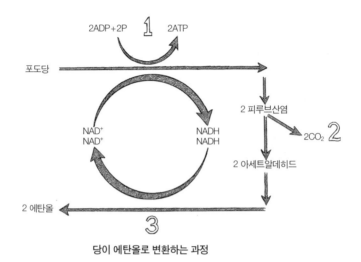

2ADP+2P　1　2ATP

포도당

NAD⁺　NAD⁺　NADH　NADH

2 피루브산염

2CO₂　2

2 아세트알데히드

2 에탄올　3

당이 에탄올로 변환하는 과정

그림 10.4. 발효 과정. 세 개의 숫자(1, 2, 3)는 두 개의 '분자기계'(1과 2)와 효모가 당을 에탄올로 변환시키는 데 관련된 화학반응(3)을 나타낸다.

이 맥아즙에 홉이 가미되는 과정이 진행되고 나면 맥아즙의 당은 다음 과정에서 효모에 의해 알코올로 변환되는 과정에 사용된다. 8장에서 논의한 바에 따르면 효모는 작은 당을 영양분으로 섭취하고 이 당을 또 다른 세트의 효소를 사용해 분해하도록 진화해 왔다. 그림 10.4는 양조하는 중에 효모들이 당을 알코올로 변환하는 세 가지 하위 과정(1, 2, 3)을 보여주고 있다. 변환은 실제로 두 개의 복잡한 분자기계(1과 2)와 하나의 간단한 화학반응(3)으로 진행된다.

첫 번째 분자기계는 포도당과 같은 당을 상대적으로 작은 분자인 피루브산염pyruvate으로 만든다(그림 10.5). 피루브산염은 두 번째 효소기계에 의해 더 작은 분자인 아세트알데히드로 변환된다. 그리고 마

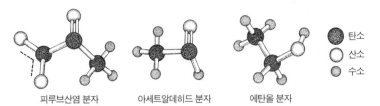

	탄소
	산소
	수소

피루브산염 분자   아세트알데히드 분자   에탄올 분자

그림 10.5. 발효의 세 가지 생산물. 왼쪽은 피루브산염 분자로, 막대와 공 그림의 점선은 각 꼭지 위치의 탄소와 결합하는 두 개의 산소가 하나의 전자를 공유한다는 것을 나타낸다. 피루브산염의 반응성이 큰 것은 이러한 배열 때문이다. 알코올을 만들 때 피루브산염을 분해하는 효소의 분자기계를 카르복시이탈효소라고 하는데, 그것은 카르복시기를 떼어내며 이산화탄소(CO_2)를 배출하기 때문이다. 이산화탄소 배출은 거품 발생 또는 탄산 포화를 야기한다. 가운데는 아세트알데히드 분자로, 오른쪽 탄소에 결합된 이중 결합 산소를 제외하고는 알코올과 많이 닮았다. 에탄올의 최종 구조에 도달하기 위해서는 수소 분자를 첨가해 산소의 이중 결합을 깨뜨려야 한다. 에탄올이 되기 위해 알데히드가 해야 할 일은 전형적인 양성자 제공 분자인 NADPH에서 나오는 양성자 하나를 얻는 것밖에 없다.

지막으로 아세트알데히드는 간단한 화학반응을 통해 알코올로 변환된다. 첫 번째 분자기계는 복잡한 것으로, 당분해glycolysis라고 불리는 과정을 수행하는 더 큰 분자기계와 연결된 아홉 개의 단백질을 포함한다. 첫 번째 분자기계의 일부인 아홉 개 효소의 기능은 주로 반응 분자에 인산염(P)과 같은 분자를 첨가하거나 결합을 깨는 것이다. 이 모든 과정에서 중요한 분자는 니코틴아미드 아데닌 디뉴클레오티드 인산염 산화 효소(NADPH)라고 불리며, 아데노신 삼인산염(ATP)의 도움을 받아 분자 주위의 양성자들이 이동하도록 돕는다.

◆ ◆ ◆

지금까지 효모에 의한 발효가 어떻게 진행되는지 살펴보았다. 그러나 효모만 발효에서 중요한 역할을 하는 것은 아니다. 발효의 비결을 터득한 몇몇 박테리아도 있다. 효모처럼 이 박테리아들도 당분해를 통해 피루브산염 분자를 생성하지만, 피루브산염을 처리하는 데서 효모와는 다른 자신만의 방법을 갖고 있다. 효모와 달리 박테리아처럼 산소가 없거나 알데히드 탈탄산 효소가 없을 때 반응성 피루브산염은 NADPH에서 하나의 전자를 획득해 NADP를 생성한다. 이때 피루브산염은 전자가 첨가됨에 따라 감소하고 그림 10.5에 나타난 바와 같이 젖산이라고 알려진 작은 분자로 변환된다.

이러한 변화는 피루브산염 분자에 있는 가운데 탄소에서 일어난다. 즉, 피부르산염 분자 중 이중 결합 산소가 수소를 차지해(화학적 용어로는 '환원') 가운데 탄소에서 밖으로 튀어나온 OH 작용기를 형성한 것이다. 이 과정에서 NADP가 생성되는데, 이것은 당분해를 통해 재활용될 수 있다. 이와 같이 박테리아 세포는 자신이 갖고 있는 전자들을 이용하는 경제적이고 진화적으로 독특한 방법을 찾아냈다.

젖산과 에탄올은 각각 박테리아와 효모에 의한 발효 생산물들이다. 이 두 분자는 화학적 구성이 상당히 유사하면서도 서로 다른 독특한 분자 모양 때문에 맛이 매우 다르다. 박테리아에 의한 발효는 원하지 않는 발효라서 일반적으로 맥주의 흠으로 여겨지지만, 항상 그렇지는 않다. 실제로 독일의 베를리너 바이스와 같은 일부 전통 맥주는 브레타노미세스 에일 효모(다양한 맛을 내는 효모)와 젖산간균이나 페디오코쿠스균속의 박테리아 종을 첨가해 생산하기도 한다. 브레타노미세스는 뚜렷한 맛을 주는 감각적인 방법으로 맥주의 맛을 살린다.

브레타노미세스 효모는 알코올 외에도 발효 중에 세 가지 주요 화합물을 생산한다. 바로 살균력이 있는 4-에틸 페놀, 그을린 냄새/맛의 4-에틸 과이어콜, 치즈의 향/맛의 아이소 발레르산으로, 이들은 브레타노미세스 맥주가 지닌 독특한 특성에 일정한 역할을 한다. 브레타노미세스는 일반 다른 효모보다 발효 속도가 매우 느리기 때문에 양조시간이 훨씬 길다. 당연히 이런 다양한 자연 발효제를 능숙하게 다루는 것은 맥주 양조업자의 믿음직한 비결 중 하나이다. 기존과 다른 효모 변종, 다양한 맥아화 및 으깸 기법을 사용하고, 당을 사용하는 다른 유기체를 첨가하거나 받아들임으로써 맥주 생산자는 다양한 특성, 맛, 향을 가진 놀라운 영역의 맥주들을 창조해 낼 수 있다.

◆ ◆ ◆

하지만 이 다양한 맥주 각각에는 알코올이 얼마나 들어 있을까 생각해 보자. 6장에서는 알코올 함량을 정량하기 위한 방법으로 발효 전과 발효 후 비중 측정 기법에 대해 언급했다. 맥아즙 단계에 있는 당이 알코올과 이산화탄소로만 전환된다고 가정하면 발효 후 비중은 단위 부피당 당의 알코올 변환을 반영한다. 그 결과 특정 맥주가 얼마나 알코올을 함유하는지에 대한 추정치를 알 수 있다. 간단한 식을 이용하면 이러한 비중 측정값을 부피당 알코올alcohol by volume(ABV)과 무게당 알코올alcohol by weight(ABW)로 변환할 수 있다. ABV는 가장 자주 인용되는 수치이다. 알코올 함량이 9% 이상으로 증가하면 이러한 방법을 사용하는 경우 점점 더 오차가 발생하지만 9% 이내의 알코올 농도 범위에서는 일반적으로 추정치와 일치하며 상당히 정확하다.

부피당 알코올(ABV)에 대한 식은 다음과 같다. ABV=132.715×(OG-FG). 여기서 OG는 발효 전 시작 비중이고, FG는 발효 후 최종 비중이며, 132.715는 비중을 알코올 백분율로 변환하기 위한 비결인 '마법의 숫자' 또는 상수이다. 따라서 초기 OG가 1.066이고 최종 비중이 1.010이면 ABV는 0.056×132.715, 즉 7.43% ABV가 된다.

무게당 알코올(ABW)은 동일한 입력 숫자로 계산되지만 무게당 알코올 비율을 반영하는 다른 '마법의 숫자'를 사용해 계산된다. ABV는 다음과 같은 식을 통해 ABW로 변환될 수 있다. ABW=ABV×0.79336. 즉, 같은 맥주의 경우 ABW는 7.43×0.79336=5.894% ABW가 된다.

비록 이러한 계산 값이 도처에 있는 양조업자들과 맥주 애호가들에게 중요하더라도, 일반 맥주 애호가들이 명심해야 할 가장 중요한 사실은, 우리가 마시고 있는 모든 맥주는 살아있는 생명체들에 의해 조작되는 10억의 10억 배에 달하는 화학반응의 결과물이라는 것이다. 즉, 맥주는 살아 숨 쉬는 생명체인 것이다.

제11장

맥주와
감각

땅딸막한 갈색 병과 라벨의 네오고딕 서체는 예스러웠고
특이한 내용물이 있을 것 같았다. 그리고 실제로 그랬다. 이
맥주는 독일 중부지역에 위치했던 프랑켄에서 유래한
고전적인 '스모크 비어'로, 라거 효모를 사용했지만 태곳적
방식인 너도밤나무를 불 태워서 짙게 그을린 농색 맥아를
사용해 양조했다. 그것은 깊고 짙은 밤나무 빛깔을 띠었지만
마치 프랑코니아 교회의 종소리처럼 청아했다. 거품은 재빨리
사라졌지만, 마치 피어오르는 연기의 한 줄기를 연상시키는
실오라기 같은 흔적을 유리잔 벽에 남겨두었다. 잔에 마지막
한 방울이 남아 있을 때까지 머물러 있는 몹시 자극적인 연기
향과 맛이 코와 입안에 가득했다. 우리는 눈을 감을 수 있었고
배경에서 장작불이 타면서 내는 탁탁 소리를 들을 수 있었다.
이 맥주는 순수법을 따라 양조되었을 수도 있지만, 현대의
필스너 스타일의 라거와는 거리가 멀었다.

맥주를 마실 때 느끼는 감각의 경험은 아이스박스에서 맥주병을 꺼내어 병의 차가움을 느끼고 라벨의 색을 볼 때부터 시작된다. 하지만 당신의 감각은 이제 막 그 맥주와 함께 자신들의 여행을 시작했을 뿐이다. 시각과 아마도 상대적으로 경시되는 감각인 온도 감지 감각 모두는 해석을 위한 메시지를 이미 서둘러 뇌로 보내고 있다. '이 맥주가 네가 원하던 맥주야? 너무 차가운 거 아냐?'

마침내 병의 마개가 열리면 여러 감각적인 이벤트가 발생한다. 잘하면 '펑' 하는 멋진 소리를 들을 수 있고, 이어서 병 속의 맥주를 가압했던 이산화탄소 배출로 인해 '쉬' 하는 소리가 이어진다. 맥주를 잔에 따를 때에는 시각과 청각의 기능이 다시 작동해서 맥주의 빛깔과 투명함(투명하지 않을 수도 있지만), '콸콸' 하고 잔을 채우는 소리를 즐길 수 있다.

다음으로 맥주를 입으로 가져가면 코에 향기가 가득 넘친다. 입술이 잔에 닿으면서 신경세포의 정보가 쇄도하고 이어서 차가운 무언가가 목구멍을 타고 내려오고 있다는 것을 뇌에 알려준다.

입술의 접촉 수용 세포는 잔을 입술의 편한 위치로 안내한다. 잔을 기울이면 상황이 부산해진다. 혀의 미뢰에 있는 미각 수용기 분자들은 자신들을 덮으며 가로질러 밀려가는 분자들의 정보를 수집하기 시작하고, 맥주의 짠맛, 단맛, 쓴맛, 신맛에 대한 정보를(운이 좋다면 '감칠맛'에 대한 정보까지, 감칠맛은 미각 수용기가 가지고 있는 다섯째 맛인 '풍미'이다) 뇌로 보낸다. 그러면 맥주가 지닌 포화 탄산의 맛을 느낄 수 있을 것이며, 만약 알코올의 농도가 충분히 높다면 심지어 알코올의 맛도 느낄 수 있을 것이다.

맥주가 목구멍의 끝단에 이르면 맥주는 새로운 여정의 국면을 맞이하겠지만, 아직 입에서는 차가움을 느끼는 수용기가 다시 작동할 것이며 입 뒤쪽에 있는 맛 수용기의 일부도 자극을 받고 있을 것이다. 맥주를 삼킬 때 조금 역류하는 것은 혀를 적시면서 뇌에 더 많은 정보를 보낼 것이다. 이때 맥주가 기분을 좋게 했다면 뇌는 맥주를 좋아하기 시작해서 다시 잔을 들게 할 것이다. 그러나 만약 맛이 형편없다면, 예를 들어 노린내가 나거나 김이 빠져 있다면 다시 잔을 드는 것을 꺼리게 할 것이다. 어느 쪽이든 맥주를 삼키는 행위에서 뇌는 사실상 모든 기본적인 감각으로부터 얻은 많은 정보로 넘쳐난다고 해도 무방하다. 맥주가 내장에 흡수된 후에야 비로소 뇌는 알코올 성분의 영향을 받기 시작할 것이다(12장과 13장 참조).

뇌가 외부세계로부터 받는 모든 정보는 신경계에서 주고받는 '통화'에 해당하는 전기적 임펄스를 통해 감각 계통으로부터 전달된다. 이 전기적 임펄스들은 신체의 멀리 퍼져 있는 부분으로부터 정보를 뇌로 전달하고 다시 전달받는 매우 효과적인 생리학적 시스템의 일부분이다. 저명한 과학자 프랜시스 크릭Francis Crick은 뇌에서 생산되는 물질(뇌 자신의 독특한 의식 형태를 포함해)은 "전적으로 신경세포, 아교세포, 그리고 그 세포들을 구성하고 영향을 미치는 원자, 이온, 분자의 작용 때문"이라고 말한 적이 있다. 이 언급은 맥주 한 잔을 마시더라도 똑같이 적용된다. 맥주에 대한 우리의 반응은 지금 어떤 일이 일어나고 있는지 놀라운 통찰력으로 상세하게 해석하고 있는 뇌의 특정 부분에 흐르는 전기적 임펄스 그 이상도 이하도 아니다.

우리는 맥주를 우리의 감각 시스템이 지각 작용을 통해 포착하고 해석하는 신호원으로 볼 수 있다. '5대 감각' 중 시각, 미각, 후각의 세 가지는 맥주를 즐기는 데 분명히 관여하지만, 청각, 촉각, 온도의 지각 능력도 이 음료의 감각 경험에서 중요하다. 13장에서 우리는 알코올음료가 우리 몸의 균형 감각에도 상당한 영향을 미칠 수 있다는 것을 설명할 것이다. 즉, 맥주를 마시는 것은 결국 우리 몸의 감각 전부에 영향을 미치는 것이다.

◆ ◆ ◆

병뚜껑을 딸 때 나는 '펑' 하는 소리와 맥주 캔을 딸 때 나는 '딸깍' 하는 소리는 바깥귀에 모이는 흐트러진 공기의 파장에 지나지 않는데, 이 바깥귀는 귀 안쪽으로 여행하는 데 필요한 소리를 모으기 위한 천연 깔때기 같은 역할을 한다.

소리를 측정할 수 있는 방법에는 약 12가지가 있다고 하는데, 주파수(음 높이)와 음량(소리의 강도)을 측정하는 방법이 가장 일반적이며 측정단위는 각각 헤르츠(Hz)와 데시벨을 사용한다. 모든 파장과 마찬가지로 병을 딸 때 병 속의 공기 배출에 의해 야기되는 '펑' 소리는 주파수와 강도를 모두 가질 것이다. 인간이 감지할 수 있는 주파수 범위는 약 20Hz에서 2만Hz이다. 낮은 쪽 끝의 주파수로는 파이프 오르간의 낮은 음을 들을 수 있다. 우리는 약 20Hz인 이 소리를 들을 수 있다. 인간의 정상적인 대화 소리의 주파수는 약 500Hz이고, 「이모션Emotions」의 끝 부분을 노래하는 머라이어 캐리의 휘파람 소리는 약 3100Hz이며, 심벌이 부딪치는 소리 주파수는 약 1만Hz이다.

맥주병을 딸 때 발생하는 소리는 수천 헤르츠로 비교적 음이 높다. 음량의 단위 데시벨은 음원으로부터의 거리에 따라 좌우되기 때문에 상대적인 척도이다. 그러나 맥주병이나 캔을 따는 데서는 아마도 헤르츠보다 데시벨이 더 관심을 가질 것이다. 인간이 인내할 수 있는 음량의 영역은 대체로 0에서 140데시벨 정도까지인데, 이 영역의 끝단에 이르면 물리적으로 안쪽 귀 기관이 위태로워질 수 있다. 소곤거림은 20데시벨 정도이고, 정상적인 대면 대화는 60데시벨 정도에서 진행된다. 착암용 드릴은 약 100데시벨의 소리를 내고, 제트기는 약 130데시벨을 발생시키며 이륙한다. 맥주병을 딸 때는 약 50데시벨에서 60데시벨의 소리가 발생하는 것으로 파악된다. 맥주를 따르는 소리는 병을 따는 것보다 헤르츠와 데시벨 수준이 낮지만 여전히 들을 수 있는 영역이다. 만약 병 따는 소리를 듣지 못했는데 병이 열려져 있으면 우리는 이상하게 여길 것이다.

맥주를 딸 때 나는 소리의 파장, 잔에 따르는 동안 포화 탄산이 내는 꼴깍꼴깍 소리, 잔에 채워진 후 나는 미묘한 발포 소리 등이 모두 안쪽 귀에 도달하고 고막에 모인다. 그러면 고막의 진동은 흔히 추골, 침골, 등골로 알려진 안쪽 귀에 있는 세 개의 작은 뼈와 기계적으로 상호작용한다. 고막에서 추골, 침골, 등골에 이르기까지 일련의 기계

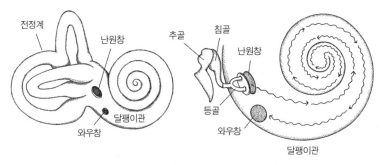

그림 11.1. 왼쪽: 달팽이관과 전정계 또는 평형 기관(반고리관)의 관계. 오른쪽: 안쪽 귀에 있는 세 개의 뼈, 추골, 침골, 등골을 지닌 달팽이관과 난원창 및 와우창의 관계.

적인 상호작용을 통해 고막에 부딪히는 파동의 특성이 달팽이관이라는 안쪽 귀의 기관으로 더 깊이 전달된다(그림 11.1). 달팽이관에는 신경세포에 자리 잡은 섬모들이 줄지어 있으며, 음파의 특성을 기계적으로 달팽이관에 전달하기 위해 등골이 피스톤처럼 움직이는 데 따라 반응하는 액체로 채워져 있다. 달팽이관의 액체가 움직이면 섬모들은 특정한 소리에 대해 특정한 방법으로 구부러짐으로써 반응한다. 섬모들이 연결된 신경세포는 그에 따라 반응하고, 그 정보는 앞에서 논의한 전기적 펄스신호를 통해 뇌로 전달된다.

우리가 어떤 소리를 어떻게 해석하느냐 하는 데에는 기억과 감정이 중요하게 작용한다. 그리고 사회 과학자 찰스 스펜스Charles Spence의 연구에 따르면 우리 뇌의 몇 가지 까다로운 특성이 이 과정에 관여한다. 스펜스와 그의 동료들은 초콜릿 바의 이름이 그 초콜릿 바의 맛에 대한 생각과 어떤 상관관계가 있는지에서부터 음료수 캔의 색깔 또는 식품 포장을 열 때의 바스락거리는 소리가 소비자 선호도에 어떤 영향을 주는지에 이르기까지 모든 것을 조사했다.

그들은 맥주를 딸 때의 펑 소리를 포함해 많은 병따개 소리와 맥주 따르는 소리를 시험했다(네덜란드 맥주 그롤시의 세라믹 뚜껑이 가장 선호하는 사례였다). 스펜스와 그의 동료들은 이 소리들을 온도, 탄산 포화, 점도의 세 가지 초분절적 요소로 분류했다. 믿거나 말거나이긴 하지만, 아는 것이 많은 음주가들은 맥주 따르는 소리만으로도 맥주가 차가운지 따뜻한지, 심지어 탄산이 잘 포화되어 있는지 알아챌 수 있다. 점도의 차이가 충분히 크면 소리로 이 차이를 구별할 수 있다. 이런 점을 감안하면 우리는 단지 따르는 소리만으로도 당장 마시려는 맥주에 대해 꽤 좋은 인상을 받을 수 있을 것이다.

◆ ◆ ◆

맥주의 첫 모금이 우리에게 여러 정보를 주는 것과 마찬가지로 잔에 따른 맥주의 외관도 우리에게 여러 가지 정보를 알려준다. 이를테면 새로 따른 라거 잔을 응시하고 있다고 하자. 모든 파장의 빛은 여러 방향에서 라거에 부딪힐 것인데, 어떤 빛은 튕겨 나가고 어떤 빛은 흡수될 것이다. 잔 속의 라거는 황금빛 노란색을 띠기 때문에 570나노미터에서 590나노미터(황금색의 파장) 사이의 파장은 튕겨 나가고 그 외의 빛은 맥주에 흡수될 것이다. 570나노미터에서 590나노미터 사이의 모든 빛은 반사되는데, 이 빛이 바로 눈의 망막과 충돌하면서 맥주의 색상을 알려준다. 잔 주위의 물체로부터 반사되는 빛, 잔을 통해 이동하는 빛(맑은 라거를 보고 있는 경우), 유리 주위의 그림자에 관한 정보도 망막에서 뇌로 보내질 것이다. 이것이 눈앞 시야에 있는 모양과 물체에 대한 정보이다.

눈은 복잡한 구조로 이루어져 있는데, 그중에서 망막이 가장 중요하다. 망막은 눈 뒤쪽에 있는 세포의 한 영역으로, 일부 과학자들은 실제로 뇌의 일부라고 주장한다. 망막은 간상세포와 원추세포라고 알려진 두 가지 종류의 주요 세포를 포함하고 있는데, 간상세포는 약 1억 2000만 개이고 원추세포는 600만 개에서 700만 개에 이른다. 이 세포들은 외부 세계에서 들어오는 빛에 대한 정보를 시신경을 통해 뇌로 전달한다. 간상세포는 보는 빛의 일반적인 특성에 대한 정보를 수집하고 전송한다. 간상세포는 망막의 다른 세포보다 약한 빛에서 더 잘 기능하고, 따라서 야간 시력을 가능하게 한다. 원추세포는 적색, 녹색, 그리고 청색 색소를 가진 세 가지 주요 유형으로 존재하는데, 감지를 담당하는 색으로 이름을 지었다. 간상세포와 원추세포는 모두 옵신이라고 불리는 분자를 통해 빛으로부터 정보를 수집한다. 간상세포에 있는 주요한 종류의 옵신은 로돕신이라고 불린다. 원추세포는 적색 옵신L cone, 녹색 옵신M cone, 청색 옵신S cone이라고 불리는 자신만의 옵신 종류를 가지고 있다.

옵신은 세포막에 내재된 단백질이다. 각 옵신은 단백질 주머니 속에 자리 잡은 레티날(비타민 A 동류)이라는 작은 분자를 갖고 있다. 레티날은 빛을 받으면 반응하는 분자로, 연구자들은 발색단이라 부른다. 망막의 반응은 뇌로 이동하는 활동전위를 생성하며 간상세포 또는 원추세포에서 연쇄 반응을 일으킨다. 각 옵신은 특정한 최적 파장의 빛에 반응하고 이로써 다른 파장의 빛으로부터 나온 정보가 이 시스템을 통해 뇌로 전달된다.

이 감각적 체험을 라거 한 잔에 적용해 보자. 570~590나노미터 파장의 빛이 망막에 닿아 원추세포를 자극한다. 순수한 녹색 빛은 녹색 옵신을 활기 있게 만들어 대상물이 녹색이라는 신호를 보낼 것이다. 그러나 570~590나노미터 파장에 최적인 옵신은 없다. 대신에 적색과 녹색의 옵신 원추세포가 반응하기 시작하지만, 순수한 적색 빛이나 순수한 녹색 빛에 대해서보다는 낮은 수준에서 반응하기 시작한다. 결과적으로 뇌는 맥주의 색깔을 황금색으로 해석할 것이다. 그리고 이제 입술에 맥주를 가져다댈 준비가 되었다.

◆ ◆ ◆

신경과학을 통틀어 가장 상징적인 그림 중 하나는 '호문쿨루스'이다 (그림 11.2). 이 이미지는 신경외과 의사인 와일더 펜필드Wilder Penfield의 작업에서 유래되었다. 그는 수술대 위에 있는 환자들의 뇌가 열려 있는 동안 특정 뇌 부위를 '자극'한 다음, 환자들이 무엇을 느꼈는지 물어보거나 몸의 특정 부위가 경련을 일으키는 것을 관찰했다.

마취상태의 환자에게 이러한 시도가 가능할까 의문을 가질 수도 있지만 뇌 표면 자체는 통증 수용기가 없기 때문에 뇌수술은 일반 마취 없이도 할 수 있다. 영화 〈한니발〉의 마지막 15분만 보면 이것이 무슨 말인지 알 수 있을 것이다. 펜필드는 이러한 관찰에서 얻은 특성을 바탕으로 감각 기능과 운동 기능을 담당하는 뇌의 영역을 지도로 나타냈으며 그 중요도에 비례해 호문쿨루스에 표시했다. 맥주를 마시

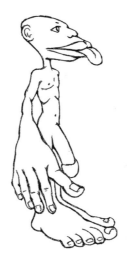

그림 11.2. 호문쿨루스는 신체의 여러 부분의 감각에 기여하는 뇌 신경 영역들의 크기를 보여준다. 그림에서 몸의 부위들 중 실제에 비해 확대된 부분은 몸의 그 부분들이 감지하는 데 뇌의 영역이 크게 기여한다는 것을 나타낸다. 예를 들어, 호문쿨루스의 입술은 코에 비해 실제보다 확대된 상태인데, 이것은 입술의 감각에 기여하는 뇌의 영역이 코보다 크다는 것을 의미한다.

는 사람에게 중요한 점은 호문쿨루스의 입술과 혀가 우리 몸에 있는 실제 크기에 비해 비율적으로 매우 크다는 것이다. 이는 입술과 혀에 연결된 뇌신경 영역이 매우 중요하다는 것으로, 입으로 가져온 맥주잔을 어떤 방식으로 감지하느냐와 관련이 있다.

촉각은 청각과 마찬가지로 기계적인 감각이며, 우리 몸은 접촉하는 물체를 감지하기 위해서만 활동하는 몇 가지 종류의 고도로 전문화된 세포를 가지고 있다(그림 11.3). 그 세포들 중 마이스너 소체, 촉각세포 신경돌기 복합체, 루피니 말단, 파치니 소체 등이 중요한데, 이들은 피부의 표피 밑 또는 진피에 박혀 있다. 입술에 닿는 맥주잔에

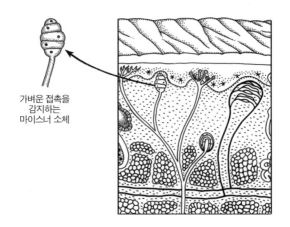

가벼운 접촉을
감지하는
마이스너 소체

그림 11.3. 마이스너 소체와 수용기 세포가 박혀 있는 피부의 최상층.

결정적인 세포는 마이스너 소체인데, 이 세포는 가벼운 접촉을 감지하기 때문이다. 우리의 입술에는 이런 종류의 수용기 세포가 꽉 들어차 있는 것으로 밝혀졌다.

마이스너 소체는 정말로 매우 민감하다. 맥주잔을 입술에 가볍게 접촉시켜 마이스너 소체가 일그러지면 뇌로 전해지는 활동 전위가 만들어지며, 그러면 뇌는 무엇이 어디를 접촉하는지 지도를 만든다. 마이스너 소체는 손끝에서도 많이 발견되는데, 이는 맥주잔과 같은 대상물을 조작하기 쉽게 한다. 잔이 입술에 닿고 마이스너 소체가 잔의 위치에 대한 정보를 뇌에 전해주면 맥주를 정확하고 효율적으로 입으로 전달할 수 있다. 그러나 맥주가 입으로 쏟아져 들어가기 전에, 아마도 잔에서 퍼져 나오는 좋은 냄새가 후각을 자극한다는 것을 깨닫게 될 것이다.

◆ ◆ ◆

　인간의 후각은 개처럼 대부분 냄새를 통해 환경과 소통하는 다른 동물에 비해 떨어진다고 종종 언급된다. 이에 따라 인간은 셀 수 없이 많은 냄새 중 1만 가지 정도의 냄새만 맡을 수 있다고 믿어온 지 오래되었다. 하지만 최근 안드레아스 켈러Andreas Keller와 그의 동료들의 연구는 인간이 1조 가지 정도까지 독특한 냄새를 감지할 수 있을지도 모른다는 것을 보여주었다. 과학자들은 후각을 화학 감응이라고 부르는데, 이는 물리적 파동을 감지하는 청각과 시각, 또는 감각 세포의 기계적 일그러짐을 감지하는 촉각과 달리, 후각(그리고 맛)은 공기 중에 떠 있거나 섭취하는 액체 및 고체 식품에 존재하는 분자와 화학적으로 반응하기 때문이다.

　인간이 냄새로 인식하는 화학물질의 분자는 특정한 형태를 가지고 있다. 예를 들어, 홉의 꽃향기는 리날로올이라는 작은 분자에 의해 발생하는 반면, 홉 맛이 나는 맥주의 나무 향기는 베타 이오논이라는 분자에 의해 발생한다.

　서로 다른 냄새를 내는 분자는 그에 상응하는 서로 다른 구조를 갖고 있을 것인데, 일반적으로 분자가 비슷할수록 우리가 인지하는 냄새도 비슷하다. 냄새는 이 구조를 인지해서 이 구조에 대한 정보를 뇌에 전달하는 역할을 하는 비관에 있는 세포의 수용 능력에 좌우된다. 비강 천정에는 후각 수용 세포들이 줄지어 있다. 이 수용기 세포들은 신경을 통해 뇌의 후각구와 연결된다. 후각 세포 자체는 안팎으로 일곱 번 반복된 막들에 박혀 있는 단백질을 갖고 있다. 단백질의 한쪽 끝은 냄새 분자를 인식하고 상호작용하는 독특한 구조로 되어 있다. 냄새 분자가 수용기 단백질과 물리적으로 반응하는지, 아니면 상호작용의 원인이 진동과 같은 다른 물리적 현상 때문인지에 대해서는 약간의 논란이 있다. 어느 쪽이든 냄새와 이를 감지하는 수용기 단백질의 상호작용은 냄새 수용기 세포에서 연속적인 화학반응을 일으키고 이러한 화학반응 중에 생성된 활동 전위는 뇌로 전달되어 인지된다. 이러한 일련의 상호작용은 후각 수용기 세포들의 막에 갖가지 단백질의 목록이 준비되어 있을 필요가 있음을 의미한다. 코끼리는 거의 2000개의 후각 수용기 단백질을 갖고 있고 개는 거의 800개를 갖고 있는 데 비해 인간은 약 400개의 후각 수용기 단백질을 갖고 있다.

맥주가 왜 그렇게 기분 좋은 냄새를 발산하는지 궁금해 본 적이 있는가? 우리가 먹는 음식이 모두 코에 유쾌한 것은 아니다. 그러나 맥주는 잘 만들어진 훌륭한 제품이라면 자연스럽게 매력적인 냄새의 조건을 갖추고 있을 것이다. 호아킨 크리스티앤즈Joaquin Christiaens와 그의 동료들은 맥주 냄새의 열쇠가 효모 안에 있다는 것을 증명했다. 맥주 잔이 우리의 입술에 가까워지면서 풍겨오는 달콤한 냄새는 에틸 아세테이트와 이소아밀 아세테이트라고 불리는 두 개의 작은 분자에 기인한다. 크리스티앤즈와 그의 동료들은 이 두 분자의 생합성에 결정적인 역할을 하는 효소가 없는 효모 변종을 만들어냄으로써 달콤한 냄새의 두 분자 모두 효모에 의해 만들어진다는 것을 보여주었다(그림 11.4). 효모에 의해 이 두 가지 향을 내는 물질이 배출되는 것은 분명 우연이 아니다. 아마도 이 작은 유기체들은 자신들이 널리 흩어져 퍼지는 것을 도우면서 수억 년 동안 함께 진화해 온 과일 파리들을 유인

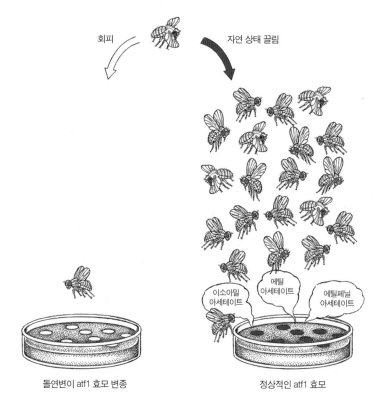

그림 11.4. 에틸 아세테이트와 이소아밀 아세테이트가 과일 파리들을 유인하는 것을 보여주는 크리스티앤즈와 그의 동료들의 실험. 돌연변이 atf1 효모 변종에는 에틸 아세테이트와 이소아밀 아세테이트를 합성하는 데 관여하는 효소가 없다. 과일 파리들을 이 돌연변이 효모들에 접촉시키면, 파리들은 이 효모들을 회피한다. 대신 그들은 에틸 아세테이트와 이소아밀 아세테이트를 합성할 수 있는 정상적인(또는 자연 상태의) 효모에 끌린다.

하기 위해 이 향을 생산했을 가능성이 상당히 높다. 효모들이 끌어들이려는 것은 과일 파리인데 뜻밖에도 사람들이 이 맥주 냄새를 좋아하고 있는 것이다!

◆ ◆ ◆

미국의 맥주장인협회Master Brewers Association는 회원들이 맥주의 맛을 평가할 때 '플레이버 휠flavor wheel'이라고 불리는 방법을 사용할 것을 권고하고 있다. 이 독창적인 방법은 1970년대에 미국양조화학자협회 American Society of Brewing Chemists의 모르텐 메일고르Morten Meilgaard가 고안한 것으로, 그 이후로 많은 변형을 거쳤다. 플레이버 휠은 맥주의 주요 향을 알아내기 위해 사용되며 이 시도는 서로 다른 제품을 비교하는 데 도움이 된다. 원의 중심에서 방사상으로 주요 맛의 부류(향이 좋은, 캐러멜화된, 지방이 많은, 산화된 등등)를 정하고, 각 부류를 보다 미세한 부문(그레이프프루트, 캐러멜, 농장안마당, 펑키, 불에 탄 타이어, 아기 토사물/기저귀 등등. 이 마지막 것은 절대로 마주치지 않는 맥주가 되기를 희망한다)으로 세분한다. 이런 방식으로 구분하면 '시리얼' 향을 가진 것으로 확인된 맥주는 '곡류의' 것이거나 '맥아화된' 것이거나 '맥아즙의' 것일 수 있다. 플레이버 휠이 어떤 맥주에 대한 맛의 이력을 논의하기 위한 훌륭한 출발점을 제공하는 것은 분명하지만, 플레이버 휠이 여러 다른 다양한 버전으로 확산된 것은 그것이 다루는 문제가 얼마나 주관적인지를 확실히 보여준다. 간단히 말하자면, 많은 맥주의 맛은 마시는 사람에 따라 매우 다르게 느낄 수 있는데 그 이유는 그저 인간의 미각이 사람에 따라 차이가 크기 때문이다. 이러한 점은 아마도 각자가 자신이 선호하는 맥주를 분명하게 밝혀야 하는 이유가 될 것이다. 이 책에서는 다양한 종류의 맥주에 대해 여러 가지 형용사가 사용되었다.

형용사는 필연적으로 판단을 내포하는데, 이 책은 독특하고 심지어 독단적인 특성을 지닌 맥주에 보다 높은 점수를 주고 있다. 맥아나 홉이 두드러지는 것은 개의치 않지만, 독특한 맛이 느껴지지 않는 상대적인 평범함보다는 플레이버 휠의 '튀는' 종류를 선호하고 있음을 알 수 있다. 그러나 이러한 선호는 완전히 주관적이며, 사람들 각자의 기호는 완전히 다를 수도 있다는 것을 다시금 강조하고 싶다.

　미각 수용기 세포들은 미뢰라고 알려진 30개에서 100개까지의 세포 다발로 발견된다. 후각과 마찬가지로 미각은 화학 수용기에 의한 감각으로, 서로 다른 맛의 분자를 인식하기 위해 후각 작용에서 논의한 바 있는 잠금 및 열쇠 메커니즘을 사용한다. 그리고 후각 수용기와 마찬가지로 미각 수용기는 미각 세포의 막을 일곱 번 통과하며, 먹는 음식과 마시는 액체로부터 맛을 내는 작은 분자들과 반응한다. 다섯 가지 종류의 주요 미각 수용기는 단맛, 신맛, 쓴맛, 짠맛, 그리고 감칠맛ㅡ아시아 음식 전반에 자주 뿌려지는 글루탐산소다(MSG) 같은 풍미을 감지해 전달한다. 그리고 우리가 맛이라고 인식하는 것은 주어진 음식에 대해 이들 다른 종류의 수용기 감응이 혼합된 결과이다. 미뢰는 우리가 유두상 돌기라고 부르는 묶음 구조로 되어 있는데, 거울로 혀를 아주 자세히 보면 그 모양을 볼 수 있다. 이 유두상 돌기는 주로 혀의 앞쪽 반쪽을 향해 위치하며 뒤쪽은 상대적으로 드물다.

　인류는 기본적으로 미각의 민감도에 따라 세 부류의 사람들ㅡ하이포 테이스터hypo-taster, 노멀 테이스터normal taster, 슈퍼 테이스터super-tasterㅡ로 나뉘는데, 그 분포는 대략 1 대 2 대 1의 비율이라고 한다. 그리고 매우 드물지만 슈퍼 슈퍼 테이스터의 부류에 속하는 사람들도 있다.

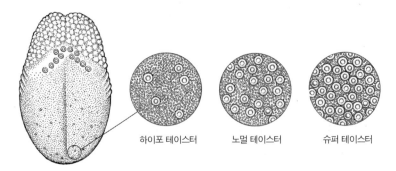

하이포 테이스터   노멀 테이스터   슈퍼 테이스터

그림 11.5. 왼쪽: 미뢰와 유두상 돌기 등이 있는 혀의 부위들. 동그라미는 미뢰의 밀도를 측정하는 시험에서 종이의 구멍을 어디에 놓는지를 나타낸다. 오른쪽의 세 개의 그림은 왼쪽에서 오른쪽으로 각각 하이포 테이스터, 노멀 테이스터, 슈퍼 테이스터의 혀를 나타낸다.

미각의 민감도는 혀에 있는 미각 세포의 수에 좌우된다. 당신이 슈퍼 테이스터인지, 노멀 테이스터인지, 아니면 하이포 테이스터인지는 다음의 간단한 판별법으로 구분 가능하다. 펀치로 구멍을 낸 종이 한 장을 준비한다. 포도 젤리를 입에 넣거나 진한 붉은 와인 또는 포도 소다수를 한 모금 마신 뒤 혀가 보라색 물질로 덮여 있는지 확인한다. 혀 끝 근처 아무 곳에나 펀칭한 구멍을 대고 거울을 보면 작은 버섯 같은 보라색 다발이 많이 보일 것이다. 이 다발을 셌을 때 유두상 돌기가 15개 미만이라면 하이포 테이스터일 가능성이 더 높은 반면, 유두상 돌기가 15개에서 30개까지라면 노멀 테이스터, 30개가 넘는다면 슈퍼 테이스터 또는 심지어 슈퍼 슈퍼 테이스터일 가능성이 크다(그림 11.5).

수제맥주 제조사들은 홉 맛이 강하게 나는 맥주를 제조한다. 우리는 이 맥주들의 모든 것을 아주 즐기는데, 강한 홉 맛은 우리를 노멀 테이스터로 만든다. 하지만 슈퍼 테이스터는 강한 홉 맛의 맥주가 믿을 수 없을 정도로 쓰다고 생각하기 때문에 자주 마시는 것을 꺼려할 것이다. 슈퍼 테이스터는 확실히 IPA와 같은 강한 홉 맛의 맥주를 피하는 경향이 있으며, 심지어 라거조차도 때때로 그들의 미뢰를 거슬리게 한다. 노멀 테이스터는 맥주 속의 알코올로 인해 생길 수 있는 미뢰의 타는 듯한 느낌에 면역이 되어 있다. 반면 슈퍼 테이스터는 고알코올 맥주가 입술이 닿았을 때 타는 듯한 느낌의 불편함에 대해 이야기할 것이며 독한 술은 거의 즐기지 않을 것이다. 이와 대조적으로 하이포 테이스터는 극도의 쓴맛을 쉽게 참을 수 있지만 컬럼비아 홉 맥주와 캐스케이드 홉 맥주의 차이를 구분할 수는 없을 것이다—슈퍼 테이스터는 이 두 맥주를 쉽게 구분한다. 비록 두 맥주에서 유쾌하지 않은 쓴맛을 느끼긴 하지만 말이다—.

이렇게 타고난 맛 감지 능력의 차이 때문에, 강한 홉 맛 맥주의 모든 재미를 즐기는 것은 노멀 테이스터이다. 하지만 이런 점이 슈퍼 테이스터와 하이포 테이스터가 알코올음료를 즐길 수 있는 조건을 스스로 조절할 수 없다는 것을 의미하지는 않는다. 그들은 조절할 수 있다. 그리고 슈퍼 테이스터는 심지어 자신의 능력을 돋보이게 사용할 수도 있다. 대부분의 최상급 요리사는 자신의 뛰어난 미각 능력을 창의적인 훌륭한 요리를 만드는 데 적용시킨 슈퍼 테이스터일 가능성이 크다. 그러나 노멀 테이스터도 대개는 맛 수용기 사이에 합리적으로 균형 잡힌 맥주를 선호한다. 그래서 사우어 비어가 최근에 매우 인기를 끌었지만, 정말 신맛 나는 팜하우스 에일을 맛본 사람이라면 누구나, 비록 그 에일을 즐기더라도, 신맛 수용기가 쓴맛 및 단맛 수용기에 비해 기이해져 가고 있음을 인정할 것이다. 하지만 창의적인 맥주 제조사들의 실험을 막는 것은 쉽지 않다. 바다 소금으로 맥주를 만들기 위해 현재 일각에서 불고 있는 열풍을 생각해 보라. 또한 감칠맛이 나는 맥주가 실현 가능할지도 궁금하다.

◆ ◆ ◆

이 지구상의 유기체들이 그러하듯이, 인류 또한 상당히 한정된 감각을 가지고 있다. 빛의 파장 가운데 좁은 범위만 볼 수 있고, 시야는 한정되어 있다. 즉, 우리는 시야의 작은 공간에서만 입체적으로 볼 수 있고, 색을 감지하는 데 관한 한 매우 특이한 이상증세를 보인다. 이상 언급한 내용은 단지 시각 지향적인 종족에게 주도적인 감각인 시각을 두고 말한 것이다. 인류는 맛과 냄새에 관해 서로 비슷한 정도로 적절한 예민함을 가지고 있지만, 많은 다른 포유류에 비하면 두 감각 모두 능력이 떨어진다. 이러한 한계는 진화에서 나타난 주요한 교훈을 알려준다. 그것은 바로 자연 선택은 완벽을 위해 노력하는 것이 아니라 실용적인 해결책을 추구한다는 것이다. 즉, 우리 종족이 어떤 문제에 대해 확립한 해결책은 최적화된 상태와는 거리가 있었으나, 그 해결책은 우리가 외부 세계를 일상적으로 인식하는 데 전적으로 적합하다. 그리고 아주 우연의 일치로, 그러한 해결책으로 인해 인류는 맥주의 진가를 알 수 있는 훌륭한 조건을 갖추었으며, 결과적으로 우리가 지닌 감각 시스템의 대부분은 맥주를 즐기기에 이보다 더 적합할 수는 없을 것 같다.

제 12 장

맥주와
비만

울트라 라이트 맥주는 유리잔으로 부드럽게 흘러들지만,
임페리얼 스타우트는 사실상 병에서 숟가락으로 떠내야 할
정도였다. 이러한 차이가 놀랍지 않은 이유는, 라이트는
열량이 단지 96칼로리였으나 스타우트는 터무니없는
306칼로리라는 값을 명시하고 있었기 때문이다. 여기에는
다이어트에 몰두한 사람도 없었고, 한 쌍의 열렬한 맥주
애호가를 위한 경연대회도 없었다. 울트라 라이트는 하나의
맥주로 인식되기는 했으나 거기까지였고, 스타우트는 밀도,
복합성, 그리고 길고 오래 지속되는 여운으로 우리를
감동시켰다. 이러한 차이가 칼로리의 차이에서 오는 걸까?
우리는 우리가 생각한 것을 제대로 이해하고 있었다.

맥주는 맛이 좋으며, 적당히 마시면 뇌에 매우 만족스러운 효과를 준다. 그러나 맥주가 우리 몸에 운반하는 화학물질과 분자 역시 체내에서 대사되어야 한다. 하지만 애석하게도 맥주가 우리 몸에 전달하는 대부분 화학물질의 농도는 우리 몸이 감당하기에 적절하지 않다. 그 화학물질들이 기껏 하는 일은 인간의 대사 시스템을 극단까지 괴롭히는 것이다. 13장에서는 맥주가 뇌에 미치는 영향에 대해 숙고할 것인데, 이 장에서는 맥주가 우리 몸에서 뇌 외의 나머지 부분에 미치는 영향에 대해 기술하고자 한다.

발효 과정의 목적이 알코올을 생산하는 것이라면, 우리 앞에 놓인 맥주병에는 아마도 적절한 양의 알코올이 함유되어 있을 것이다. 발효에 의한 또 다른 생산물은 이산화탄소라는 것을 기억하자. 그래서 맥주는 거품을 일게 하는 약간의 기체 분자를 함유할 것이다. 양조 과정에서 효모세포가 제대로 작용했다면 효모는 발효탱크 바닥에 퇴적물로 가라앉아 있을 것이고 액체의 유동에 따라 떠다니는 분자들의 주요 원천이 될 것이다. 대개의 경우 양조장은 효모층을 걸러내거나 저온 살균법으로 처리해 죽일 것이다. 그러나 일반적으로 가정에서나 수제맥주 양조업자들은 여과법이나 저온 살균법을 적용하지 않고 오히려 맥주를 효모로부터 따라내므로 생존 가능하고 영양소가 높은 효모 일부가 맥주에 남는다. 발효 과정에서 일부 효모는 자연적인 원인에 의해 죽었을 것이고, 쇠진한 세포 성분도 맥주에 부유해 떠다닐 것이다. 효모의 세포 잔해 속에 있는 분자들은 다양하며, 세포막(지질), DNA, 그리고 효모를 살아있게 하는 긴 사슬 탄수화물을 포함한다. 우리가 섭취하는 맥주의 이 모든 성분은 좋든 나쁘든 간에 우리 몸에서 사용된다.

포유류는 자신들이 섭취하는 음식과 음료를 소화하는 방법을 효율적이지만 대단히 복잡하게 발전시켜 왔다. 그리고 인간의 소화 체계는 진화의 산물이기 때문에 매우 별나게 움직이는 몇몇 부위를 가지고 있다. 이러한 별난 특성은 자연 선택이 완벽한 설계나 최적의 결과를 꾀하지 않기 때문에 발생한 것이다. 오히려 앞서 감각에 관한 논의에서 언급한 바와 같이, 진화는 단순히 해결책을 찾는 과정이다. 진화의 또 다른 측면은 또한 우리가 자연에서 보는 복잡성의 원인이기도 하다. 우선, 자연 선택이 작용하려면 변이가 필요한데, 유기체는 생존의 문제를 해결하기 위한 새롭고 유용한 변이를 그냥 불러일으킬 수는 없다. 유기체의 개체군은 유전자 돌연변이의 무작위 과정에 의해 자연적으로 변이를 획득하도록 강요받는다. 게다가 진화에는 항상 방향성이 있는 것이 아니다. 1940년대와 1950년대에는 자연 선택에 대해 점점 더 우호적인 상태로 조금씩 움직여왔다고 일반적으로 받아들였지만, 1970년대 이후에는 우연한 사건이 진화 과정에 미치는 영향이 이와 동일하거나 더 크다고 인정되어 왔다. 이러한 진화적 변이의 결과로 인해 우리의 신체 시스템은 어떤 공학적 의미에서 보더라도 최적화되어 있지는 않다.

◆ ◆ ◆

인간의 소화 체계는 섭취한 음식으로부터 영양이 되는 분자를 추출함으로써 기본적인 신진대사와 신체 상태를 유지하게 하고 사람들을 움직이게 한다. 그리고 에너지를 갈망하는 우리의 뇌에 필요한 에너지를 공급하는 매우 중요한 일도 한다. 또한 소화 체계는 신체의 다른 장기에 에너지 생성에 기여하지 않는 분자들을 분배한다. 그럼에도 불구하고 우리는 소화에 대해 이야기할 때 보통 에너지 생산에 관해 생각하는데, 에너지 생산은 칼로리로 논의되는 부분이다. 칼로리는 다루기 쉽지 않은 개념이다. 칼로리는 지방이나 에탄올처럼 우리가 만지거나 느낄 수 있는 것이 아니다. 실제로 칼로리는 음식과 음료의 신진대사 및 활동에 의해 에너지의 연소가 일어나는 방법에 대한 좋은 잣대가 될 수 있지만, 칼로리는 전적으로 개념적이다. 칼로리는 열이나 에너지의 단위로, 특히 1그램의 물을 섭씨 1도 올리는 데 필요한 열의 양으로 정의된다. 우리는 식품 포장지에 명시된 칼로리에 실제로 1000을 곱해야 한다는 점에 주의해야 하는데, 칼로리의 단위가 킬로칼로리이기 때문이다. 이러한 환산은 친숙한 방식으로 앞으로 계속 적용될 것이다.

음식 이외의 것도 칼로리를 가질 수 있다. 예를 들어, 우리의 차가 사용하는 연료도 탱크에 얼마나 채워져 있느냐에 따라 특정한 칼로리 값을 가진다. 측정된 칼로리의 에너지 또는 열은 공급원인 '연소' 또는 대사작용의 결과이다. 칼로리의 다른 공급원은 다른 방식으로 연소된다. 우리 몸이 맥주로부터 에너지를 얻기 위해 연소시키는 물질은 에탄올, 단백질, 탄수화물로 구성되어 있다. 더 넓게 보면 음식에는 다른 에너지원이 많은데 그중에서도 지방이 가장 중요할 것이다. 각각의 에너지원은 우리 몸의 에너지 비축에 기여하는 특정한 칼로리 양을 갖고 있다. 우리의 소화체계는 소비되는 지방 그램당 대략 9칼로리를 에너지로 전환해 우리 몸에 전달한다. 단백질이나 탄수화물은 그램당 4칼로리를, 에탄올은 그램당 7칼로리를 에너지로 전환해 우리 몸에 전달한다. 순수 에탄올에서 나오는 칼로리는 영양상 무의미한 것으로 여겨진다. 이 칼로리는 영양분을 가지고 몸에 전달되지 않기 때문이다.

우리가 걷거나, 달리거나, 뇌를 사용할 때, 우리의 몸은 에너지(칼로리로 측정된)를 얻기 위해 섭취한 분자들을 사용한다. 만약 이 분자들을 적시에 자유롭게 얻을 수 없다면 우리의 몸은 그 분자들을 체내의 저장소에서 얻을 필요가 있다. 그렇지 못하면 몸은 활동을 멈출 것이다. 이 저장소는 지방의 형태로, 즉시 필요하지 않은 모든 활동적인 분자들이 변환된 것이다. 이런 식으로 에너지는 우리가 섭취하는 음식으로부터 꽤 효율적으로 저장된다. 어떤 사람은 섭취된 지방의 칼로리 양이 가장 높기 때문에(섭취 그램당 9칼로리), 과체중이나 비만에 대한 대부분의 문제는 지방성 음식에 의해 야기될 것이라고 생각할 수 있다. 만약 그렇다면 우리는 과체중에 대한 걱정을 거의 할 필요 없이 비교적 지방이 없는 맥주를 마음껏 마실 수 있을 것이다. 하지만 유감스럽게도 그러한 생각은 완전히 틀렸다. 지방성 음식의 분해는 맥주의 칼로리원인 에탄올과 탄수화물의 분해와는 매우 다르게 진행되기 때문이다.

섭취한 맥주에서 위장에 도달하는 탄수화물은 원래 맥아즙에 있는 탄수화물에 비해 농도가 낮다. 그래서 잔여량이라고 부른다. 일반적인 미국산 맥주 한 잔에는 약 14그램의 알코올과 아마도 10그램이 약간 넘는 탄수화물이 들어 있을 것이다. 따라서 맥주 한 잔을 마시면 탄수화물에서 약 40칼로리, 에탄올에서 98칼로리, 총 140칼로리에 약간 못 미치는 양을 섭취한다. 이를 볼 때 대부분의 칼로리는 에탄올에서 얻는다.

평균적인 맥주 한 잔의 칼로리는 탄산음료 한 캔이나 350밀리리터 (12온스)짜리 스포츠 음료 한 병과 거의 같고, 우유 한 잔의 50% 이상, 설탕과 우유가 포함된 커피 한 잔에 포함된 칼로리의 약 다섯 배에 달한다. 어떤 맥주는 일반적인 미국산 맥주보다 칼로리가 적으며, 어떤 맥주는 오히려 이보다 칼로리가 높다. 칼로리가 가장 적은 맥주인 버드와이저55는 55칼로리에 지나지 않는 반면, 칼로리가 가장 높은 맥주인 브루마이스터 스네이크 베놈은 2025칼로리에 달한다. 우리가 선호하는 전형적인 맥주의 병당 칼로리는 150칼로리 정도로, 40분 동안 걷기에 충분한 연료에 해당한다. 그래서 만약 그런 맥주를 마시고 활기차게 산책을 한다면 칼로리를 0으로 줄일 수 있는 반면, 집에서 텔레비전을 본다면 단지 15칼로리만 소모할 수도 있다. 그러나 물론 사람들의 활동량 수준과 신진대사율은 천차만별이기 때문에 모든 사람에게 맞는 공식은 없다. 한편 제로섬 칼로리를 위한 성인의 하루 칼로리 섭취량은 평균적인 여성의 경우 2000칼로리, 평균적인 남성의 경우 약 2500칼로리이다.

맥주의 칼로리 양은 일반적으로 알코올의 함량에 비례한다. 고알코올 맥주는 탄수화물 함량이 높은 경향이 있다. 저알코올 맥주 양조업자들은 의도적으로 알코올 함량을 줄임으로써 칼로리 수치를 낮추는데, 이를 위해 양조 과정에 사용되는 초기 당의 양을 조절한다. 그러므로 버드와이저55가 스네이크 베놈보다 알코올 함량이 훨씬 낮을 것이라고 결론 내리더라도 틀리지는 않을 것이다. 물론 기술적으로 맥주의 칼로리 양은 알코올의 양뿐만 아니라 탄수화물과 단백질의 농도에도 좌우되긴 하지만 말이다. 작은 당 분자들은 모두 알코올로 전환되어야 하기 때문에 맥주의 칼로리 양에 거의 기여하지 않을 것이다. 홉의 다양성과 홉의 맛을 강하게 처리한 정도에 따라 수많은 분자와 단백질이 포함되겠지만, 이들 분자와 단백질의 칼로리 양이 전체합에서 차지하는 부분은 매우 작을 것이다.

◆ ◆ ◆

우리 몸의 탄수화물에 무슨 일이 일어나는지 이해하려면 우리는 비만과 과체중인 상태로 방에 갇혀 있는 코끼리들을 떠올려야 한다. 질병관리본부(미국의 CDC)에 따르면, 개인의 체질량지수(BMI)가 25~29.5 사이이면 과체중으로 간주되고, BMI가 30 이상이면 비만으로 간주된다. BMI는 단위가 없으며 다음의 식으로 계산되는데, 상당히 잘 고안된 비율이다.

$$BMI = \frac{\text{몸무게(파운드)}}{\text{키(인치)} \times \text{키(인치)}} \times 703$$

CDC는 BMI가 체지방 함량을 예측하는 꽤 좋은 지표이고 이는 기본적으로 한 개인을 과체중 또는 비만으로 판단하는 기준이라고 주장한다. 그러나 영양학자들에 따라서 BMI가 과체중의 가장 좋은 척도는 아니라고 주장하면서, 대신 엉덩이 둘레에 대한 복부 둘레 비율을 사용하자고 제안하기도 한다. 정상적인 남성의 경우 이 비율이 0.9이며, 여성의 경우 0.8 정도여야 한다. 맥주 비만이 있는 사람들은 일반적으로 1.2~1.5의 값으로 측정된다.

결국 이 모든 과잉 지방은 칼로리 함량에서 연유한다. 우리의 몸은 섭취한 많은 양의 에탄올을 처리하지만, 이 외에도 탄수화물로 인한 칼로리와 관련되어 진행되는 또 다른 무언가가 있다. 맥주와 함께 섭취된 탄수화물의 칼로리는 일상 활동에 필요한 에너지를 제공하는 데 사용된다. 만약 에너지를 만드는 데 즉시 필요하지 않은 탄수화물이 남아 있다면, 몸은 여분의 탄수화물로 인한 과잉 혈중 당을 처리하기 위해 인슐린을 생산할 것이다. 작은 인슐린 분자는 지방분해 효소인 리파제라고 불리는 단백질의 수치를 조절함으로써 탄수화물을 지방으로 변환시키는 데 영향을 주는 호르몬이다. 이 리파제 단백질은 지방 분자를 지방산으로 분해하고, 이 지방산은 신체 특정 부위의 지방세포에 의해 흡수된다.

그렇다면 체내 지방은 어디로 가는 것일까? 지방세포의 위치는 남성과 여성에 따라 다른데, 이는 그림 12.1에서와 같이 과체중인 남성의 경우 복부가 더 둥글게 되고 여성의 경우 서양 배 모양처럼 되는 원인이다.

이 지방세포들은 특정한 동기가 생기면 탄수화물을 지방으로 변환

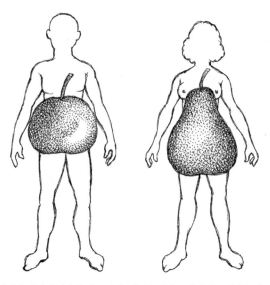

그림 12.1. 남성과 여성의 지방 축적 스타일. 남성은 사과 스타일이고 여성은 배 스타일이다.

시킬 것이다. 하지만 몸은 음식으로부터 지방을 흡수하는 것을 훨씬 더 선호한다. 이는 체내에 있는 탄수화물을 지방으로 전환하는 것이 음식에서 지방을 흡수하는 것보다 에너지가 10배나 더 소모되기 때문이다. 어떤 연구자들은 이 인슐린 체계가 주기적으로 굶주렸던 시기에 자연 선택의 결과로 진화해 온 것이라고 주장하는데, 이것이 이른바 절약형질의 근거이다. 이러한 절약형질의 인간은 지방을 매우 효율적으로 저장할 수 있는 생리적인 능력을 갖고 있어서 풍요로울 때는 쉽게 과체중의 상태가 될 수 있겠지만 굶주린 시기에는 더 효과적으로 생존할 수 있을 것이다. 반면에 비절약형질의 인간은 지방을 더 빨리 소비하고 더 날씬한 경향이 있지만 더 쉽게 허기를 느낄 것이다.

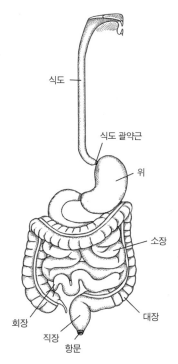

식도

식도 괄약근

위

소장

대장

회장

직장

항문

그림 12.2. 인간의 위장기관.

　맥주가 입 안으로 들어가면 맥주의 성분은 체내 소화 경로를 따라
순차적으로 이동하기 시작한다(그림 12.2). 맥주는 일단 입을 지나 인
두라고 불리는 목의 한 부분으로 들어간 다음 식도로 미끄러져 들어
간다. 목의 양쪽 부위에는 점액이 막을 형성하고 있다. 맥주는 단백질
과 효소로 가득하기 때문에 점액 속의 효소가 맥주의 일부 성분을 분
해하기 시작하면서 소화 과정이 시작된다. 많은 다른 분자와 마찬가
지로 에탄올은 소화기관에 영향을 받지 않고 이 구간을 통과한다. 그

러나 에탄올은 입과 목의 침샘에 스며들 수 있으며, 때로는 농도가 높아 침샘을 손상시켜 침 분비 능력을 저해할 수도 있다. 에탄올은 식도의 점막층에 있는 일부 효소에도 해롭다.

섭취한 맥주는 식도 아래로 이동하다가 마침내 위장으로 이어지는 식도 괄약근과 마주친다. 정상적이라면 이 괄약근은 위장의 내용물을 가둔 상태에서 맥주를 위장으로 통과시킬 것이다. 그러나 에탄올을 다량 섭취하면 괄약근이 느릿느릿 움직이고 위장의 내용물이 위장에서 식도로 스며드는 역류가 일어날 수 있다. 이처럼 위장에서 식도로 누출되는 것은 불편한 위산의 역류 혹은 속쓰림을 유발한다.

일단 위장에 들어가면 맥주성분은 매우 강력한 소화 효소와 접촉한다. 펩신이 주 역할을 하며 염산과 같은 작은 소화 분자도 존재한다. 많은 에탄올은 이러한 분자들에 의해 손상되지 않고 빠져나갈 수 있지만, 탄수화물이나 단백질 같은 맥주의 다른 성분은 위장에서 분해된다. 에탄올은 섭취되어 어느 정도 높은 농도에 이르면 정상적인 위 기능을 방해할 수 있으며, 소화 효소의 생산을 과도하게 자극해 장기를 손상시킬 수 있다. 위장에 있는 음식물은 에탄올 분자의 일부를 흡수해 장기가 손상되는 것과 에탄올이 혈류로 유입되는 것을 막는 작용을 할 수 있다.

위장에서 으깨진 섭취물은 소장으로 이동해 소장의 성분이 지방을 분리하는 데 영향을 미치기 시작한다. 에탄올이나 탄수화물 같은 작은 분자는 소장의 막을 통과해 혈류 속으로 흘러든다. 혈류에 탄수화물이 들어오면 췌장의 인슐린 생성이 촉발되고 지방으로 저장될 수 있는 과정이 시작된다. 탄수화물을 빨리 연소시키지 않으면 지방은 체내 지방세포에 축적될 것이다.

◆ ◆ ◆

많은 사람들이 이른바 '맥주살'로 알려진 허리선 위의 불룩한 배를 갖고 있다. 이들은 맥주나 칼로리 함량이 높은 액체 음료가 허리둘레를 증가시키는 원인이라고 생각하는 함정에 빠지기 쉽다. 실제로 마들렌 슈체Madlen Schutze와 그의 동료들은 맥주를 마시면 허리둘레가 증가할 확률이 17% 더 높다는 것을 보여주었다. 그러나 그것은 단순히 일대일로 대응하는 상관관계보다는 더 복잡하다. 슈체와 그의 동료들에 따르면 맥주살은 체중과 엉덩이둘레 모두와 연관되어 있지만, 전적으로 칼로리 높은 음료를 섭취한다고 해서 발생하는 것은 아니고 운동과 칼로리를 소모하는 능력 또한 관련되어 있다고 결론지었다. 대부분의 인간의 삶의 행태가 그런 것처럼, 누구나 맥주살에 대해서는 복잡한 배경을 가지고 있다.

에탄올이 소장과 대장에 미치는 부작용은 이 장기들의 근육을 약화시키고 음식물이 상대적으로 빨리 통과하도록 하는 것이다. 그 결과 설사를 일으키거나 소화관 내 미생물체를 교란시킨다. 과학자들은 우리의 대장이 박테리아로 가득 차 있다는 것을 오래 전부터 알고 있었고, 최근에는 길이가 긴 장에 사는 여러 종류의 미생물의 양을 결정할 수도 있게 되었다. 그중 어떤 것은 맥주를 마심에 따라 영향을 받는 것으로 보인다.

2016년 그웬 팰로니Gwen Falony와 그녀의 동료들은 대변 샘플에 보존된 DNA를 사용해—DNA 감식법은 TV 범죄 드라마에서 가해자를 식별하기 위한 방법이긴 하지만—1000명이 넘는 사람들의 장내 미생물 생태계를 조사했다. 그리고 그들은 맥주를 마시는 빈도가 내장에 살고 있는 미생물 종에 큰 영향을 미친다는 것을 보여주었다. 그러한 영향이 맥주 마시는 사람들을 전반적으로 더 건강하게 만들지 아니면 그 반대일지는 여전히 알려져 있지 않다.

혈류에 흘러들어온 분자는 다른 소화기관들로 옮겨지는데, 그곳에서 영양과 에너지로 사용되기 위해 더 분해되는 과정이 진행된다. 맥주의 성분인 에탄올, 탄수화물, 단백질의 여정에서 가장 활발하게 활동하는 장기는 간과 신장이다. 신장 전문의 머리 엡스타인Murray Epstein에 따르면 신장은 안정적인 화학적 환경이 필요한데 에탄올은 이를 교란한다고 한다. 신장은 나트륨, 칼륨, 칼슘, 인산염 같은 여러 전해질과 더불어 체내의 수분 수준을 조절한다. 만약 이 전해질들이 교란된다면 신장은 정상 상태에서 벗어날 것이다. 게다가 신장에 과다한 알코올이 주어질 경우 항이뇨 호르몬인 바소프레신에 독성으로 작용하며, 결과적으로 이 호르몬이 억제되면 신장의 관에 물을 방출하도록 명령해 신장이 생산하고 있는 소변을 희석시킨다. 소변이 묽어지면 혈류 내 전해질 농도를 상승시켜 신체가 탈수 상태임을 느끼도록 만든다. 이런 일련의 사건이 맥주 자체가 주로 물로 되어 있음에도 맥주를 마실 때 물을 마시는 사유이다.

간은 혈액을 걸러서 독소와 몸에 불필요한 다른 분자들을 제거한다(그림 12.3). 혈액을 거르는 작업은 소엽이라고 불리는 간의 서브유닛에서 이루어지는데, 성인의 인체는 약 5만 개의 소엽을 갖고 있다. 간

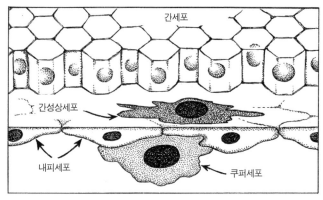

그림 12.3. 간세포의 도해. 쿠퍼세포는 박테리아 및 다른 큰 독성물질을 제거하는 면역 세포이다. 간세포는 간이 하는 일의 대부분을 담당한다. 간성상세포와 내피세포 또한 간 전체 구조의 일부분이다.

전역에 걸쳐 존재하는 미세관은 소엽의 표면적을 증가시키기 위해 작용해서 혈액에 대한 접촉을 증가시킨다. 미세관은 두 종류의 세포로 덮여 있다. 그중 쿠퍼세포는 박테리아 및 다른 큰 독성물질을 제거하는 반면, 간의 일꾼인 간세포는 콜레스테롤 합성, 비타민과 탄수화물의 저장, 지방의 처리 등을 포함하는 광범위한 작업을 수행한다.

맥주와 관련해서 간의 가장 중요한 기능은 대사작용을 하는 것과 혈류에서 에탄올을 걸러내 제거하는 것이다. 혈류 속에 에탄올이 많을수록 간은 더 열심히 일해야 하며, 에탄올의 농도가 증가할수록 일부 에탄올은 걸러지지 않고 뇌와 신체의 다른 기관으로 갈 가능성이 커진다. 간에서 에탄올의 신진대사는 알코올 탈수소효소, 즉 ADH라는 효소에 의존한다(1장 참조). 에탄올은 ADH에 의해 아세트알데히드라는 분자와 더불어 하나의 수소이온으로 분해된다. 이 과정에서

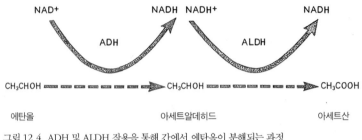

에탄올   아세트알데히드   아세트산

그림 12.4. ADH 및 ALDH 작용을 통해 간에서 에탄올이 분해되는 과정.

또 다른 수소 원자가 NADH를 생성하기 위해 다소 익숙하지 않은 이름인 니코틴아미드아데닌디뉴클레오티드(NAD) 분자에 결합된다. 아세트알데히드는 몸에 유독하므로 빨리 분해해야 한다. 알데히드 탈수소효소(ALDH)라는 효소가 이 반응에 참여해 아세트산과 더불어 NADH 분자를 생성한다(그림 12.4). 아세트산은 우리 몸에 무해하며, 탄소의 공급원으로 여러 인체 장기에서 사용된다.

◆ ◆ ◆

1장에서 논의한 바와 같이, 인간이 진화하는 역사 대부분에서 우리 조상들은 아마도 에탄올을 많이 섭취하지는 않았을 것이다. 이러한 사실은 ADH와 ALDH가 알코올 섭취에 대응해 진화하지 않았음을 시사한다. 대신 이 두 가지 효소는 원래 비타민 A(레티놀이라고도 한다)의 신진대사에 중요했고, 후에 에탄올 대사의 목적으로 전용되었다. 레티놀과 에탄올은 비슷한 모양을 갖고 있어서 ADH와 ALDH는 레티놀과 에탄올 모두에 유효하게 작용하는 참으로 신기한 이중 기능을 한다. 간세포는 시토크롬 P4502E1(CYP2e1)이라는 효소를 사용하는 두 번째 방법으로 에탄올을 대사시켜 아세트알데히드로 산화시킨다. 이 효소는 보통 다량으로 생산되지 않지만, 에탄올에 만성적으로 노출되면 간은 최대의 노력을 기울여 이 효소를 다량 생산할 것이다. 안타깝게도 CYP2e1을 과도하게 생산하는 것은 간경변과 관련이 있는데, 이 상태는 반흔조직이 정상적으로 기능하는 간의 조직을 대체하기 시작하는 질환이다. 간경변이 일어나면 간이 위축되고 간세포가 죽기 시작한다. 그리고 간에 말로리 소체라고 불리는 것이 축적되어 간은 심각하고 치유하기 어려운 손상을 입는다. 이 모든 사실은 간을 혹사시켜서는 안 된다는 훌륭한 이유가 된다.

알코올 중독과 두 개의 간 효소 사이의 잠재적 관련성은 집중적으로 연구되어 왔으며, 인간 개체군 중에서 이들을 조절하는 유전자에 상당한 변화가 있는 것으로 밝혀졌다. ALDH2.2라고 불리는 ALDH의 유전적 변이 변종은 아시아인 개체군 중에서 높은 빈도로 발견된다(아시아계의 40%). ALDH 변종 유전자는 아세트알데히드를 아세트산으로 효율적으로 분해하지 못하는 단백질을 생성한다. 앞서 언급한 것처럼 알데히드는 우리 몸에 유독하며, ALDH2.2 변종을 가진 사람이 맥주를 마시면 아세트알데히드가 인체 조직에 축적된다. 이에 따라 다수의 생리적 반응이 나타나는데, 가장 뚜렷한 것은 얼굴이 붉어지는 현상이다. 이런 변종을 가진 사람은 알코올이 불쾌감과 심지어 고통까지 유발하기 때문에 알코올을 멀리하게 된다. CYP2e1 유전자 역시 알코올 회피와 관련된 변종을 가지고 있다. 이 유전자가 만들어내는 단백질은 뇌에서 활동적이며, 이 변종의 표현형을 가진 사람들은 체내에 알코올이 거의 없어도 약간의 취기가 돈다. 따라서 이들이 현명하다면 맥주를 두 잔 이상 마시지 않으려 할 것이다.

변종 CYP2e1과 ALDH2.2 유전자를 가진 사람들은 이러한 분명한 이유들로 인해 알코올 중독자가 되지 않는 경향이 있다. 개체군의 나머지 사람들 중 알코올 중독 경향은 매우 복잡한 방식으로 결정되는 것 같다. 과학자들은 알코올 중독의 유전적 근거를 해독하기 위한 시도로 전장유전체 연관성 분석genome-wide association study(GWAS)이라고 불리는 접근법을 사용했는데, 이 접근법을 사용하면 알코올 중독자와 알코올 중독자가 아닌 수백 명의 개인을 대상으로 전체 게놈 시퀀스를 비교할 수 있다.

GWAS가 전제로 삼는 생각은 만약 문서로 기록된 알코올 중독환자들의 게놈이 유사한 변화를 가지고 있고 그리고 이런 점들이 알코올 중독자가 아닌 사람들과 다르다면 그러한 게놈적 변화는 질병과 상관관계가 있을 수 있다는 것이다. 그러나 GWAS는 다소 논란의 여지가 있어왔으며, 이 접근법을 사용한 결과는 신중하게 해석되어야 한다. 그럼에도 알코올 중독 경향은 많은 유전자에 의해 지배될 뿐만 아니라 환경적인 요소도 강한 것으로 보인다고 말할 수 있다. 이것은 이 장애에 대한 유전적 근거가 결코 정확히 구별될 수 없을지도 모른다는 것을 의미한다. 확실히 알코올 중독의 유전적인 원인은 줄곧 미스터리이다. 현실적인 측면에서 이는 모든 사람이 이 문제에 경각심을 가져야 한다는 것을 의미한다.

제13장

맥주와 뇌

우리는 숙취 없는 맥주가 만들어질 수 있다는 가설을 시험하기 위한 멋진 도전으로 스페인산 에르 부케론 여섯 개들이 두 팩을 앞에 놓고 앉았다. 이 맥주는 소금이 숙취의 주요 원인인 탈수증을 예방하는 데 도움이 된다는 생각으로 바닷물을 사용해 양조하기 때문에 병 라벨에 '바닷물을 사용한 맥주(CERVEZA CON AQUA DE MAR)'라는 문구가 아름답게 쓰여 있었다. 맥주 자체는 부피 기준으로 알코올이 4.8%에 불과하며, 호프향이 후각과 미각을 가볍게 자극했다. 상쾌하게 마시기 시작하면서 여섯 개들이 한 팩은 순식간에 비워졌고 우리는 다음날 아침에 아무런 음주 후유증도 느끼지 못했다는 결과를 기분 좋게 알리게 되었다. 하지만 남은 한 팩을 마저 마셨더라면 어떤 결과가 나왔을지 누가 알겠는가? 숙취가 없는 것으로 전해지는 또 다른 맥주로는 암스테르담의 드 프라우 생맥주를 꼽을 수 있다. 이 맥주에는 소금과 더불어 흔히 사용하지 않는 성분인 생강, 비타민 B12, 버드나무 껍질 등이 들어 있다. 이들 성분은 각각 숙취의 증상을 예방하는 이론적인 기능을 지니고 있지만, 그 효능의 플라세보 효과를 배제하기 위해서는 여전히 과학적인 실험이 필요하다. 이 연구는 우리의 과제이기도 하다.

숙취 없는 맥주 에르 부케론Er Boqueron은 약 5%의 알코올, 즉 병당 네 티스푼 정도의 순수한 알코올을 함유하고 있다. 이 정도면 유통되는 맥주로서 지극히 평균적인 수준이다. 일단 맥주를 삼키면 소화기관은 맥주의 대부분을 몸이 사용할 수 있는 입자들로 분해한다. 체내 맥주의 여정에서 알코올은 여러 다른 소화기관을 통과한다. 그런데 그중 일부는 변하지 않은 채로 통과해서 혈류로 흘러 들어갈 수 있는 방법을 찾을 것이다. 이를 통해 뇌를 포함해 혈관이 닿는 신체의 모든 부분에 알코올 분자가 운반될 것이다. 뇌는 정맥과 동맥으로 복잡하게 얽혀 있기 때문에 알코올은 뇌의 구석구석, 틈새까지도 운반된다. 네 티스푼의 알코올 양 가운데 혈액 속으로 흘러드는 비율—그리고 어쩌면 뇌까지 흘러드는 비율—은 여러 다른 요인에 따라 달라진다. 이 요인들은 각 개인의 반응뿐만 아니라 유전적 기질도 포함한다. 만약 식사를 한 지 오래되지 않았다면 위 속에 음식물이 알코올의 일부를 흡수하기 때문에 적은 양의 알코올이 혈액 순환계에 도달할 것이며, 유전적으로 알코올을 분해하는 능력이 낮은 효소를 물려받았다면 더 많은 양의 알코올이 혈액 순환계에 도달할 것이다. 어떤 경우이든지 효과는 즉시 나타날 것이다. 맥주를 한 잔 마시고 나면 혈중 알코올 농도가 0.02% 정도밖에 되지 않겠지만 사람에 따라서는 이 정도로도 윙

윙 하는 소리가 들릴 수 있다. 그리고 그 소리가 어디에서 오는지 이해하기 위해서는 뇌에 대해 약간 파악할 필요가 있다.

일반적으로 알코올을 받아들이는 능력 면에서 인간이 여타 포유류보다 훨씬 낮다고는 해도(1장 참조), 인간의 신체와 뇌가 과량의 알코올에 노출되어도 문제없을 정도로 설계되지는 않았다. 따라서 대부분의 사람은 부피 기준 알코올 4.8%인 맥주 여섯 개들이 한 팩을 마시는 것에 대해 꽤 많은 양이라고 생각할 수 있다. 알코올에 대한 인체생리 작용의 주된 역할은 알코올을 분해하고 제거하는 것이다. 따라서 우리가 맥주 또는 어떤 알코올음료에 취했다는 것은 기본적으로 알코올이 인체의 알코올 분해 시스템을 압도했다는 것을 의미한다.

일단 알코올 분자가 뇌에 도달하면 알코올은 혈관이 닿는 거의 모든 곳에 갈 수 있다. 맥주를 더 많이 마실수록 인체의 알코올 처리속도가 느려지고 혈중 알코올 농도가 높아지기 때문에 이에 비례해 더 많은 알코올이 뇌에 도달한다. 인간의 뇌는 수억 년에 걸쳐 훨씬 단순한 구조에서 진화해 온 놀라운 기관이다. 비록 진화가 완벽한 공학적인 해결책을 추구할 목적으로 진행되지는 않지만 몇 가지 공학적인 비유는 뇌가 어떻게 작동하는지를 설명하는 데 도움이 된다.

기본적으로 뇌가 신체를 효과적으로 주도하려면 해결해야 할 두 가지 큰 문제가 있다. 그중 하나는 많은 다른 신체 구조가 서로 소통하도록 하는 것이고, 또 하나는 인체 조직을 구성하는 세포들이 서로 소통하도록 하는 것이다. 조물주는 말초 기관과 뇌를 연결하는 긴 철사 같은 신경들이 가정의 전기회로와 비슷하게 작동하는 신경계를 인체에 제공함으로써 첫째 문제를 해결했다. 신경은 인접한 신경세포들이 이웃에 의해 자극을 받을 때 일어나는 화학적·전기적 신호를 모두 전달해 뇌와 다른 기관 사이를 조정한다.

평균적인 인간의 뇌 무게는 약 3파운드이다. 손으로 잡으면 손가락 사이로 빠져 나가는 프루트젤리 한 줌 같은 느낌이 들 것이다. 또한 뇌 바깥 면에 많은 접힌 부분과 주름이 눈에 띌 것이다. 그 주름이 있는 이유는 뇌의 외부 층은 두꺼운 천과 같아서 두개골 내부에 맞도록 뭉쳐야 하기 때문이다. 그 결과 접힌 시트의 노출된 부분인 뇌회와 숨겨진 안쪽 주름인 뇌구가 형성된다. 이 구겨진 시트의 세포들은 서로 연결되어 있어서 뇌는 알코올 분자들의 큰 표적이 된다. 보통 사람들은 여섯 개들이 한 팩에서 세 번째 맥주를 비웠을 때쯤이면 혈중 알코올이 0.05% 정도에 이를 것이고, 알코올 분자들이 뇌의 더 깊은 영역으로 침투하기 시작하면서 기분 좋게 윙윙거리는 소리를 느낄 것이다. 그리고 이는 대부분의 미국의 주에서 합법적으로 술을 마실 수 있도록 규정한 0.08%에 비교할 때 절반 이상의 음주 상태이다.

인간의 뇌에 대한 가장 단순한 시각은 뇌 가운데를 중심으로 뇌의 피질, 즉 윗면과 옆면을 덮고 있는 부분을 오른쪽과 왼쪽으로 단순하게 나누는 것이다. 비록 좌뇌와 우뇌에 대해 주장되는 차이점이 종종 입증되지 않은 일화인 것으로 판명되었지만, 그 차이점 중 몇몇은 정말로 특별한 의미가 있다. 예를 들어, 말하기와 언어 이해 능력은 거의 항상 뇌의 왼쪽 절반에 집중되어 있다. 그러나 이 사실만으로 맥주가 뇌에 미치는 영향을 이해하는 데 큰 차이가 생기지는 않는다. 알코올은 왼손잡이인지 아닌지에 상관없이 뇌의 양쪽으로 똑같이 쉽게 스며들기 때문이다.

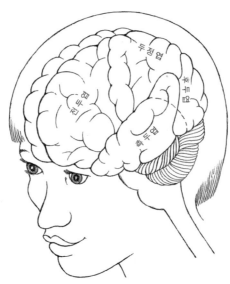

그림 13.1. 뇌의 4대 주요 엽. 전두엽, 두정엽, 측두엽, 후두엽.

여기서 더 중요한 것은 좌우뇌 각각이 사분면으로 더 나뉜다는 것
이다(그림 13.1). 그 결과 뇌의 외부 표면에 총 여덟 개의 엽이 생기는
데, 각각의 엽은 알코올의 영향에 민감하다. 뇌의 앞쪽, 이마 아래에
는 전두엽이 있다. 좌우 양쪽의 전두엽 바로 뒤에 두정엽이 있고, 그
아래에는 측두엽이 있다. 마지막으로 후두엽은 뇌의 뒷부분에 위치
한다. 이 네 개의 각 엽이 수행하는 역할은 다양하다. 심지어 각 엽 내
에서조차 다양하게 나뉜다. 하지만 맥주가 뇌에 미치는 영향을 이해
하기 위해서는 각각의 엽이 담당하는 주요 기능을 알아야 한다.

전두엽은 의식적인 결정이 이루어지는 곳이다. 두정엽은 외부 세
계에 감응하고 반응하는 우리의 능력에 필수적인 뇌의 감각과 운동을

담당하는 작은 피질 영역을 포함하고 있다. 좌측두엽의 두 중요한 하위 부위는 그 부위를 발견한 과학자 폴 브로카Paul Broca와 카를 베르니케Karl Wernicke를 따서 이름이 붙여졌다. 이 두 부분은 각각 언어의 말하기와 이해에 관여한다. 마지막으로, 뇌의 뒤쪽에 있는 후두엽은 시각적 처리와 반응을 담당한다. 그리고 이 모든 엽의 세포는 우리가 마시는 맥주에서 비롯된 알코올 분자에 노출된다.

뇌의 4대 주요 엽은 각각 뉴런으로 알려진 수십억 개의 세포로 이루어져 있다. 이 뉴런들은 서로 연결되어 정보가 이동하는 경로를 형성한다. 뉴런들은 인접한 이웃 뉴런들과 시냅스라고 불리는 연결을 통해 서로 정보를 주고받는다. 시냅스 간 통신을 작동시키는 것은 이른바 활동 전위, 즉 하나의 뉴런에서 다음 뉴런으로 흐르는 일종의 전하(그림 13.2)이다. 이러한 전기신호들은 뇌의 내부에서만 이동하는 것이 아니라 외부로도 이동해 신체의 여러 부분으로 지시사항을 전달하고 정보를 다시 뇌로 전달한다(11장 참조). 어떻게 이런 일들이 달성되는지 아무도 정확히 알지 못하지만, 뇌 안에서 이 전기신호들은 외부 세계에 대한 우리의 지각을 종합하고 의식의 일반적인 느낌을 만들어낸다.

뇌의 구조를 뇌 조직의 색깔이라는 관점, 즉 백색 세포 또는 회색 세포(백질 또는 회백질)라는 관점에서 생각해 보는 또 다른 방법도 있다. 백질은 축색 돌기라고 불리는 수십억 개의 신경세포로 이루어져 있는데, 이 신경세포들은 전선처럼 피복되어 있으며 뇌의 내층 전체에 섬유실처럼 뻗어 있다. 외부 영역, 즉 회백질도 수십억 개의 세포로 이루어져 있지만, 제2의 신경세포인 덴드라이트가 존재하기 때문에 그 구조는 백질보다 더 복잡하다. 덴드라이트는 시냅스를 이용해서 백질의 신경섬유(축색 돌기)에 접속하고, 그들 사이에 끝이 없어 보이는 수많은 연결을 만든다. 회백질에서 만들어진 연결은 감각기관이 외부 세계에 대해 제공하는 데이터를 처리하는 뇌에 매우 중요하다. 이러한 연결은 또한 기억력, 감정 반응, 그리고 다른 높은 차원의 신경 기능에서뿐만 아니라 운동 반응에서도 없어서는 안 되는 중요한 것이다. 이 모든 활동은 신경의 신호전달 속도에 의존하는데, 이 속도는 알코올 분자에 의해 크게 영향을 받을 수 있다.

뇌를 바라보는 셋째 방법은 진화론적 관점이다. 진화론적 관점에서 보면 뇌에는 세 개의 영역이 있는데 이번에는 안쪽에서 바깥쪽으로 향한다. 이 영역들은 통칭해서 각각 파충류 뇌, 대뇌 변연계, 신피질로 알려져 있으며, 진화 단계를 거쳐 연속적으로 획득되었다. 파충류 뇌는 깊은 내부에 박혀 있어 감각과 운동 과정 모두에 관여하며, 우리의 기본 동작을 제어하는 소뇌와 우리의 기본적인 신체 기능을 제어하는 뇌간을 포함한다. 대뇌 변연계는 파충류 뇌 위에 층을 이루고 있으며, 해마, 시상, 편도 같은 많은 작은 신경 집단으로 이루어져 있는데, 모두 감정 및 고도의 두뇌 기능에 중요하다. 술의 영향을 크게 받는 뇌의 보상중추도 이곳에 있다. 마지막으로 가장 바깥쪽 피질이 있는데, 그 안에서는 보다 높은 추리작용이 일어난다.

◆ ◆ ◆

뇌세포는 상당한 양의 영양분을 필요로 하며(1.5kg의 뇌는 몸무게

100kg인 개인이 소비하는 모든 에너지의 25%까지 사용할 수 있다), 영양분은 뇌의 세 개 영역에 있는 신경세포에 산소와 알코올을 매우 효과적으로 전달하는 혈관의 복잡한 망상조직을 통해서 공급된다. 여섯 개들이 팩의 네 번째 맥주를 들이마실 때쯤이면 혈중 알코올 농도가 0.065% 정도일 것이고, 법적으로 취한 상태에 거의 도달해 있을 것이다. 그럼 그 작은 알코올 분자가 유명한 로마의 웅변가 세네카가 말하는 '자발적인 광기voluntaria insania'를 어떻게 만들어내는지 살펴보도록 하자.

뇌 속 깊은 곳에서 표면을 향해, 하나의 엽에서 다른 엽으로, 외측 회백질에서 내측 백질로, 뇌의 왼쪽에서 오른쪽으로, 그리고 뇌의 먼 영역에서 대뇌 변연계로, 그리고 특정 작업에 특화된 신경세포들(핵)의 여러 덩어리를 왔다 갔다 하면서 소통하는 신경세포들의 집합체를 상상해 보라. 이 신경세포들은 약 1000억 개에 달하며, 각각의 세포는 다른 신경과 1만 5000개 이상의 연결을 할 수 있는 잠재성을 가지고 있다. 결국 이는 보통의 뇌에 약 100조 개의 연결고리가 있다는 것을 의미한다. 나이(나이가 들수록 시냅스를 잃는다)와 성별(여성은 남성보다 시냅스가 적다)에 따른 차이를 감안하더라도 이는 은하계의 별 전체(은하계의 별은 4000억 개에 불과하다)를 훨씬 앞지르는 경이적인 연결 수이다.

뇌의 시냅스와 말초신경계는 한 세포에서 이웃세포로 신호를 전달하게 함으로써 뇌 내부에서 그리고 뇌와 몸 사이의 양방향으로 암호화된 정보를 이동시킬 수 있다. 따라서 만약 이 신호들의 전달체계가 통제되지 않는다면 우리 몸은 엄청난 전기적 혼란 상태에 빠질 것이다.

신호를 적절하게 통제하는 것은 시냅스를 적절하게 작동하는 데 달려 있는데, 알코올은 이 과정에 큰 영향을 미칠 수 있다. 세포 간의 소통은 주로 분자 상호작용을 통해 이루어지며, 시냅스를 가로질러 발생하는 활동 전위는 신호를 보내는 매개수단으로 이온을 사용한다. 여기에 관여하는 여러 이온 중 가장 일반적인 것은 나트륨과 칼슘 이온(Na+, Ca++)이다. 만약 활동 전위가 두 개의 세포막을 가로질러 하나의 세포에서 이웃 세포로 뛰어넘을 수 있었다면 신호를 주고받는 시냅스 전부presynaptic의 세포와 시냅스 후부postsynaptic의 세포들 간에 전기 활동 전위를 전달하기가 매우 용이했을 것이다. 그러나 아쉽게도 시냅스는 이렇게 간단하고 쉬운 방법으로 진화하지 않았다. 대신 시냅스 전부에 있는 각 세포의 안쪽에는 신경전달물질로 알려진 작은 분자들을 품은 소포들이 있는 반면, 시냅스 후부에 있는 각 세포의 막에는 수백 또는 수천 개의 작은 단백질이 박혀 있다(그림 13.2). 이러한 단백질 분자들 중 일부는 전하를 가진 이온이 통과할 수 있는 작은 구멍 혹은 이온 통로를 형성한다. 한편 다른 단백질들은 신경전달 분자들과 결합할 수 있는 매우 독특한 구조를 가지고 있다.

이러한 이온 통로들은 일반적으로 자신이 위치하는 시냅스 전부의 세포에서 이온의 농도가 결정적인 수준에 도달할 때까지 비활성화된다. 이러한 결정적 농도는 세포에 도달하는 외부 신호—예를 들어 혀, 눈, 코 등 감각기관으로부터 받는 신호 중 하나—에 의해 발생한다. 이렇게 결정적 농도에 도달하면 소포들이 시냅스 쪽으로 이동하고 이어서 터져 열리면서 두 세포 사이의 영역으로 신경전달물질을 방출한다. 이 신경전달물질은 수용체 분자와 결합하고 결합된 수용체는 이온 통

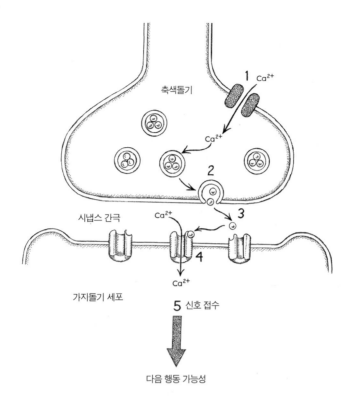

축색돌기

1 Ca²⁺

Ca²⁺

2

시냅스 간극

Ca²⁺

3

4

Ca²⁺

가지돌기 세포

5 신호 접수

다음 행동 가능성

그림 13.2. 시냅스가 작동하는 방식 개요. 시냅스 전부의 세포인 축색돌기와 시냅스 후부의 세포인 가지돌기가 나란히 시냅스 간극에 의해 분리된 상태로 보인다. 축색돌기 세포의 막에는 도처에 이온 통로들(1)이 분포되어 있다. 이 통로들을 통해 칼슘과 같은 이온이 세포막을 통과해 시냅스 전부 세포의 이온 농도를 변화시킨다. 이는 다음 단계로 세포(2)에서 작은 펩티드(신경 펩티드)를 방출하게 한다. 이 신경 펩티드는 시냅스 간극(3)으로 이동해 가지돌기 세포의 막에 내장된 신경 수용체(4)와 상호작용한다. 신경 펩티드가 신경 수용체와 결합함에 따라 통로가 열리고, 칼슘 같은 이온이 가지돌기 세포에 더 많이 들어온다. 이는 계속해서 가지돌기 세포를 통과하고 다음 신경세포로 이동하는 전기신호(5)를 일으킨다.

로의 구멍을 열어 이온이 돌진할 수 있도록 한다. 이후 시냅스 후부
세포의 새로운 활동 전위는 이온 통로를 통과한 축적된 이온에 의해

생성된다. 신경전달물질은 이온 통로 단백질로부터 자유로워지므로 재흡수라고 불리는 과정을 통해 다시 시냅스 전부의 세포로 복귀해 전체 과정을 다시 시작할 수 있다.

혈중 알코올 농도는 이제 0.081%에 이르렀고, 여섯 개들이 팩 중 이미 마신 다섯 개의 맥주로부터 알코올은 시냅스 영역에 어느 틈에 다가가 여러 교묘한 효과를 내기 시작했다. 음주 초기에 알코올 분자는 기분 좋게 취한 기분을 느끼게 했다. 하지만 술을 계속 마셨더니 그 얼큰함이 불가사의한 도취 상태로 대체되었으며, 결국 점점 더 신체의 통제력을 잃게 되었다. 대체 무슨 일이 일어났던 것일까?

다양한 신경전달물질은 활동전위에 대해 결정적인 제어 역할을 한다. 신경전달물질의 종류는 50가지 이상이며, 각각의 신경전달물질은 자신만의 수용체가 있다. 시냅스로 방출되고 정밀하게 딱 들어맞는 신경전달물질에 따라 특정한 반응이 일어난다. 일부 신경전달물질은 흥분전달물질로, 이는 뇌와 신경계의 시냅스들을 더욱 활성화시킨다. 이 신경전달물질은 활성 전위의 활동성을 증대시켜 뇌를 자극하는 역할을 할 것이다. 한편, 일부 신경전달물질은 억제전달물질로, 시냅스의 활동성이 떨어지고 반응이 둔화되도록 활성 전위 작용을 저하시킨다. 그러면 전달물질 재흡수 속도도 변화할 것이고 이에 따라 시냅스의 활성 속도도 달라질 수 있다.

◆ ◆ ◆

맥주는 복잡한 음료로 그 성분들이 뇌에 미묘한 영향을 미칠 수 있다. 평균적으로 물은 맥주의 95%에 이른다. 알코올은 다양한 농도로 존재한다. 게다가 여과되지 않은 맥주는 효모와 아마도 약간의 박테리아를 포함할 것이다. 그 밖에 페놀, 알파산들(휴물론), 베타산들(루풀론), 색소 분자, 그리고 여러 발효에 의한 많은 다른 생성물 같은 양조 과정의 여러 부산물도 포함하고 있을 것이다. 알코올 외에 이 많은 다른 화합물도 결국 뇌에 도달할 것이고, 이는 뇌에 영향을 미칠 가능성이 있다.

그래도 알코올의 영향이 무엇보다 중요하기 때문에 이 작은 분자가 뇌에서 전체적으로 어떻게 작용하는지 먼저 살펴보자. 알코올에 의해 영향을 받는 신경전달물질 중 하나는 글루탐산염이다. 이 작은 분자는 흥분 신경전달물질이며, 일반적으로 뇌의 시냅스 활동과 에너지 준위를 높인다. 시냅스의 알코올 함량이 충분히 높으면 시냅스 전부의 세포들이 방출하는 글루탐산염의 양을 줄여 시냅스 활성화가 둔화된다. 이것은 결국 다양한 뇌 하위 조직 사이의 소통을 느려지게 하고 협업을 방해한다. 억제 측면에서 알코올은 감마-아미노부티르산 또는 GABA로 알려진 매우 중요한 신경전달물질의 활동을 강화한다. 이 분자는 활성 전위를 억제해 시냅스들을 둔화시킨다. 표면적으로 이것은 자낙스나 발륨 같은 진정제가 뇌에 미치는 영향과 약간 비슷하지만, 알코올은 이러한 진정제와 다른 방식으로 작용한다는 것이 밝혀졌다. 즉, 안정제는 GABA 생산을 증가시키는 반면, 알코올은 GABA가 시냅스에 미치는 영향을 증가시킨다.

알코올은 전반적으로 진정제 역할을 한다. 그래서 술에 취하면 잠이 드는 경향이 있다. 그러나 알코올은 또한 놀라운 각성제의 효과도

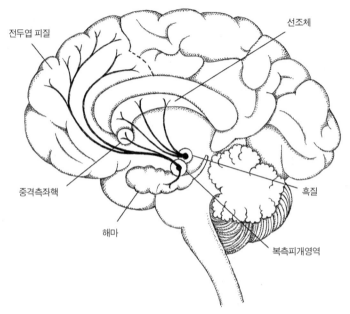

그림 13.3. 뇌의 보상중추. 선조체는 뇌의 보상체계의 중심에 있으며 그림에 표시된 것과 같이 여러 다른 뇌 영역과 상호작용한다. 이들 영역에는 우리가 결정을 내리는 곳인 전두엽 피질, 중격측좌핵, 기억을 변조하는 해마 등이 포함된다.

있는데 이는 대뇌 변연계 내에 위치한 뇌의 보상중추를 통해 작용한다(그림 13.3). 즐겁고 유쾌한 활동을 하는 동안 뇌에서는 도파민으로 알려진 신경전달물질의 생산이 증가하는데, 알코올 또한 도파민의 방출을 증가시켜 더 많은 알코올을 원하게 만든다. 결과적으로 알코올은 뇌의 보상중추를 기만해 더 많은 알코올을 갈망하도록 하는 것이다. 그러나 그렇게 추가 섭취되는 알코올의 최종 효과는 우울증이 될 것이다. 신경이 가진 딜레마는 '도파민 수치가 올라가기 때문에 더 많은 맥주를 마시지만, 맥주를 마실수록 신경계는 우울증을 증가시킨다'는 것이다.

우리의 예정된 계획에 따르면 지금이 여섯 개들이 팩의 마지막 맥주를 비울 적절한 순간이다. 마지막 맥주를 마시면 혈중 알코올 농도는 0.093까지 상승해 적법한 수준을 넘은 만취상태에 이를 것이지만, 이 상태는 맥주로 인한 우리 몸에 대한 신경 영향을 살펴보기 위한 좋은 기회가 될 것이다.

여섯 개들이 맥주 한 팩을 다 마시고 나면 대부분의 사람은 약간 졸리고 굼뜬 상태가 된다. 발음이 분명하지 않게 되고 부적절한 언동을 할 수도 있다. 우리의 뇌에서 결정을 내리고 행동을 조절하는 전두엽 피질에 알코올의 농도가 영향을 미치기 시작하기 때문에 우리는 통제에서 벗어나 매우 거리낌 없는 상태가 되기도 한다. 알코올은 GABA의 활동을 강화해 시냅스의 글루탐산염 수용을 위축시킴으로써 전두엽 뉴런의 활성화를 둔화시킨다. 물론 도파민이 방출되어 남아 있는 또 다른 여섯 개들이 팩을 다시 시작하도록 유혹할 수도 있다. 하지만 우리가 탁자 위의 잔을 건드려 거의 넘어뜨릴 뻔하고 소뇌를 침범한 알코올로 인해 우리가 조절력을 잃고 있다는 것을 깨달으면 우리는 알코올을 더 마시려는 것이 잘못된 생각이라고 결정할 수도 있다. 더구나 귀 안쪽의 균형기관 또한 알코올 분자에 흥건하게 젖은 상태가 되어 아마도 기능이 저하되고 주위가 빙빙 도는 것 같은 느낌을 줄 수도 있다.

그리고 약간의 피곤함이 몰려와 그만 집에 들어가기로 결정했을 수도 있다. 이러한 결정은 주로 알코올이 지닌 일반적인 진정제로서의 특성과 뇌의 모든 부분에서 글루탐산염과 GABA를 수용하는 데 알코올이 미치는 영향에 의해 좌우될 것이다. 그리고 특별히 뇌간은 호흡을 포함한 많은 신체의 기능을 둔화시킴으로써 대응한다. 몸이 졸린다는 신호를 보내는 것은 알코올이 뇌간에 미치는 영향의 결과이다.

하지만 남아 있는 도파민이 아직 충분하다면, 남아 있는 두 번째 팩을 계속 마시기로 결정했을지도 모른다. 이 경우 우리는 이 장의 서두에서 기술한 숙취에 대한 위험을 감수해야 할지도 모른다. 숙취는 에르 부케론을 만드는 양조업자들이 우려하는 탈수증과 알코올 때문에 신진대사가 저하되어 뇌혈관이 팽창함에 따라 야기되는 불유쾌한 상태이다.

두 번째 팩을 사양한다고 해도 그 두려운 숙취를 피할 수 있으리라는 보장은 없다. 알코올은 뇌 바닥에 있는 뇌하수체에도 영향을 미치기 때문이다. 이 작은 타원형의 신경조직은 몸의 적절한 기능을 조절하는 데서 온갖 역할을 하는 호르몬들을 만드는 역할을 한다. 술을 너무 많이 마시면 뇌하수체가 항이뇨 호르몬인 바소프레신을 만드는 활동을 멈출 것이다. 이 호르몬은 신장에 무엇을 해야 하는지 알려주는 기능을 한다. 따라서 바소프레신 생성이 정지되면 뇌하수체는 신장이 생산하는 물을 신장의 다른 부분을 우회해서 방광으로 바로 보내도록 신호를 보낸다. 그 결과 방광이 가득 차서 화장실을 더 자주 드나들더라도 우리 몸 안의 다른 곳에서 사용할 수 있는 물이 부족해지고 이는 엄청나게 많은 바람직하지 않은 결과들을 야기한다. 즉, 몸에 물이 극도로 부족해지고 모든 기관은 이기적으로 어떤 물이라도 끌어모은다. 그러나 뇌는 물을 끌어모으는 일을 잘하지 못하기 때문에 물을 얻기 위한 무자비한 경쟁에서 가장 큰 고통을 받는다. 이 결과 뇌는 탈수상태가 되고, 뇌를 두개골에서 격리시키는 연결 조직과 막을 끌어당길 정도로 수축된다. 이러한 지속적인 끌어당김이 숙취로 두통을 겪는 원인이다. 그리고 이러한 인과관계는 숙취 없는 맥주를 찾는 가치 있고 결코 포기할 수 없는 탐구여정을 설명해 준다.

제 **4** 부

프런티어,
새것과 옛것

제14장

맥주의
계통

맥주의 계통을 한데 모아 종합하는 작업을 끝낸 후 우리는
우리가 확인한 계통도상 세 개의 주요 줄기를 이루는 맥주를
놀랍게도 모두 결합시킨 이탈리아산 이 대단한 물건을 빨리
마셔보고 싶었다. 모양 좋은 갈색 병 안에는 벨기에산 발리
와인 스타일의 피티드 에일, 스카치위스키 통에서 숙성된
라우흐 마르첸, 브렛 맥주의 매우 특이한 혼합물이 채워져
있었다. 매우 큰 마개에는 '몽상(Daydream)'이라고 쓰여
있었다. 우리가 브렛의 특성상 예상했던 것처럼 거품은
빠르게 사라졌다. 잔 속에 든 고밀도의 뿌옇고 노르스름한
액체에서는 캉탈 치즈, 피트, 그리고 당연히
브레타노미세스의 강한 아로마 향이 느껴졌다. 브렛의 맛은
거슬리면서도 묘한 매력이 있었는데 말로는 표현하기 힘든
특별함이 있었다. 이것은 분명 모든 사람을 위한 맥주는
아니었지만, 확실히 기억할 만한 것이었다.

인간의 마음은 관계를 만들려는 뿌리 깊은 욕구를 지니고 있다. 많은 독자들은 여러 다른 스타일의 맥주의 계통을 보여주는 멋진 도표로 장식된 티셔츠와 포스터들을 보았을 것이다. 우리가 가장 좋아하는 도표 중 하나는 popchartlab.com에서 가져온 것이다. 이 도표는 실제 계통도를 담은 포스터인데, 이는 원조와 원조에서 파생되어 내려온 맥주들과 함께, 여기에 더해 계통도를 나무 같은 모양보다는 그물 같은 모양에 더 가깝도록 만드는 몇몇 교차 관계도 보여주고 있다. 도표에 있는 65종의 에일과 30종 이상의 라거는 두 개의 큰 맥주 '집단'을 보여주고 있다. 하지만 에일과 라거들을 연결하는 선은 도표에는 표기되지 않은 '모든 맥주의 공통조상'이 존재했음을 보여준다. 도표상에 사촌뻘을 연결한 것은 특히 흥미로운데, 이들은 콜시, 크림 에일, 알트비어, 캘리포니아 커먼, 그리고 발틱 포터로, 에일과 라거의 특성을 모두 가지고 있다. bearingsguide.com의 또 다른 도표에는 45종의 에일과 25종의 라거가 포함되어 있다. 이 도표에도 popchartlab.com 포스터처럼 사촌뻘 관계가 포함되어 있지만 그 수가 적고 크림 에일과 발틱 포터 외에는 라거나 에일 사이에 위치하기가 어려운 것으로 보인다. cratestyle.com 버전과 같은 맥주 계통도는 이러한 사촌뻘 관계, 즉 '혼성' 관계를 보여주려 하지 않는다. 게다가 일부 다른 계통도는 훨씬 더 단순하게 IPA나 스타우트와 같은 주요 스타일 그 이상의 관계를 보여주려 하지 않는다. 그중 위키미디어 커먼스Wikimedia Commons 그리고 마이크로브루스 USAMicroBrews USA(https://microbrewsusa.wordpress.com/2013/07/17/family-family-tree/)의 두 도표에서는 라거를 에일과 연결하려는 시도조차 하지 않고 맥주 간 관계들의 골자만 제시한다. 그리고 동료 진화생물학자 중 한 명인 댄 그노Dan Graur는 에일과 라거 사이에 아무런 관계성이 없는 좀 더 나무모양 같은 도표를 선호한다.

우리는 왜 본질적으로 장식적인 이 도표들을 언급하고 있는가? 이 포스터들의 제작자들은 맥주 사이의 관계를 시각적으로 보여주려고 시도하면서, 우리의 전문적인 신경 종말을 살짝 비틀었다. 원시 인류, 여우원숭이, 초파리, 박테리아, 식물, 그리고 기타 등등의 유기체 사이의 관계를 규명하기 위해 협력하면서 공동의 70년을 보낸 과학자들로서, 우리는 이 포스터들에 적용한 계통발생 분석의 이로운 점과 함께 우리 분야가 직면한 더 까다로운 도전을 발견한다.

생태계에 있는 생물의 종류와 그 생물들 사이의 관계를 분류하려는 과학자인 계통분류학자는 그러한 관계를 나타내기 위해 항상 (진화) 계통수를 사용해 왔다. 아마도 이러한 계통수 가운데 최초의 것은 1809년 출간된 프랑스의 자연사학자 장 바티스트 라마르크Jean-Baptiste Lamarck의 출판물일 것이다(그림 14.1). 라마르크는 또한 생명체는 시간이 흐르면서 변한다는 것을 제안한 최초의 과학자였다. 이 때문에 그는 몇몇 현존 분류군이 다른 분류군으로 바뀌었다고 제시하면서, 계통수의 마디(신구의 접점)에 현존의 분류군을 배치하기도 했다. 이 방식은 모든 맥주 포스터에 적용된 것이기도 했다. 하지만 이는 계통

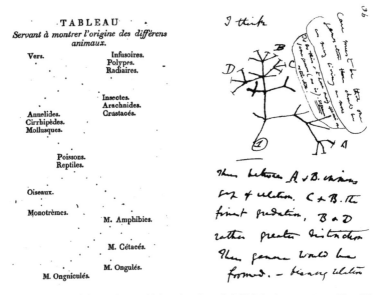

그림 14.1. 왼쪽: 라마르크의 1809년 '계통수' 그림. 그림에서 '양서류(M. Amphibies)'는 계통수의 어떤 마디에 위치하고 있고 고래류(M. Cétacés)와 어류, 파충류(Poissons, Reptiles) 사이에서 과도기적 형태를 보이고 있음에 주목하자. 다윈의 'I think' 계통수(오른쪽)가 함축하는 바는 계통수 말단은 현존하는 분류군이고 마디는 조상에 해당한다는 것이다.

도로는 무난하지만 조상이 가상의 상태이거나 기껏해야 화석으로 알려진 진화의 계통수로는 적합하지 않다.

1836년, 찰스 다윈은 개인 메모장에 그의 유명한 갈라진 나뭇가지 그림인 '아이 싱크I think' 도표를 그려나갔다(그림 14.1). 이것은 처음부터 끝까지 가상의 분류군(유기체)을 사용해 진화가 어떻게 진행되는지를 도식적으로 표현하기 위한 시도였다. 그러나 그가 계통수 가지 끝에 있는 분류군을 현존하는 것으로, 마디 자체를 조상뻘로 간주했던 것은 분명하다. 다윈은 1859년 자신의 저서 『종(種)의 기원On the

Origin of Species』에서 조상-후손 관계를 명백하게 언급함으로써 계통수의 개념을 공식화했다. 실제로 '생명의 위대한 나무The Great Tree of Life'라는 시적인 은유 표현을 새롭게 만들어낸 사람도 바로 그였다.

계통수는 생명체의 진화를 연구하는 데서 오랫동안 사용되어 왔다. 계통수는 진화생물학에서 특정한 독립체가 다른 독립체와 어떻게 연관되어 있는지, 조상이 진화의 양상에 맞게 어떻게 변화했는지 등을 보여주기 때문에 매우 유용하다. 그래서 우리는 생명체의 다양성만큼이나 찬란하게-적어도 맥주 애호가들에게는-다양한 맥주를 마주했고, 맥주들이 어떻게 진화했는지 살펴보려면 체계적인 기법을 도입하는 것이 교육상 유익할 것이라는 생각을 하게 되었다. 물론 맥주는 생명체들이 진화했던 것과 같은 방식으로 진화하지는 않았지만, 꽤 유사한 패턴이 문화적·생물학적 영역 모두에서 진화에 의해 만들어질 수 있다는 것이 밝혀졌다. 실제로 언어학자들은 오랫동안 언어들 사이의 관계를 나타내기 위해 계통수를 사용해 왔으며, 이 계통수를 만들기 위해 종종 생물학자들이 발명한 것과 매우 유사한 기법을 이용했다.

우리가 포스터와 티셔츠에서 본 맥주 계통도는 관련 맥주 제품에 대한 엄청난 지식을 바탕으로 만들어졌다. 이런 점에서 그 계통도는 반세기 전에 진화 계통수를 만들던 방식과 매우 흡사하다. 진화 계통수는 광범위한 전문지식을 이용한 전문가들의 직관으로 도출되었다. 이런 종류의 일은 무한정 계속될 수 없었는데, 1960년대의 새로운 세대의 분류학자들은 이 과정이 실제 자료에 의존하기보다 많은 부분 느낌에 의존했기 때문에 비과학적이라고 불평하기 시작했다. 그리고 그들은 더 많은 객관적인 대안을 찾기 시작했다.

◆ ◆ ◆

1960년대는 전반적으로 격동의 10년이었다. 분류에 관한 과학도 예외는 아니어서 많은 내분이 있었고 때로는 서로를 비난하는 의견 불일치도 있었다. 결국 계통수 작성에 대한 세 가지 기본적인 접근법이 나타났는데, 그 모두는 오늘날에도 여전히 어느 정도 사용되고 있다.

그중 한 접근법은 단순히 생명체들이 서로 간의 다양한 측면에서 얼마나 유사한지 묻고 유사성의 합을 계통수를 만들기 위해 사용한다. 관심 있는 종 사이의 모든 쌍별 차이pairwise difference(유사성의 반대 측면)를 취하고, 어떤 차이가 최소인지를 찾는다. 그리고 나서 최소 차이가 나는 그 쌍의 두 종을 계통수의 첫째 마디에 배치한다. 이 첫 두 종과 다음으로 가장 유사한 종을 그 그루핑의 가장 가까운 친척뻘로 배치하고, 다음으로 계속 이어간다. 이러한 진행 방식을 간격법이라고 하며, 종에 대해 가질 수 있는 모든 정보를 결합해 하나의 유사성(또는 간격)의 척도로 만든다는 점에서 다른 두 가지 방법과는 다르다.

다른 두 방법은 분석의 생명체에 대한 여러 조각 정보(형질 또는 형질 상태라고 부른다) 각각을 취한 다음 이 각각의 형질이 진화의 스토리를 얼마나 잘 설명하는지 평가한다. 두 방법 모두 나무의 형태(위상공간)로 연결되며, 형질이 종의 계통수상 가능한 모든 배열과 얼마나 잘 들어맞는지 평가하는 것을 목표로 한다. 최대 절약 방법Maximum Parsimony Method(MPM)에서는, 사용된 모든 형질에 가장 잘 들어맞는 계통수를 가장 단순한 것으로 받아들이고, 따라서 데이터에 대한 최선의 설명으로 받아들인다. 최대 공산법Maximum Likelihood Method(MLM)도 형질별로 분석을 진행하면서 가능한 모든 계통수를 검토하지만 어느 계통수가 가장 좋은지는 확률을 이용해 결정한다. 이 방법을 위해서는 형질들이 어떻게 진화했는지에 대한 사전 모델을 가지고 있어야 한다(즉, 계통수와 모델 둘 모두에 주어지는 사용 가능한 데이터를 가질 확률을 평가한다). 분자들이 어떻게 변하는지에 대한 사전 모델을 개발하는 것은 비교적 수월하지만 해부학적 구조의 사전 모델을 만들어내는 것은 상당히 어렵다. 그런데 맥주를 분류할 때 사용하는 특성이 해부학에 더 비견되기 때문에 우리는 최대 공산법을 뒤로하고 최대 절약 방법에 집중할 것이다.

최대 절약 방법을 좀 더 자세히 살펴보자. 미국산 라거, 벨기에산 IPA, 비엔나산 필스 세 종류의 맥주를 '체계적으로 분류'하고 싶다고 해보자. 맥주 애호가라면 누구나 이러한 시도의 결과를 이미 알고 있겠지만, 분석 방법을 아는 것이 중요하니 참을성 있게 지켜봐주길 바란다. 그리고 우리가 가장 먼저 알아야 할 것은 어떤 계통수가 그 안에 세 가지 종류의 맥주를 포함하고 있더라도 그 계통수의 뿌리―조상―가 어디에 위치하는지 결정하기 전까지는 무의미하다는 것이다.

그 세 종류의 맥주를 포함한 계통수는 그림 14.2의 왼쪽에 있는 것처럼 보일 것이다. 현재 상태의 이 계통수에는 많은 정보가 있다고 주장하기 어렵다. 그러나 그림 오른쪽에서 보듯이 세 가지 중 어느 하나에 뿌리를 내린다면, 남은 다른 두 가지는 서로 밀접한 관계가 있다는 것이 즉시 명백해진다. 다시 말해서 뿌리의 위치는 계통수가 전달하는 진화의 정보에 결정적으로 작용한다. 그러나 어떤 계통수이든 뿌

그림 14.2. 비엔나산 라거, 미국산 라거, 벨기에산 IPA에 대해 뿌리를 정하지 않은 계통수(왼쪽). 가능한 뿌리 위치를 화살표로 보여주고 있다(오른쪽). 이 계통수가 미국산 라거에 뿌리를 두고 있다면 벨기에산 IPA와 비엔나산 라거는 서로 가장 가까운 친척뻘이다. 그러나 나무의 뿌리가 벨기에산 IPA에 있다면 비엔나산 라거와 미국산 라거가 서로 가장 가까운 친척뻘이다. 셋째 가능성은 뿌리가 비엔나산 라거에 있다는 것인데, 이는 미국산 라거와 벨기에산 IPA가 서로 가장 가까운 친척뻘임을 의미할 것이다.

리를 내릴 수 있는 데에는 여러 가지 방법이 있다. 어떤 사람은 우리가 방금 한 방법처럼 할 수도 있고 임의로 어떤 하나를 선택할 수도 있지만, 이것은 객관적이기 어렵고 심지어 되풀이할 수 있는 방법이 아니다. 다른 누군가도 똑같이 와서 "뿌리는 거기가 아니라 여기에 있다고 생각해요"라고 말할 수 있는데, 그러면 재현성이 상실되는 것이다. 다시 말해서, 순수하게 자신의 전문지식을 기반으로 선택한다고 해서 타당한 뿌리가 되지는 않는다. 그렇다면 앞으로 나아갈 유일한 방법은 어떤 넷째 맥주를 추가하고 그 위에 뿌리를 내리는 것이다. 이러한 접근법을 외집단 뿌리내리기라고 하며, 이는 조사 중인 세 종류의 맥주의 내집단에 속하지 않은 맥주, 이 맥주들과 관련이 적은 맥주를 필요로 한다. 여기서는 밀로 제조한 맥주로 이러한 요구를 훌륭하게 만족시킬 수 있을 것이다.

다음 단계는 네 종류의 맥주에 대한 특성 행렬을 만드는 것이다. 이 특성의 행렬을 작성하는 것은 지금 실행 중인 분석 작업의 핵심이며, 우리가 가지고 있는 유용한 모든 정보를 포함한다. 만약 우리가 유기체들의 어떤 집단에 대해 이런 종류의 분석을 수행한다면, 그 곡물들의 반응을 통해서뿐만 아니라 DNA의 염기서열 분석—보리, 효모, 홉에 대해 7장, 8장, 9장에서 각각 설명했듯이—을 통해서도 철저하게 그 곡물들을 특징짓고자 노력할 것이다. 하지만 맥주를 다루는 데서는 DNA가 별다른 도움이 되지 않을 것이다. 그래서 우리는 내집단인 세 종류의 맥주와 외집단인 한 종류의 맥주에 대한 다른 정보를 필요로 할 것이다. 이는 재미있는 지점으로, 여기에서처럼 분류해야 할 맥주가 단지 세 종류라면 각각 한 병씩 갖고 편하게 앉아 음미하면서 미각적인 특성을 알아낼 수 있을 것이다. 하지만 실제로는 주요 맥주의 종류가 100가지 이상이기 때문에 우리는 지름길을 택할 필요가 있다.

다행히도 BJCP^{Beer Judge Certification Program}는 100여 가지 맥주가 가진 독특한 특성을 개괄적으로 설명하는 문서를 제작했다. BJCP 문서에는 맥주의 계통 분석을 위한 행렬을 작성하는 데 필요한 맥주 스타일에 대한 대부분의 정보가 포함되어 있다. 이들 정보 중 가장 중요한 것은 BJCP가 '태그tag'라고 부르는 것으로, 강도, 발효법, 색깔, 원산지, 스타일, 계통, 지배적인 맛의 특성을 기술한다. 예를 들어, 색깔에는 옅은 색pale, 호박색amber, 어두운 색dark 세 가지 상태가 있다. 또한 BJCP에는 원래의 비중과 최종 비중, 국제적 쓴맛 단위(IBU), 단위 부피당 알코올, 표준 참고 방법(SRM)이라 부르는 보다 정량적인 색 측정도 포함된다. BJCP 가이드라인을 결합하면 100여 가지 맥주의 계통도를 만드는 데 유용한 20여 개의 특성에 대한 정보를 수집할 수 있다.

특정 유형의 맥주에 대해서는 레시피에서 더 많은 특성을 얻을 수 있다. 다행히도 이를 위한 하나의 데이터베이스가 Beer Smith.com이라는 형태로 존재한다. 이 웹사이트에는 서로 다른 스타일의 맥주에 대한 수천 가지의 레시피가 보관되어 있다. 이 데이터베이스는 또한 우리에게 맛의 등급, 사용되는 효모와 보리의 종류, 그리고 보다 상세한 발효 정보 같은 특성을 제공한다.

이제부터 앞서의 예, 세 가지 종류의 맥주에 대해 어떻게 최대 절약 방법을 적용하고 궁극적으로 어떻게 맥주 계통도를 만드는지 보여주기 위해 우리는 세 개의 '태그' 특성을 살펴볼 것이다. 이를 위해 여섯 가지의 BJCP 속성적 특성, 즉 강도(매우 높음, 높음, 표준, 세션), 색깔(옅음, 호박색, 어두움), 발효 효모(상면, 하면), 지역(북미, 중앙유럽, 동유럽, 서유럽, 영국, 태평양), 스타일(전통적 스타일, 수제 스타일, 역사적 스타일), 그리고 지배적인 맛(균형 잡힌 맛, 홉 맛, 신맛, 쓴맛)을 사용해 보자. 그리고 세 개의 내집단 맥주와 하나의 외집단 맥주에 대한 특성 및 상태를 표 14.1에 제시했다.

표 14.1. 외집단 맥주와 함께 세 가지 종류의 맥주의 계통수에서 사용된 특성 및 상태

	강도	색깔	발효 효모	지역	스타일	지배적인 맛
밀 맥주	높음	호박색	상면	북미	수제	균형 잡힌 맛
벨기에산 IPA	높음	옅음	상면	북미	수제	홉 맛
미국산 라거	표준	옅음	하면	북미	전통	균형 잡힌 맛
비엔나산 라거	표준	옅음	하면	중앙유럽	전통	균형 잡힌 맛

다음으로 조금 더 쉽게 분석하기 위해 특성 및 상태를 재부호화했다. 세 종류의 내집단 맥주에 대해 여섯 가지 특성을 가지고 최상의 계통수를 찾는 작업은 꽤 간단하다. 그러나 맥주가 더 추가될수록 가능한 계통수의 수가 기하급수적으로 증가한다. 이것은 우리가 분석하려는 맥주가 100여 종에 이른다면 결국 10^{100}개(1 뒤에 100개의 0이 붙는 어마어마한 수) 이상의 서로 다른 계통수를 살펴보아야 한다는 것을 의미한다. 이것은 고성능 컴퓨터를 사용해야만 수행할 수 있는 작업이다. 그리고 우리는 컴퓨터가 '옅은 색pale'과 '하면bottom' 같은 특성 상태를 처리하도록 프로그래밍할 수 있지만, 컴퓨터가 그 작업들을 더 쉽게 처리할 수 있도록 이 특성 상태에 숫자를 부여하는 것이 훨씬 더 쉽다. 따라서 강도의 경우 표준은 '0'으로, 높음은 '1'로, 색깔의 경우 호박색은 '0'으로, 옅음은 '1'로 각각 부호화한다. 그렇게 표 14.1의 특성 상태를 재부호화하면 표 14.2가 된다.

다음은 특성들이 가능한 계통수에 얼마나 잘 들어맞는지 평가 분석하는 과정으로, 계통유전학적 분석에서 매우 중요한 부분이다. 우리는 이미 관심 있는 어떤 맥주를 일반적으로 분석하려면 10^{100}개의

표 14.2. 외집단 맥주와 함께 세 종류 맥주에 대한 계통수에서 사용된 재부호화 특성 및 상태

	강도	색깔	발효 효모	지역	스타일	지배적인 맛
밀 맥주	1	0	1	1	1	1
벨기에산 IPA	1	1	1	1	1	0
미국산 라거	0	1	0	1	0	1
비엔나산 라거	0	0	0	0	0	1

다른 계통수들을 살펴볼 필요가 있음을 언급한 바 있다. 그러나 다행스럽게도 우리의 사례에서 세 종류의 내집단 맥주에 대해 조사해야 하는 계통수의 수는 단지 세 개밖에 되지 않으며 이들 모두가 그림 14.3에 나타나 있다. 그리고 여기서는 밀 맥주가 외집단 맥주의 역할을 한다.

그림 14.3에 보인 세 개의 계통수상에 여섯 가지 특성이 어떻게 놓여 있는지 살펴보자. 강도의 경우(그림 14.4), 외집단 밀 맥주는 '높음'으로 평가 기록되어 있다. 이 강도를 왼쪽 위치의 미국산 라거+비엔나산 라거 계통수상에 배치하기 위해서는 미국산 라거와 비엔나산 라거를 연결하는 교점 바로 전에 강도를 '높음'에서 '표준'으로 단 한 번 변경하면 된다. 그러나 중간 위치에 있는 미국산 라거+벨기에산 IPA 계통수의 경우에는 두 번 변경해야 한다. 즉, 미국산 라거+벨기에산 IPA의 교점 위에 있는 미국산 라거 가지 위의 하나, 그리고 비엔나산 라거 가지 위의 또 다른 하나를 변경해야 한다. 마찬가지로 오른쪽 위치의 비엔나산 라거+벨기에산 IPA 계통수도 두 단계의 변경이 필요하다. 비엔나산 라거+벨기에산 IPA 교점 위에 있는 비엔나산 라거 가

그림 14.3. 세 종류의 맥주 문제에 대해 가능한 세 가지의 계통수. 왼쪽의 계통수는 미국산 라거가 비엔나산 라거에 계통상 가장 가깝다는 것을 의미한다. 가운데 계통수는 미국산 라거가 벨기에산 IPA에 가장 가깝다는 것을, 오른쪽 계통수는 벨기에산 IPA가 비엔나산 라거에 가장 가깝다는 것을 의미한다. 이 문제를 풀기 위한 최선의 방법은 외집단 맥주를 하나 추가하는 것이다. 외집단 맥주는 세 개의 계통수 각각에 대해 동일하기 때문에 표시하지 않았다.

그림 14.4. 세 가지의 가능한 맥주 계통수상의 강도 특성. 흰색 막대는 계통수상에서 '높음'에서 '표준'으로 변경이 필요한 지점을 가리킨다. 왼쪽의 계통수는 미국산 라거+비엔나산 라거 마디로 이어지는 가지에서 발생하는 한 번의 변경이 필요하다. 다른 두 계통수는 표시된 것처럼 두 번의 변경이 필요하다. 이는 또 다른 특성인 '효모' 및 '스타일'의 경우와도 동일한 패턴이라는 점에 유의하자.

지 위의 하나, 그리고 미국산 라거 가지 위의 또 다른 하나이다. 이와 같이 우리가 살펴보는 특성이 강도뿐이라면, 하나의 단계로 가능한 미국산 라거+비엔나산 라거 계통수가 두 단계가 필요한 다른 계통수에 비해 가장 절약적(최소 변경)인 것으로 결론내릴 수 있을 것이다.

효모와 스타일의 특성도 강도와 같은 수로 얻어지기 때문에 결과적으로 세 가지 특성이 미국산 라거+비엔나산 라거 계통수를 뒷받침하고 있는 것이다. 그러나 색깔은 다른 패턴을 가지고 있다. 비엔나산 라거+벨기에산 IPA 계통수는 한 번의 변경이 필요한 반면, 다른 두 계통수는 각각 두 단계의 변경이 필요하다. 원산지와 맛은 생물학자들이 계통발생학적으로 정보적 가치가 없는 것으로 간주한다. 왜냐하면 원산지와 맛의 경우 세 가지 계통수 모두에 같은 수의 변경이 필요하기 때문에 어떤 계통수가 더 적절한지 결정하는 데 도움이 되지 않기 때문이다.

현 시점에서 이 세 종류의 맥주를 살펴보는 데에는 두 가지 방법이 있다. 첫째 방법으로 살펴보면 비엔나산 라거+미국산 라거 계통수에는 완전히 부합하는 세 가지 특성이 있고, 비엔나산 라거+벨기에산 IPA 계통수에는 완전히 부합하는 하나의 특성이 있으며, 미국산 라거+벨기에산 IPA 계통수에는 부합하는 특성이 없다. 둘째 방법으로 살펴보기 위해서는 비엔나산 라거+미국산 라거 계통수의 경우 다섯 번의 변경을 거치고, 비엔나산 라거+벨기에산 IPA는 일곱 번의 변경을, 미국산 라거+벨기에산 IPA는 여덟 번의 변경을 거친다(앞서 언급한 것처럼 계통발생학적으로 가치가 없는 특성은 무시한 경우에 한한다). 결과적으로 어느 쪽이든 비엔나산 라거+미국산 라거 계통수가 경쟁에서 우위에 있다. 따라서 우리는 이 계통수가 가장 절약적이라고 분명히 이야기할 수 있다.

물론 이러한 계통수상의 관계는 우리가 이 맥주들에 대해 이미 알고 있는 사실과 잘 부합한다. 이는 두 종류의 라거가 모두 하면 발효 효모를 사용하고 저온에서 일정 기간 숙성시켜 제조한 전통적인 맥주이므로 당연한 결과이다. 가장 절약적인 것으로 결정된 비엔나산 라거+미국산 라거 계통수 역시 두 번의 색깔 변경이 필요하다는 것을 보여주는데, 이것은 색깔이 이 특정한 계통적 문제를 푸는 데서 사용하기에 그리 좋은 특성은 아닐 수도 있다는 것을 시사한다. 그 이유는 생물학자들이 수렴이라고 부르는 것이다. 수렴 현상은 진화생물학에서 매우 흥미로워서, 다음과 같은 법칙, 즉 유사한 특성(수렴)은 단지 유사한 문제에 대한 대응으로서 다른 계통에서 독립적으로 진화할 수 있다는 법칙에 대한 유명한 예외를 제공한다. 새, 박쥐, 익룡, 그리고 몇몇 곤충은 모두 날개를 가지고 있지만, 이것은 그들이 계통적으로 서로 밀접하게 연관되어 있고 공통의 조상으로부터 날개를 물려받았기 때문이 아니다. 그들이 날개를 가진 것은 그들 모두 날기 때문이다.

◆ ◆ ◆

103가지 스타일의 맥주(이는 기본적으로 popchartlab.com의 계통도에서 찾을 수 있는 스타일이자 BJCP에 포함된 주요 분류군과 스타일이다)가 가진 모든 특성이 빠짐없이 작성된 큰 행렬을 분석하는 단계로 넘어가면 자연스럽게 분석은 조금 더 어려워진다. 첫째, 외집단으로 무엇을 사용해야 할까? 이것은 매우 어려운 질문인데, 우리가 너무 먼 외집단(말하자면 우유 같은)에서 선택하면 계통수의 뿌리가 임의적이고 무의미해질 것이고, 발리 와인 맥주처럼 가까운 것에서 선택하면 바로 그 옆에 나란히 뿌리를 인위적으로 짜 맞추어 내리는 위험이 있을 것이다. 이에 대한 절충으로 우리는 비교적 밀접한 관계에 있는 허브 향맥주인 그루이트와 와인 두 종류의 주류를 사용해 계통수의 뿌리 내리기를 시도해 보았다. 그다음에는, 이미 언급했듯이, 10^{100}개의 다른 계통수를 평가해야 하는 계산상의 어려움이 뒤따른다. 그렇게 많은 수의 계통수에 대한 해답을 계산을 통해 얻어내는 것은 수학자들과 컴퓨터 과학자들이 NP 완전 문제라고 부르는 과제에 해당된다. 비록 그 문제에 대한 유한한 해법이 있다는 것을 알고 있지만, 그 해법을 얻는 데 필요한 계산 능력이 없으므로 다른 방법을 찾아야 한다. 다시 말해, 이렇게 많은 계통수를 조사하기 위해서는 해법의 계산에 관여하지 않는 다수의 계통수 집단을 제외하는 간편법을 사용할 필요가 있다.

계통수에 뿌리를 내리는 한 가지 간편법은 단순히 다른 모든 맥주가 속할 것으로 생각되는 두 개의 큰 맥주 집단(예를 들면 라거와 에일) 사이에 뿌리를 두는 것이다. 그러나 우리가 밝히기를 바라는 것에 가정을 도입하면, 우리는 전문지식의 함정에 빠질 위험이 있다. 따라서 이런 방식으로 계통수에 뿌리를 내리기 전에 우리는 각 집단의 진정한 동질성을 확인하기를 원할 것이다. 그리고 본격적인 분석작업에 뛰어들기 전에 마지막으로 주의해야 할 점은 맥주 계통도 작성에 사용할 수 있는 특성의 수가 한정되어 있기 때문에 계통수를 분석하는 방법을 바꾸면(예를 들어 분석에서 특성이나 맥주는 제외하는 식으로 바꾸면) 다른 계통수가 생성될 것이라는 것이다. 이것은 접근방식이 불합리하다는 것을 의미하지는 않는다. 하지만 분석에 쓰인 추정이 그 결과에 매우 중대한 영향을 미친다는 사실을 상기하는 것이 얼마나 중요한지를 강조한다.

마침내 우리는 BJCP 태그 특성을 이용해 두 가지 분석을 수행했는데, 하나는 허브향맥주인 그루이트를 외집단으로, 다른 하나는 와인을 외집단으로 하는 분석이었다. 와인은 맥주와 너무 다른 방식으로 생산되기 때문에 점수를 받기가 어려웠는데 근본적으로 특성의 절반 이상이 모호함, 부족함으로 평가될 수밖에 없었다. 이러한 현상은 계통발생 분석에서 특히 불완전한 화석이 포함되어 있을 때 가끔 발생하지만, 다행히도 이러한 문제를 다루기 위한 계산적 수단이 개발되어 있다. 결국 두 분석 모두 라거와 에일이 각각 합당하고 뚜렷한 별개의 집단을 형성하고 있다는 것을 보여주었다. 그림 14.5는 와인에 뿌리 내리기를 한 계통수이다. 이 그림은 라거 맥주가 계통수의 한 단일 줄기에서 나오는 반면, 에일은 또 다른 줄기에서 나온다는 것을 보여준다. 이 그림은 라거와 에일 사이의 깊게 벌어진 관계에 대한 생각을 확인시켜 주었다. 또한 이 그림으로 인해 어떤 외집단 없이도 에일과 라거 사이에 뿌리 내린다는 것을 정당화할 수 있을 것이다. 독립적인 단일 줄기에서 에일과 라거가 발생했다는 것은 특정 집단의 모든 종이 동일한 조상 집단에서 발생해서 내려온 후손이라는 생물학적 현상인 단계통성monophyly을 상기시킨다.

에일과 라거가 동일한 조상 집단에서 왔다는 사실의 발견은 이 집단의 동질성에 대한 이전의 생각을 확인시켜 준다. 또한 에일에 대해 두 개의 서로 다른 뿌리의 계통수 사이에서도 만족할 만한 정도의 유사성이 있다. 예를 들어, IPA, 스타우트, 사우어 비어, (분류상) 역사적

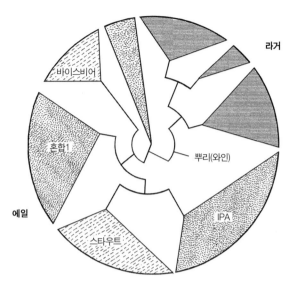

그림 14.5. 와인에 뿌리 내리기를 통해 얻은 맥주의 계통수. 에일의 분기군에서 구분 가능한 '단계통' 맥주로는 스타우트, IPA, 바이스비어 세 가지 종류가 있다. 라거가 세 개의 그룹으로 분열되는 것은 본문에서 논의한다.

인 맥주, 벨기에산 에일, 미국산 에일, 밀 맥주인 바이스비어Weissbier 모두 꽤 괜찮은 단계통성 집단을 형성한다. 그러나 두 계통수 모두에서 에일이 큰 단계통 집단을 형성하는 반면, IPA, 스타우트, 바이스비어 외의 에일에 대해서는 두 계통수 사이에 약간의 차이가 있다. 맥주 스타일을 분류하는 방법은 다양하기 때문에 주요 범주를 넘어선 차이는 이 분석 결과로부터 판단하기 어렵다. 그러나 이러한 불확실성 속에서 우리는 여전히 12개의 주요 에일 집단을 꼽을 수 있는데, 대부분은 최대 세 가지 스타일을 포함하지만 그중 일부는 별개의 스타일을 보인다.

맥주에 대한 우리의 계통발생론은 어떤 면에서 티셔츠와 포스터에 나타난 계통도에서 출발한다. 예를 들어, popchartlab.com의 계통도는 라거의 세 가지 주요 부문으로 미국산, 독일산, 그리고 필스너를 보여주고 있다. 우리의 계통발생론은 국제적/미국산 라거, 체코산 라거, 독일산 복/둔켈 라거, 그리고 필스너의 네 개 집단을 수반한다. 라거와 관련해 한 가지 이상한 점은 이 집단에 쾰슈가 포함된 것이다. 이것이 놀라운 이유는 쾰슈는 제조할 때 상면 발효법을 사용하고 있는 데다 라거를 만드는 방법도 아니기 때문이다. 쾰슈는 우리가 사용해 온 다양한 맥주의 특성을 고려해 라거 쪽으로 편입된 것으로 보이는데, 그 특성은 popchartlab.com 계통도에서 쾰슈가 전환기적인 위치에 있는 것처럼 보이는 이유가 될 듯도 하다. 알려진 대로라면 발틱 포터와 크림 에일 역시 흥미롭게도 우리의 계통발생론에서 전환기적 위치를 차지하고 있다. 발틱 포터는 전환기적 위치라는 점에 대한 의문과 함께하면 발효법으로 제조된 흑맥주로, 복/둔켈 집단 내의 계통수에 확고하게 자리 잡고 있다. 반면 상면 발효법으로 제조된 옅은 색깔의 크림 에일은 라거에서 나온 최초의 에일인데, 계통수에서 크림 에일이 차지하는 위치는 그 크림 에일이 정말로 전환기적인 위치에 놓여 있다는 것을 보여준다.

맥주 간 관계를 묘사하는 방법에는 계통도나 계통수를 만드는 것 말고도 다른 방법이 있다. 예를 들어, 맥주들을 모아 한 무리로 만든 맥주 스타일 주기율표Periodic Table of Beer Styles가 있는데, 이 표는 서로 다른 스타일의 근접성을 통해 맥주들 사이의 관련성을 제시한다. 우리는 또한 앞서 일부 진화 연구자들이 유기체 사이의 관련성을 살펴보

그림 14.6. 104가지 맥주 스타일에 대한 스트럭처 분석(다섯 개의 모집단, K=5). 드러난 다섯 개의 그룹은 IPA, 스타우트, 라거, 그리고 여러 다른 종류로 이뤄진 두 개의 에일 그룹이다. 두 에일 그룹 중 첫째 그룹은 벨기에산, 고제, 램빅이며, 둘째 그룹은 스코틀랜드산, 아일랜드산, 비터 맥주이다.

기 위해 계통수 방법 외에 다른 방법에 기초한 접근법을 즐겨 사용하는 것을 보았다. 진화 연구에는 스트럭처 접근법이 널리 사용되는데, 만약 우리가 클러스터링을 원한다면 주성분 분석(PCA) 방법도 역시 유용할 것이다(5장 참조). 우리는 앞서 맥주 계통발생을 분석할 때 동일한 데이터베이스를 사용함으로써 후자의 이 두 가지 접근법을 모두 맥주에 적용하려고 시도했다.

103개의 맥주 스타일(그루이트를 포함하면 104개)에 대한 우리의 스트럭처 분석은 그림 14.6이 보여주는 것과 같이 다섯 개의 모집단 (K=5)이 있음을 시사한다. 이 다섯 개의 집단은 IPA, 스타우트, 라거, 그리고 여러 다른 종류로 이뤄진 두 개의 에일 집단이다. 이 두 개의 에일 집단 중 첫째 집단은 벨기에산, 고제, 램빅을, 둘째 집단은 스코틀랜드산, 아일랜드산, 그리고 비터 맥주를 포함한다. 그리고 어떤 한 집단으로 분류될 수 없는 맥주들이 있는데 이 맥주들은 또 다른 관심사이다. 이들은 아메리칸 엠버 에일과 아메리칸 브라운 에일 맥주로, 그림 14.6의 맨 왼쪽 영역에 포함되어 있다. 벨기에산-고제-램빅 집단 영역의 오른쪽 아래에 분리된 작은 영역도 여러 다른 종류로 이루어져 있는데, 여기에는 미국산 페일 에일, 블론드 에일, 바이스비어, 바이젠보크가 포함되어 있다. 스코틀랜드산-아일랜드산-비터 집단 영역 내에서는 캘리포니아 커먼과 벨기에산 두벨이 특이한 맥주로 나타난다. 라거의 영역에서는 크림 에일과 금주령 이전 시대의 라거가 특이한 맥주로서 분리된 양상으로 포함되어 있다. 스타우트는 매우 쉽게 분류되는 것처럼 보이긴 하지만, 미국산 스타우트는 특정한 집단에 명백하게 편입하는 것을 어렵게 만드는 몇 가지 특성을 가지고 있다. 다시 말해, 그들은 IPA의 주요 특성을 갖추었지만, 다른 집단으로부터 비롯된 다른 몇 가지 특성도 함께 가지고 있다. 크림 에일이 (약간 모호한데도 불구하고) 라거 집단에 편입되는 것은 흥미롭다. 왜냐하면 크림 에일의 양조법이 라거의 양조법과는 차이가 있기 때문이다.

주요 구성 요소를 분석하는 것(그림 14.7)은 무리들이 여러 가지로 겹쳐지기 때문에 해석하기가 더 어렵다. 어느 정도나 적은 독특한 클러스터링이 있는지 보여주기 위해 라거링, 스타일, 지리적 위치 및 강도를 중심에 둔 주성분 분석(PCA) 결과를 얻었다. 라거와 에일은 예상대로 거의 겹치지 않는 분리된 무리를 형성했으며, 이로써 다른 종류의 분석 결과와 일치한다는 것을 확인할 수 있다. 이러한 관찰의 상당수는 맥주를 분류하는 다른 방법의 결과와 잘 맞아떨어지지만, 매우 흥미로운 것은 모든 것과 전부 일치하지는 않는다는 점이다. 맥주에 관한 한 상황은 늘 간단해 보이지 않는다.

우리가 이 시점에서 주목해야 하는 것은 주성분 분석(PCA)이 맥주에 적용된 것은 비단 이번뿐만이 아니라는 점이다. 마케터와 광고업자들은 다른 부류의 상품에 대한 소비자들의 선호도를 조사하기 위해

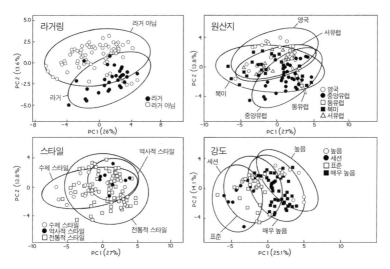

그림 14.7. 맥주의 주성분 분석(PCA). 라거링(왼쪽 상단), 스타일(왼쪽 하단), 원산지(오른쪽 상단), 강도(오른쪽 하단)를 중심으로 분석한 결과이다.

이 방법을 사용해 왔고, 아마도 맥주 제조업자와 유통업자들은 자신들이 처해 있는 시장에 대한 보다 세심한 지식을 얻기 위해 이 방법을 더 널리 사용할 것이다.

계통발생 분석은 모든 종류의 데이터에 대해 수행될 수 있다. 그러나 이 분석은 특정한 가정하에서 의미가 있을 뿐이다. 이것을 더 탐구하기 위해 우리는 체코와 독일 남부를 여행하면서 맥주 시음을 통해 현지 조사를 실시했다. 그 시기는 마침 뮌헨의 맥주 축제인 옥토버페스트의 개막과 일치했다. 우리의 목표는 7일 동안 가능한 한 많은 맥주를 시음하고 계통발생 분석법을 사용해 그 맥주들을 분류하는 것이었다. 우리는 시음한 맥주의 특성을 나타내기 위해 우리가 앞서 계통수

그림 14.8. 독일 남부의 50종 이상의 맥주에 대한 평가 결과로, 16개로 분류된 맥주 맛을 보여 주는 미각 바퀴(출처: 33books.com). 맨 왼쪽의 그림은 아무 표시도 없는 바퀴를 나타낸다. 가운데는 우리가 즐긴 맥주의 바퀴를, 오른쪽은 간신히 시음할 수 있었던 맥주에 대한 바퀴를 보여준다. 시음한 맥주의 이름은 밝히지 않을 것이다.

에서 사용했던 기출판된 스타일 지침을 사용하는 대신 11장에서 논의한 모르텐 메일고르의 미각 바퀴의 한 변형을 적용한 다른 방법을 사용했다(그림 14.8). 우리가 사용한 특별한 미각 바퀴는 33books.com에서 가져왔으며, 당신이 시음했던 맥주의 기록을 계속 유지하기를 원한다면 이 방법을 적극 추천한다. 이 미각 바퀴에서 주어진 한 맥주의 특성은 12시부터 시계방향으로 다음과 같이 분류되어 기록되어 있다. 과일 향/에스테르 향, 알코올 용매, 과일 맛/감귤류 맛, 홉 맛, 꽃 향, 매운맛, 맥아, 토피, 탄 맛, 유황 맛, 단맛, 신맛, 쓴맛, 떫은맛, 감칠맛, 입안에서의 여운. 그리고 그 다양한 특성에 1에서 5까지 점수를 부여했는데, 점수를 입력하기 전에 우리 둘 모두 점수에 대해 동의해야 했다. 그림 14.8은 우리가 점수를 부여한 예로서, 우리가 정말 좋아했던 어떤 맥주와 우리가 굳게 마음을 먹고 마셔야 했고 간신히 시음을 마칠 수 있었던 한 맥주를 보여준다.

미각 바퀴는 어떤 맥주에 대한 시음 참여자의 반응을 시각적으로 깔끔하게 표현하는 방법인데, 최종 바퀴가 더 뾰족해 보일수록 시음자가 연관된 맥주를 더 좋아한다는 것을 빠르고 분명하게 이해시켜주었다. 우리가 주목해야 할 또 다른 점은 맥주-바퀴의 점수를 가져다가 우리가 시음한 맥주의 계통수를 만들기 위한 계통발생론에서의 행렬로 어렵지 않게 전환할 수 있다는 것이다. 다음은 시음한 두 종류의 맥주에 대해 정오부터 시계방향처럼 나열되어 있는 특성대로 점수를 매긴 것이다.

코젤 둔켈 1 1 1 2 1 1 4 2 3 1 4 1 2 1 2 3
레드 가스트 1 1 4 2 1 2 1 1 1 1 2 1 2 2 2 3

그리고 그림 14.9에 표시된 결과를 제공하는 계통발생 분석에 이 점수들을 입력했다.

우리는 우리가 얻은 나무 도해가 우리가 시음한 개별 맥주뿐만 아니라 관련된 스타일에 대한 우리의 주관적인 선호도도 상당히 근접하게 반영하고 있다는 것을 알게 되어 기뻤다. 분석 결과가 우리가 즐겼던 맥주(옅은 회색 집단)와 단지 시음을 위해 마셨던 맥주(짙은 회색 집단)로 깔끔하게 구분하고 있다는 사실에 놀랐다. 흥미롭게도 대부분의 필스, 헬레스, 옥토버페스트 맥주는 '단지 시음을 위한merely tolerated' 범주에 들어 있었다. 모두 훌륭한 맥주였지만, 우리가 선호했던 맥주는 모두 색깔이 더 짙었고, 홉 맛이 더 강했고, 그리고 전반적으로 스모크향이 더 짙었다. 한 특이한 집단은 IPA, 세 종류의 필스너, 그리고 페일 에일로 이루어져 있었는데, 우리에게는 모두 꽤 쓴맛처럼 느

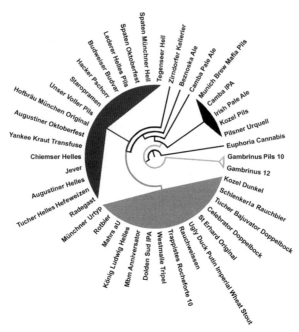

그림 14.9. 2017년 독일 남부에서 시음한 맥주에 대한 계통수. 미각 바퀴를 사용해 50여 종의 맥주에 대해 점수를 부여한 후, 최대 절약 방법(MPM)을 이용해 데이터를 분석했다. 계통수의 뿌리로는 대마 맥주를 선택했다. 이 접근법의 결과, 짙은 회색과 옅은 회색의 두 개의 주요 맥주 분기군이 나타났다. 짙은 회색 분기군은 우리가 시음한 옥토버페스트 맥주를 많이 포함하고 있고, 옅은 회색 분기군은 우리가 선호했고 강한 맛을 느꼈던 맥주를 포함하고 있다. 두 주요 분기군 외에 검정색의 다소 작게 보이는 분기군은 우리에게 깊은 인상을 주지 못한 맥주를 포함하고 있다. 더 작은 흰색의 분기군은 두 맥주를 포함하며 맛 좋은 주요 필스들을 하나로 묶고 있다.

껴졌다. 계통수 하부에 있는 두 종류의 맥주—플젠에 위치한 감브리누스 양조장에서 만들어진 두 필스너—는 매우 놀라웠다. 또한 세 종류의 다른 맥주—두 종의 에일과 한 종의 켈러비어—도 마찬가지로 특별하게 느꼈다. 그 맥주들이 독특할 뿐만 아니라 감탄할 만한 맛도 가지고 있다는 것을 우리가 인정했기 때문에 계통수 내에서 다른 모든 맥주와

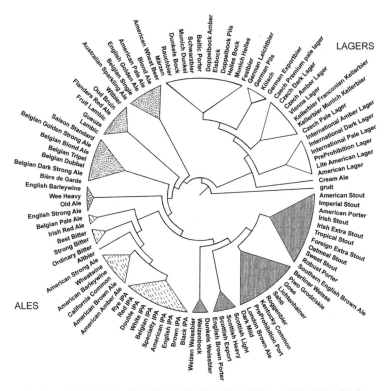

그림 14.10. 이 장에서 얻은 계통발생 분석 결과와 대체로 일치하는 우리의 티셔츠 디자인.

거리를 둔 그들의 위치는 매우 적합해 보인다. 우리는 맥주의 계통을
묘사한 포스터와 티셔츠에 대한 설명으로 이 장을 시작했다. 이제 우
리만의 티셔츠를 위한 디자인으로 이 장을 끝맺고자 한다(그림
14.10). 우리는 다양한 스타일의 맥주를 하위 집단으로 나누기보다는
다섯 개의 주요 에일 집단(스타우트, 벨기에산, 밀 맥주, 스코틀랜드산,
IPA)과 세 개의 주요 라거 집단(어두운 색, 호박색, 옅은 색)을 이용하는

맥주 분류법을 선호한다. 그런 다음 BJCP에서 인정되는 맥주의 분류 부문을 그림 14.5의 계통수에 기반해 앞서 언급한 집단에 할당한다. 우리는 또한 '하이브리드'인 두 가지 경우를 인지했는데, 하나는 쾰슈와, 다른 하나는 크림 에일과 관련되어 있다. 그러나 각자의 취향은 논쟁거리가 아니기 때문에 사람들은 당연히 자신만의 생각을 갖게 될 것이다.

제15장

부활시키는
사람들

병마개를 따고 노란색 토파즈 액체를 잔에 붓자 약간의 거품이
일었다. 코에서는 잘 알려지지 않은 향기가 느껴졌는데,
우리는 그것이 맥주라고 생각하지 못할 수도 있었을 것이다.
입안에는 이 맛깔난 음료의 꽃, 복숭아, 꿀의 맛으로 가득했고,
끝 맛은 오랫동안 남아 있었다. 이 맥주의 양조법은 전설적인
왕 미다스의 마지막 안식처였을지도 모르는 기원전 8세기
후반의 프리기아의 한 무덤에서 출토된 고대 금속제 술잔의
내부에 덮인 잔류물을 화학 분석한 결과와 풍부한 상상력으로
재현되었다. 만약 그렇다면 미다스 그는 잘 살았을 것이다.

미국의 수제맥주 운동은 산업화된 맥주의 제조를 거부하는 데서 비롯되었다. 그리고 고대 맥주 제조 장인들의 기술적 근원을 탐구하고자 하는 열망은 수제맥주 운동과 밀접한 관계가 있었기 때문에, 꼭 완전하게 그 시대의 방법으로 되돌아가는 것은 아니더라도, 누군가가 고대의 맥주를 재현하려 시도하는 것은 시간문제일 뿐이었다. 그러나 이 목표는 그렇게 간단해 보이지 않았다. 우리가 가진 초기 맥주의 물리적 증거는 단지 채워진 액체 내용물이 사라진 후 도자기 항아리에 남겨진 화학 잔류물의 형태로 발견된 것이며, 그 잔류물은 오랜 기간 증발한 맥주의 원래 성분과 화학적 복잡성을 희미하게 반영할 뿐이기 때문이다(2장 참조). 그러나 또한 고대 맥주 제조에 대한 문헌적인 증거도 존재한다. 따라서 고대 맥주를 부활시키기 위한 미국의 최초의 시도에서 우리가 앞서 인용한 송가의 찬양 대상인 기원전 4000년 수메르의 맥주 여신 닌카시를 끌어들인 것은 놀라운 일이 아니다.

부유한 젊은 기업가 프리츠 메이태그Fritz Maytag가 샌프란시스코의 유서 깊은 앵커 브루잉 컴퍼니Anchor Brewing Company를 인수해 쇄신에 골몰한 지 오래지 않은 시기인 1989년, 메이태그는 필라델피아 인류학자 솔 카츠Sol Katz의 1987년 논문을 우연히 발견했다. 이 논문에서 카츠는 맥주 양조를 위해 곡물을 모으는 것이 농업 혁명의 주요한 자극이 되었다고 주장했고, 이 주장을 뒷받침하기 위해 시카고 대학교의 아시리아 학자인 미구엘 시빌Miguel Civil은 20년 전에 발표한 닌카시 찬가의 번역을 인용했다. 메이태그는 카츠, 시빌과 긴밀히 협력해 찬가에 기술된 여신의 행위와 잘 맞는 닌카시의 맥주에 대한 실제적인 제조법을 알아냈다. 그는 이 제조법에 따라 양조를 해서 3.5% ABV의 훌륭한 맥주를 얻었으며, 이를 미국 소량생산양조업자협회American Association of Microbrewers 연례 회의에서 발표했다.

회의에 참석했던 사람들은 매우 운 좋게도 '고대 우르에 있는 레이디 푸아비 무덤에서 발견된 금과 청금석의 빨대를 닮은' 긴 빨대를 이용해 고대의 맥주를 시음할 수 있었다. 7개월 후 필라델피아 펜실베이니아 대학교의 고고학 및 인류학 박물관에서 열린 회의 참석자 모임에서는 남아 있던 나머지 닌카시 맥주병을 개봉했다. 비록 냉장 보관되어 있었지만, 원래의 닌카시 맥주 맛은 상당히 변질되었고, 남아 있는 맛은 '쓴맛이 없는 쌉쌀한' '독한 사과술과 유사'하다고 표명되었다. 펜실베이니아 대학박물관의 패트릭 맥거번Patrick McGovern은 "샴페인의 부드러움과 거품, 약간의 대추야자 열매의 향을 가지고 있다"라고 평했다.

이러한 찬사만큼이나 훌륭한 고대의 맥주를 만드는 데서 현대의 양조 전문지식이 어떻게든 관여하지 않았다는 것은 상상하기 어렵다. 그러나 한편으로는, 바빌로니아산 제품에 알코올이 조금이라도 들어 있다는 것은 결정적으로 증명될 수 없다고 주장하는 훼방꾼들의 방해에도 불구하고, 아마도 닌카시의 숭배자들은 실제로 꽤 괜찮은 맥주를 마시고 있었을 것이다. 확실히 그렇지 않으면 그 맥주에 대한 고대 시인의 풍부한 열정을 이해하기 어렵다. "넘쳐나는 맥주를 돌아다니면서 / 멋지고도 멋진 기분이 드네 / 행복한 기분으로 맥주를 마신다네"

그 후에 이어서 미국과 유럽의 여러 다른 맥주회사가 고대의 맥주를 만들려고 시도했다. 예를 들어, 이집트의 경우 건조한 기후 조건이 원재료의 파쇄를 쉽게 하고 양조장의 저장 등 관리에 탁월한 조건을 제공하는 데 기여했다. 1990년대에는 케임브리지 대학교의 배리 켐프Barry Kemp가 이끄는 고고학 연구팀이 아마르나 시대의 중기 왕조 유적지에서 몇몇 고대 양조장을 발굴했다. 그곳에서 고생물학자 델원 새뮤얼Delwen Samuel은 맥아화된 보리(또는 아마도 에머밀)의 흔적을 확인했는데, 이는 열이 가해진 다음 껍질을 제거하기 위해 체로 걸러졌던 것으로 추정되었다. 꿀이나 대추야자 열매즙에 대한 증거는 찾을 수 없었다. 이로 인해 새뮤얼은 고대 이집트 맥주 제조법에서 통상적으로 '대추야자 열매'로 번역되는 상형문자 기호가 사실 맥아 자체로부터 기인한 특별한 성질인 '달콤함'을 의미했을 수도 있다고 주장하게 되었다. 이 모든 것은 아마르나의 맥주가 수메르 맥주와는 매우 상이한 또 다른 고대 맥주임을 시사했고, 켐프는 에든버러의 스코티시 앤 뉴캐슬 양조장Scottish and Newcastle Breweries에 이 맥주를 재현할 수 있는지 문의해 보았다.

면밀한 검토가 이루어진 후 짐 메링턴Jim Merrington이 이끄는 스코티시 앤 뉴캐슬 양조장의 한 팀이 에머밀 맥아를 사용해서 6% ABV 맥주를 만들어냈다. 고수풀과 향나무로 맛을 냈지만 감미료는 사용하지 않았다. 이 투탕카멘 에일은 1000개의 병이 만들어져서 런던의 유명한 헤러즈 백화점에서 엄청난 가격에 팔려나갔다. 전하는 바에 따르면 이 맥주는 흐릿한 금빛을 띠었고, 맛은 "캐러멜/토피와 함께 과일 향이 나고 입자가 거친 느낌이었고, 달콤하고/매운맛에 떫기까지 했으며, 끝 맛은 쌉쌀"했다고 한다. 이후 스코티시 앤 뉴캐슬 양조장은 더 이상 이 맥주를 만들지 않았고, 아쉽게도 2009년 이후에는 회사 자체가 사라졌다. 하지만 다른 업자들이 그 일을 이어받곤 했다. 2010년, 투탕카멘 고고학적 유물의 순회 전시회가 덴버에서 개막되는 것을 기념하기 위해 현지의 윈쿱 양조장은 이집트에서 널리 구할 수 있는 재료들을 사용해 '투탕카멘의 왕실 골드Tut's Royal Gold'를 생산했다. 발효의 바탕이 되는 재료로는 페일 발리 맥아, 밀, 덴버 지역의 짧은 줄기 곡물인 테프, 꿀을 사용했다. 그리고 타마린드, 고수, 그래인 오브 파라다이스, 오렌지 껍질, 장미 꽃잎이 향료로 사용되었다. 이 조리법이 고대 이집트에서 그대로 사용되었다고 제시하는 고고학적 흔적은 없지만, 어쩐지 그 조합은 최선을 다한 정신에 맞는 것 같다. 그리고 만약 이 조합이 당신에게 충분히 이례적이고 이국적이지 않다면, 당신은 또한 같은 양조장에서 생산한 7.2% ABV와 풍성한 3BPB (이것이 무엇인지는 각자 알아보길!)의 로키 마운틴 오이스터를 맛볼 수 있을 것이다.

스코틀랜드의 윌리엄스 브라더스Williams Brothers 양조장은 알로아에 있는 역사적인 윌리엄 영거William Younger의 양조장 건물을 사용하고 있을 뿐만 아니라, 고대 맥주의 원형에 의해 영감을 받은 다양한 에일을 생산하고 있다. 이 에일들 중 가장 유명한 것은 프레이요크 헤더에일이다. 이는 그루이트 에일로, 약 2500년 전에 스카라 브레에서 최초로 문헌상 기록된 맥주의 전통을 가졌다고 주장되고 있다. 프레이요크는 끓는 맥아에 들버드나무와 꽃이 만발한 헤더를 넣어 만든 것으로, 발효가 시작되기 전에 싱싱한 헤더 꽃이 있는 통에 1시간 동안 식도록 놓아둔다. 현대의 풍성한 방식과 마찬가지로 프레이요크는 셰리와 맥아 위스키를 숙성시키기 위해 앞서 사용한 오크 통 속에서 숙성된다. 그 결과 허브 향뿐만 아니라 위스키 맛도 곁들여지고 달콤한 보리 와인 끝 맛을 지닌 진한 앰버 에일이 얻어진다. 마시는 양이 비록 한 모금밖에 안 되더라도 만족하라. 이것들 중 하나를 마신다는 것은 초기 그루이트 맥주의 복제품이 아닌 전통을 맛보는 것을 의미할 것이다.

◆ ◆ ◆

지금까지 많은 다른 사람들이 고대의 맥주를 만들기 위해 시도해왔으며, 인터넷상에는 고대의 맥주를 만들고 싶은 유혹에 빠진 자가 양조 맥주 애호가들을 위해 제공하는 정보로 넘쳐난다. 그러나 생물학자이자 고고학자인 패트릭 맥거번과 델라웨어에 있는 도그피시 헤드Dogfish Head 양조장의 설립자 겸 수석 양조책임자인 그의 협력자 샘 칼라지오니Sam Calagione가 보여준 끈기와 추진력, 전문지식, 그리고 전적으로 분명한 출처에 대해 가졌던 관심 이상으로 고대 맥주의 재현에 접근한 사람은 아무도 없었다. 맥거번은 고대의 발효 음료가 지닌 성분에 관한 세계 최고의 전문가이며, 칼라지오니는 누구나 인정하는 미국의 가장 창의적이고 흥미로운 수제맥주 양조업자 중 한 명이다. 1990년대 후반, 이 두 사람은 신대륙을 포함해 전 세계에 걸친 고고학적 유적지에서 흔적이 발견된 고대 맥주들을 현세로 되살려내기 위한 야심찬 시도를 시작했다. 맥거번은 자신의 저명한 저서『고대의 맥주들Ancient Brews』에서 고대 맥주의 레시피(또는 미식가를 위한 음식의 레시피)와 함께 이 모험적인 작업을 흥미롭게 기술했다.

이 활동이 시작된 것은 맥거번이 고대 유적지의 금속 항아리 속에 있는 화학적 잔류물을 분석해 달라는 요청을 받으면서부터였다. 그 항아리는 펜실베이니아 대학교 고고학 및 인류학 박물관 원정대가 터키 중부 고르디온에서 발견한 것이었다. 고대 고르디온은 기원전 8세기 후반에 만지는 것마다 황금으로 변화시키는 능력을 지닌 전설적인 군주 미다스 왕에 의해 통치된 프리지아 왕국의 수도였다. 이 유적지의 봉분에는 미발굴 상태의 중앙 묘실이 있는 것으로 판명되었는데, 이 묘실에는 약 65세의 나이로 사망한 남성의 유골과 술과 관련된 많은 집기가 모여 안치되어 있었다. 그리고 이 집기들의 스타일을 토대로 이 봉분의 매장 시기가 기원전 8세기라는 의견이 제시되었다. 무덤에는 왕족인 듯한 무덤의 주인(미다스 또는 그의 아버지 고르디우스 중 한 사람)의 장례 행사에 사용된 여러 가지 가마솥과 주전자, 그리고 행사 후 남은 음식과 음료를 원래의 용기에 담아 망자의 곁에 함께 묻어 주었는데, 이는 사후세계로의 여행을 잘 시작할 수 있도록 하기 위한 것이었다.

무덤에서 발견된 청동 그릇의 1/4은 고대 음료들이 증발하고 남은 노란색 잔류물을 포함하고 있는 것으로 밝혀졌다. 맥거번과 그의 동료들은 일련의 과학 장비를 사용해 이 잔류물이 타르타르산을 함유하고 있다는 것을 입증했다. 터키에서 이 화합물은 포도에서 가장 흔하게 발견되는데, 이것은 특정한 종류의 와인이 원래 존재했음을 시사한다. 밀랍 화합물도 앞서 말한 꿀의 존재를 나타낸다. 그리고 시험을 통해 마침내 보리의 증거로 맥주석을 확인했다. 모든 그릇에 대한 분석 결과는 일관성을 보였다. 이는 그릇을 채우고 있던 내용물이 와인, 벌꿀 술, 맥주의 성분이 혼합된 발효 음료였음을 시사했다. 정말 익스트림 음료였던 것이다.

이러한 지식은 고고학적인 목적을 위해서는 훌륭했다. 그러나 이 지식을 고대 음료를 재현하는 작업에 적용할 때는, 맥거번이 본인의 저서 『고대의 맥주들』에서 이야기한 것처럼, 많은 궁금한 점이 풀리지 않은 채 남아 있었다. 주요 재료 간의 비율은 얼마였을까? 짙은 노란색의 잔류물은 어떤 재료에서 기인했을까? 재료는 각각 따로 조리한 후 혼합한 것일까, 아니면 모두 혼합해 함께 양조한 것일까? 효모는 어디에서 왔을까? 어떤 종류의 곡물과 꿀을 사용했을까? 어떤 종류의 포도를 사용했을까? 막 수확한 포도와 말린 포도 중 어떤 것을 사용했을까? 그리고 최종 제품은 탄산음료의 형태였을까? 이 모든 궁금증이 풀리지 않는 한, 재현한 형태가 완벽하다거나 본래의 형태와 거의 비슷하다고 아무도 확신할 수 없었다. 그럼에도 불구하고 양조업체의 성공의 열쇠는 그때나 지금이나 양조업자의 직관과 장인적 기술에 달려 있다. 이들은 무엇으로도 대체 불가한 구성 재료만큼이나 중요하다.

고대 왕의 장례식 맥주를 최초로 재현한 맥거번의 맥주는 2000년 봄 펜실베이니아 대학교 박물관에서 열린 연례 시식 행사에 참석한 수제 양조업자들에게 제시되었다. 이 행사에는 맥주와 스카치위스키의 비평가 마이클 잭슨Michael Jackson이 함께했다. 그리고 칼라지오니는 마침내 믿기지 않을 만큼 비싸지만 짙은 황색의 사프란의 쌉쌀함을 가미한 한 음료로 큰 성공을 거두었다. 그는 또한 그리스 백리향 꿀, 머스캣 포도, 벌꿀 술 효모, 그리고 두 줄 보리 품종을 사용했다. 이 세 가지 기본 재료는 벌꿀 술, 맥주, 그리고 와인을 별개의 것으로 구분하는 현대인에게는 어울리지 않게 보였겠지만 칼라지오니는 이 재료들로부터 향기롭고 균형 잡힌 9% ABV의 연하고 밝은 황색의 음료를 만들어내는 데 성공했다. 이 음료는 비스킷과 꿀맛의 달콤함으로 사람들에게 다가가는 힘이 있었고 담백하고 드라이했다. 그리고 결과적으로 이것이 성공의 직접적인 요인이 되었고 거의 20년이 지난 지금도 이 음료의 후속 버전이 도그피시 헤드Dogfish Head에서 만든 미다스 터치Midas Touch라는 맥주로 판매되고 있다.

이 성공에 용기를 얻은 맥거번과 칼라지오니의 관심은 세계에서 가장 오래된 것으로 알려진 맥주, 즉 중국 중북부 지아후 지역에 있는 9000년 전 신석기 유적지에서 화학적 흔적이 발견된 맥주를 재현하기 위한 시도로 이어졌다. 그곳에서도 액체가 담겨져 있었을 도자기 항아리에는 미다스 항아리에 남아 있던 잔류물과 비슷하거나 상이한 잔류물이 남아 있다고 밝혀졌다. 고르디온에서와 마찬가지로 밀랍은 이전에 꿀이 존재했다는 증거가 되었고, 타르타르산은 산사나무 열매나 포도가 존재했다는, 또는 두 열매 모두 존재했다는 증거가 되었다 (중국에 있는 산사나무 열매에는 토종 포도보다 세 배나 많은 타르타르산이 포함되어 있다). 그러나 셋째 주성분은 곡물이었지만 보리는 아니고 쌀이었다. 이러한 복잡한 조성 때문에 맥거번은 지아후 음료를 맥주가 아닌 신석기 시대의 그로그주[럼주에 물을 탄 것_옮긴이]라고 부르기로 했다(그는 미다스 음료 역시 프리지아 그로그주라고 부른 바 있다). 맥거번은 당 재료가 이토록 다양한 것은 고대의 양조업자들이 감각적인 즐거움을 제공하기를 원했을 뿐만 아니라 자신들의 제품의 알코올 함량을 가능한 한 높이는 것도 원했음을 시사한다는 의견을 제시했다. 그는 또한 고대 및 현대의 중국에서는 당화와 발효를 촉진하기 위해 다양한 허브와 미생물을 사용한 기록이 있다고 지적했다.

그로그주이든 아니든 간에 맥거번은 이 고대의 음료를 복원하기 위해 맥주 양조업자 샘 칼라지오니 및 그의 팀과 다시 함께 작업했다. 미주(米酒) 제조에 사용되는 것처럼 균주 케이크를 사용해 쌀 전분을 당으로 바꾸려는 시도를 포함한 다양한 실험을 실시한 끝에, 이 그룹은 결국 산사나무 열매(법적인 이유로 건조 및 분말화된 형태로 사용했다), 무스카트 포도, 오렌지꽃 꿀, 젤라틴화 발아 벼(껍질 및 왕겨도 포함한)의 네 가지 기본 재료를 특징으로 하는 프로토콜을 결정했다. 네 가지 재료를 모두 함께 혼합해 양조했으며, 처음에는 사케 효모를 사용했지만 몇 번의 발효에서 난관을 겪은 후 아메리카 에일 효모로 바꾸어 사용했다. 지아후 양조자들이 허브를 사용했다는 것은 하나의 추측에 불과했기 때문에 이들의 작업에서 배제되었다. 12일간의 발효는 알코올 도수를 10~12%로 증가시켰고, 생성된 발효물은 발효탱크에 담긴 채로 상온에서 4일 동안, 그리고 저온에서 46일 동안 숙성되었다.

맥거번은 어림짐작으로 많은 작업을 진행했지만 그 결과물인 '샤토 지아후'가 고대 지아후인이 맛본 것을 합리적으로 모사했다고 확신한다. 병을 따서(지아후족에게는 이것이 선택사항이 아니었지만) 잔에 이 음료를 부으면 먼저 진한 노란색과 표면에 샴페인 같은 빛깔이 엷은 무스를 형성하는 것을 보게 될 것이다. 그리고 맥거번이 중국 요리를 위한 이상적인 반주라고 정확하게 묘사한 새콤달콤한 맛을 느낄 수 있다. 샤토 지아후는 계속해서 상을 수상했고, 맥거번은 샤토 지아후가 자신이 만든 많은 재현물 중 가장 마음에 드는 것이라고 주장한다. 그러나 다시 말하지만, 고대의 양조 과정에 대해 밝혀지지 않은 모든 미지의 것은 현대의 전문지식이 대체했고, 우리는 샤토 지아후가 9000년 전에 그 토기 항아리에서 증발해 버린 것과 얼마나 근접하게 닮았는지 결코 확신할 수 없을 것이다.

맥거번과 칼라지오니는 계속해서 전 세계의 다른 고대 맥주를 모사했다. 맥거번 스스로 인정하듯이 그들이 오래 지속된 고대 이집트의 양조 전통의 정신을 담아내려고 애를 써서 만들어낸 도그피시의 타헨케트(브레드 비어)는 한계를 초월한 것이었다. 그들은 기간대가 다르고 장소가 다른 세 곳의 유적지에서 발견된 음료의 잔류물을 참고해 보리 맥아, 이집트의 종려나무 열매, 에머밀 빵, 자타르(향신료), 그리고 카모마일이 포함된 제조법을 고안해 냈다. 그리고 재료를 모두 혼합한 뒤 오아시스의 대추야자 초파리에서 회수한 효모를 사용해 발효했다. 타 헨케트는 오랜 시간 다양하게 이어온 전통적인 방식을 총괄해 만들어진 것으로서 아마도 목표에 꽤 근접했을 것이다. 하지만 아쉽게도 자극적인 과일 맛과 강한 허브 향으로 인해 달콤한 샤토 지아후만큼 넓은 대중적 매력을 갖지 못했다.

시장에 출시되지는 않았지만 더욱 익스트림한 것으로는 잉카 제국 사람들의 에너지원이었던 음료에 기반을 둔 옥수수 맥주 치차가 있었다. 오늘날 케추아 말을 사용하는 페루인들은 보리의 맥아화와 유사한 과정으로 옥수수를 발아시켜 이 맥주의 수많은 변형을 만들고 있다. 그리고 이들은 먼 옛날 침 속의 효소를 이용해 옥수수에서 당을 추출하는—다시 말해 '씹고 뱉는'(제2장 참조)—요령을 터득해 사용했다. 2009년 맥거번와 그의 동료들은 이러한 옛 방법을 재현하기 위해 8시간 동안 고집스럽게 한 무더기의 붉은 페루 옥수수를 씹고 뱉는 과정을 거쳤다. 씹어서 곤죽이 된 옥수수를 후추 열매, 야생 딸기의 퓌레와 섞으면서 지금은 신성시되는 옛 방법으로 치차를 생산하려는 익스트림한 시도를 했다. 맥거번은 "우리는 혼합물을 끓였기 때문에 대중으로부터 비위생적이라는 비난은 피할 수 있었을 것이다"라고 썼다. 발효를 위해 표준 아메리칸 에일 효모를 사용했으며 5.5% ABV이고 깊은 진홍색인 이 맥주는 2009년 10월 8일 맥거번의 책『과거의 코르크 마개 뽑기Uncorking the Past』[우리말 번역본 제목은『술의 세계사』_옮긴이]의 출간을 축하하기 위해 때맞추어 준비되었다. 그 해 그레이트 아메리칸 비어 페스티벌Great American Beer Festival(GABF) 참석자들은 남아 있던 이 맥주를 맛보기 위해 줄지어 섰다. 이 맥주의 후속 버전은 아쉽게도 전통적인 방법 대신 당의 공급원으로 가시여지의 열매를 사용해 만들어졌다.

수년간 맥거번과 칼라지오니는 여러 다른 고대의 맥주(익스트림한 맥주)를 재현했는데, 이러한 맥주로는 테오브로마(마야인들의 초콜릿 맥주를 기반으로 한 대중적인 맥주), 바이킹 크바시르(맥아, 크랜베리, 링곤베리, 꿀, 자작나무 수액, 들버드나무, 서양톱풀을 주요 재료로 하는 맥주)

등이 있다. 맥주 제조 과정에서 화학 분석을 감지할 수 있을 만큼 보존된 원 재료가 거의 없으며 문서 기록도 빈약하기 때문에, 이 맥주들은 모두 정확한 모사라기보다는 원형의 정신을 살려 만든 것이었다. 그들의 이러한 활동으로 매우 흥미로운 맥주들이 만들어졌는데, 이 맥주들로 인해 세상이 확실히 더 풍요로운 곳이 되었다고 감히 말할 수 있을 정도이다. 하지만 원형에 대해 완전히 감을 잡기 위해서는 명쾌하게 기록된 제조법이 필요하다. 그렇지만 진짜 고대의 맥주에 대해서는 이것은 기대하기 힘든 희망일 뿐이다. 심지어 정교한 닌카시 찬가조차 중요한 세부사항은 비참할 정도로 부족한 실정이다.

◆ ◆ ◆

우리는 또한 역사적으로 중요한 몇몇 맥주 스타일—쇠퇴해서 사라졌거나 변화해 온—에 대한 정보가 부족하다. 그렇기 때문에 그 이름이 어떤 형태로든 이어져 왔더라도 원래의 맥주가 어떻게 만들어졌는지, 어떤 맛이었는지 정확히 알 수 없다. 이것은 정확히 오늘날 가장 잘 팔리는 수제맥주 스타일 중 하나인 IPA에 적용된다. 우리가 앞서 3장에서 보았듯이 IPA는 아프리카 최남단에서 인도까지 혹독한 환경에서 범선들이 항해를 하도록 돕기 위해 놀랍게 개선된 맥주로, 알코올 도수가 높고 맥아를 사용했으며 홉 맛이 진한 영국산 에일로 유명해졌다. 식민지뿐만 아니라 맥주 애호가들도 IPA에 열광했지만, IPA 스타일은 결국 19세기가 진행됨에 따라 쇠퇴했고 유행의 변화와 미숙한 조세 정책으로 인해 알코올 도수가 낮고 개성 없는 맥주가 그 자리를 대신 차지했다. 20세기로 넘어갈 즈음에는 노년의 맥주 애호가들만 IPA를 구매해 마셨다. 20세기 말 세기가 바뀔 즈음 영국의 맥주 작가 피트 브라운은 고전적인 IPA가 어땠는지, 그리고 그 혹독한 항해에 의해 향미 프로필이 어떻게 변했는지 알고 싶어졌다. 이러한 궁금증을 풀기 위해 그는 초기 IPA 스타일로 만들어진 맥주를 가지고 배를 이용해 인도로 갔다. 브라운는 자신의 저서 『홉스 앤 글로리Hops and Glory』에 이러한 시도를 매력적으로 서술했다.

브라운은 영국 중부의 버턴 온 트렌트Burton-on-Trent에 당시까지 남아 있던 유명한 바스 맥주 양조장 동료들의 아낌없는 협력에 힘입어 이 모험에 착수할 수 있었다. IPA는 런던에서 발명되었지만, 나중에 IPA 양조의 중심은 버턴으로 바뀌었고, 얼마 안 있어 바스는 가장 큰 생산자가 되었다. 바스 자료실에는 1850년대에 벨기에로 수출된 후기 스타일의 IPA인 바스 콘티넨털의 상세한 레시피가 그대로 보관되어 있었다. 이는 현존하는 가장 오래된 양조 장비를 이용해서 초기 IPA를 재현하는 토대가 되었다. 향기로운 북아일랜드 노스다운 홉은 버턴 지역의 전통적인 두 개의 변종 효모, 즉 페일, 크리스털 맥아와 함께 사용되었다. 그리고 아마도 가장 중요한 재료인 석고질이 풍부한 버턴 우물의 물과 함께 사용되었다. 몇 주 동안 탱크에서 숙성시킨 후 결과물인 에일 5갤런을 인도로 보낼 작은 통에 담았다. 브라운에 따르면, 탱크에서 갓 나온 맥주는 "열대 과일 샐러드의 짙은 방향성 향"과 함께 진한 호박색이었다. 하지만 "송진의 쏘는 듯한 쓴맛"이 있었고 끝 맛은 "점차 사라져갔다." 그렇게 다시 복원된 바스 콘티넨털은 이 단계에서는 이상적인 에일로 보기 어려웠지만, 중요한 것은 이 맥주가 인도에 도착했을 때 어떤 맛을 낼 것인가 하는 것이었다.

그다음 어떻게 되었는지에 대한 이야기는 위기와 불행 중 하나였다. 가장 중대한 사건은 카나리아 제도의 한 무더운 아파트에서 원래의 통이 터져서 작은 금속제 통으로 대체되어야 했던 것이다. 이 용기는 브라운의 동료들에 의해 남아 있는 같은 양의 에일로 급히 채워졌으며 브라질에 있는 브라운의 배로 보내졌다. 남대서양을 횡단하거나 아프리카 최남단을 항해하는 시간 대부분은 이러한 가혹한 상황에 놓였던 셈이다. 전해지는 바로는 맥주통과 선원들 모두 봄베이까지 항해한 다음 육로를 거쳐 캘커타—IPA가 처음 양조되었을 당시 동인도 회사가 있던 곳—로 가는 긴 여정 동안 많은 어려움을 겪었다고 한다. 발효통으로 들어간 지 4개월, 수천 마일 떨어진 곳에서 그 맥주는 맥주통 속에서 안정될 기회를 갖기 어려웠던지 꼭지를 열자 가압된 거품이 멀리 그리고 넓게 분출되었다. 이것이 아마 최고의 징조는 아니겠지만, 브라운은 다음과 같이 이야기하고 있다.

> 그것은 짙은 구리 빛깔을 띠면서 잔을 채웠으며 순전히 흡으로 인해 약간 탁해 보였다. 코의 감각에는 최고의 즐거움을 주었는데, 처음에는 톡 쏘는 감귤류의 향이 느껴졌고, 그다음에는 망고와 파파야의 더 진한 열대 샐러드 향이 뒤따랐다. 이어서 약간의 후추가 가미된 풍성하고 잘 익은 과일의 맛이 혀를 흥분시켰다. 흡의 쓰고 쏘는 맛은 맥아 자체가 주는 맛의 영향으로 인해 약해졌고 은은한 캐러멜의 맛이 더해졌다. 끝 맛은 부드럽고 쌉쌀했으며 순수하고 얼얼했다. 음, 그것은 알코올 도수 7%나 되는 멋진 음료가

되어 있었다.

브라운 자신이 인정했듯이, 그는 많은 시련과 고난을 겪었기 때문에 IPA에 호의적인 평가를 하는 성향을 갖게 되었는지도 모른다. 하지만 시음 행사에 참석한 그의 동료들 또한 하나같이 모두 열광했다. 게다가 그의 서사시 같은 항해의 시작과 끝 단계에서 이 에일에 대해 비교 평가한 결과에 따르면 다음 두 가지 확실한 결론에 이른다. 첫째, 여행이 이 맥주를 정말로 변화시켰다는 것이다. 둘째, 이 시도를 통해 얻은 맥주가 맛이 좋았다는 것이다. 분명 다른 모든 것과 마찬가지로, 맥주에서도 진보와 발전이 항상 동의어인 것은 아니다.

제16장

맥주 산업의
미래

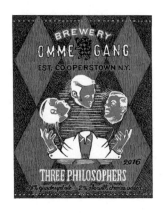

거대 맥주 기업의 긴 그림자가 드리우는 가운데서도 창의적인 소규모 맥주 업체가 번창하고 있는 이 시대에 맥주와 맥주 애호가의 취향이 어디로 흘러갈지 예측하는 것은 아무리 생각해도 쉽지 않다. 그래서 우리는 이러한 예측을 우리 앞에 놓인 맥주병을 장식하고 있는 세 명의 철학자의 지력에 맡기기로 결정했다. 벨기에산 크릭 맥주의 느낌이 약간 가미된 뉴욕 주 북부의 쿼드루펠은 밤색의 짙은 갈색을 띠었고, 크림 같은 거품과 아주 조금의 체리 향은 정말 최고였다. 풍성한 맥아 향은 완벽하게 밸런스를 이루었고, 끝 맛은 살살 녹는다는 말 외에 달리 표현할 수 없었다. 진정한 아름다움. 이 하이브리드 맥주가 준 유쾌한 가르침은 맥주 산업의 미래가 불확실한 방향으로 나아가더라도, 양조업자들 자체의 창의력은 억누를 수 없고 계속되리라는 것이다.

미래를 예측하기 위해서는, 먼저 과거를 되돌아보는 것이 언제나 바람직하다. 맥주의 경우 최근에 지나온 과거는 매우 다사다난했다. 대서양을 사이에 두고 별개이지만 두 개의 반대되는 경향이 교차했고 각각의 경향은 서로에 대해 상반되게 독자적으로 형성되었다.

미국에서 금주령이 끝나자 맥주 양조업은 일시적으로 번영했으나 이러한 벼락 경기는 순식간에 사그라들었다. 많은 소규모 양조업자들은 도산하거나 신흥 거대 기업에 인수되었다(3장 참조). 맥주는 상업적인 상품이 되었고, 1970년대까지 소수의 대형 맥주회사만 남았다. 그러던 중 세인트루이스에 있는 앤하이저-부시Anheuser-Busch가 경쟁자가 따라올 수 없는 규모의 광고 예산과 매우 공격적인 전략으로 미친 듯이 날뜀에 따라 혐오스러운 맥주 전쟁이 터졌다. 전국 규모의 양조업자 중에서는 밀워키에 있는 밀러Miller만이 그 맹공을 용케 견뎌낼 수 있었다. 밀러가 버텨낸 이유는 첫째, 밀러가 부유한 담배 회사인 필립 모리스의 소유였기 때문이고, 둘째, 특히 싱거운 한 독일 라거로부터 영감을 받은 음료인 밀러 라이트Miller Lite를 출시하면서 1975년부터 시작된 '도수 낮은 맥주' 열풍을 현명하게 기회로 삼았기 때문이다. 당시 슐리츠Schlitz, 팹스트Pabst, 라인골드Rheingold 같은 마력 있는 맥주들조차 밀려나고 있는 상황에서 밀러 라이트는 당초 기대하지 않았던 상품이었으나 광고의 귀재 덕분에 시장에서 가장 인기 있는 맥주가 되었다. 그리고 밀러와 앤하이저-부시 간에는 간간이 소송사건이 이어지는 대치 상황이 뒤따랐다. 1980년대에 이르러서는 이 두 회사에 더해 또 다른 주요 맥주 업체인 쿠어스Coors만 살아남을 수 있었다. 그리고 곧 이 세 개의 맥주회사가 미국 맥주 시장의 80%를 지배했다.

대서양 반대편에서도 비슷한 일이 벌어지고 있었다. 영국에서는 제2차 세계대전 직전에 여과 및 저온 살균처리를 하고 이산화탄소를 가압한 작은 통에 담은 케그 에일이 출시되었다. 당초 수출을 목적으로 했던 이 맥주는 전후 몇 년 동안 영국 내 시장에서 판매가 급증했는데, 이는 직접 만들고 유통하고 판매하는 사람들에게 이점을 제공했기 때문이다. 케그 맥주의 원조격으로 큰 통 자체에서 숙성시킨 캐스크 에일은 보다 흥미로웠지만, 양조업자뿐만 아니라 펍의 업주도 해야 할 일이 너무 많았다. 특히 지하 저장실을 잘 관리해야 했고 펌프를 이용해서 지하에서 매장으로 맥주를 끌어 올리는 관을 지속적으로 세척해야 했다. 이러한 많은 작업이 그 당시는 물론 지금까지도 펍에서 해야 할 일들이다. 전후의 신세대 펍 주인과 양조장 종사자들은 보다 순하고 일반적으로 약간 저알코올인 새로운 케그 에일을 취급하고 운송하는 것이 훨씬 더 간편하다는 것을 알게 되었다. 게다가 이 에일은 이제 전국적인 상표를 붙여 유통될 수 있었다. 지역 맥주 양조장들 간의 통합이 촉진되자 이 에일은 결국 영국에서 빅 식스로 알려진 전국적인 거대 업체로 발전했다. 1970년대 중반에 케그 에일은 펍에서 판매되는 맥주 매출의 절반 이상을 차지했다. 반면 1960년대 중반부터 1970년대 중반까지 맥주 브랜드의 수는 절반으로 줄어들었다. 전통을 좋아하는 사람들에게는 달갑지 않았겠지만 유통과 서비스가 용이한 병맥주 또한 슈퍼마켓뿐만 아니라 펍에서도 자리를 잡기 시작했다.

문제를 가중시킨 것은 영국 양조업자들이 자신들을 항상 맥주의 생산자로만 생각해 온 것이었다. 그러나 그 과정에서 그들은 자신들이 소유하고 있는 엄청난 수의 펍과 주요 양조장 부지를 통해 상당한 부동산 이익을 얻었다. 포식자들은 이 매력적인 목표물을 무한정 방치하지 않았다. 1960년대 초 주요 라거 생산업체인 캐나다의 칼링Carling은 인수전을 시작했으며, 이는 결국 빅 식스의 출현을 촉발했다. 이로써 일반적인 시장 쟁탈전이 본격화되기에 앞서 단지 여가 활용을 위해 존재했던 거대 양조업자의 종말이 예고되었다. 맥주 양조업체들은 갈수록 탐욕스러운 다국적 거대 기업들의 표적이 되어 흡수되었는데, 이 다국적 기업들은 맥주가 대량 판매 시장의 상품이 될 것이라는 시각으로 바라보았고 또한 실제로 그 방향으로 정확히 흘러갔다.

이처럼 영국에서 양조업체 소유권이 세계화됨에 따라 대량 판매 시장에서 라거가 병맥주와 생맥주 두 가지 형태로 시장에 진입했다. 그러고 나서 대규모 광고를 통해 신세대 애주가들 사이에서 이 맥주들이 인기를 얻기 시작했다. 이 라거들은 비록 영국 내에서 생산되었지만, 대부분 국제적인 상품으로 홍보되고 판매되었다. 그리고 이 새로운 라거는 영국 맥주 시장을 완전히 뒤집어엎는 결과를 낳았다. 오랫동안 에일의 보루였던 영국은 급속도로 라거를 마시는 나라가 되었다. 2014년 여론 조사에 따르면 영국 맥주 소비자의 54%가 라거를 선택했다. 그 이후 이 수치는 다소 줄어들긴 했지만 말이다. 한편 맥주

업계에서의 통합화 추세는 꺾이지 않고 이어지고 있다. 2008년에는 미국의 거대 기업 앤하이저-부시조차 벨기에-브라질의 거대 양조업체 인베브InBev에 의해 인수되었다. 이 정도로는 충분하지 않다는 듯, 2016년 10월 이 통합 기업체는 쿠어스를 포함해 복수 합병했으며, 그 결과 당시 세계 두 번째로 큰 양조업체였던 SAB밀러SABMiller를 흡수했다. 규제당국을 만족시키기 위해 규모를 축소한 밀러쿠어스MillerCoors는 기업 분할을 통해 새로운 거대 기업으로부터 분리되었다. 하지만 이것은 미국 맥주 산업 내의 다양성을 장려하는 데 거의 도움이 되지 못했다.

더욱 세계화된 맥주를 향해 도처에서 진행된 추세는 결국 반발을 불러일으킬 수밖에 없었다. 영국에서는 실망한 에일 애호가들이 캐스크 숙성 맥주의 부활을 옹호하는 압력 단체를 결성하기 시작했다. 이 단체들 중 가장 중요한 것은 1971년 약간 다른 이름으로 설립된 캄라Campaign for Real Ale(CAMRA)이다. 일단의 언론인 그룹에 의해 설립되고 핵무기 등 사실상 거의 모든 사안에 저항하는 활동을 해왔던 캄라라는 이 새로운 기구는 거대 양조업자들을 강하게 비난하면서 불매운동을 전개했고, 폐업한 소규모 양조업자들을 위한 모의 장례를 치러주었으며, 지역 및 전국적인 맥주 축제를 개최하는 한편, 영향력 있는 간행물 ≪굿 비어 가이드Good Beer Guide≫를 발행했다. 광고업자이자 맥주 작가인 피트 브라운이 지적했듯이, '리얼 에일'이라는 용어를 고안한 것은 마케팅 천재의 묘수 가운데 하나였다. 거대 양조업자들은 케그 에일의 판매량이 급감하자 당황했고 어쩔 수 없이 대응책을 만들어야 했다. 반면 지역의 양조업체들은 활기를 되찾았다. 캄라의 활동

덕분에 영국산 리얼 에일의 소중한 유산이 오늘날까지 계속 번창하고 있다. 추정에 따르면, 1500여 개의 영국 양조업체가 현재 리얼 에일을 생산하고 있다.

◆ ◆ ◆

다른 한편의 월스트리트에서는 리얼 에일의 부활이 놀라운 발전이 었다는 데 이의를 제기하는 사람이 없을 것이다. 그러나 인간 경험에서 변하지 않는 규칙 중 하나는 '의도하지 않은 결과의 법칙'이다. 전통과 과거를 되돌아볼 때 영국의 '리얼 에일' 운동은 제동효과가 있었는데, 이는 독일의 맥주 순수령이 미쳤던 효과와 거의 다르지 않다. 맥주 순수령이 양조기준의 완화를 개탄하고 순수한 전통을 강조함으로써 수세기 동안 독일 맥주의 품질을 유지하는 데 큰 역할을 했다는데에는 의심의 여지가 없다. 그러나 동시에 규칙에 얽매인 전통은 진화를 갈망하는 기술의 혁신을 억누르는 경향이 있었다. 널리 유통되는 독일 맥주들이 대부분 훌륭하게 만들어져 왔고 지금도 훌륭하게 만들어지지만, 과거의 맥주와 현재의 맥주 간에는 분명한 획일성이 있다. 그것은 바로 주류 독일 맥주 양조에서는 전통적으로 오직 한 종류의 완벽함만 있다는 것이다.

그렇긴 하지만 항상 그 외의 다른 선택도 있었다. 밀 맥주는 독일에서 지속적으로 인기가 있었고, 밤베르크산 스모키 맥주 같은 기발한 지역 전통들은 맥주 순수령에 따른 순수 맥주들과 함께 계속해서 번창했다. 이 맥주들이 자칫 존재할 수도 있는 불만에 대한 안전한 배출구 역할을 했기 때문인지 독일에서 맥주를 마시는 대중은 대단히 만족하고 있다. 독일에서는 캄라와 같은 단체가 출현하지 않았고, 200년 전 뮌헨의 가엾은 루트비히를 그의 궁전에서 몰아낸 대중도 전혀 불만이 없었다. 그럼에도 불구하고 실현되지는 못했지만 보다 창조적인 무언가에 대한 요구가 분명히 있었다. 1993년에 유럽연합의 규칙은 독일에 완화된 맥주 양조법을 채택하도록 강요했는데, 이러한 이유에서인지 이후 독일 수제맥주에서는 역동적이고 매우 흥미로운 상황이 전개되었다.

영국에서 리얼 에일을 되살리기 위한 캄라의 노력은 또 다른 의도치 않은 결과를 낳았다. 많은 맥주 애호가들은 자신들이 잃어버린 것을 돌이켜보기 시작했지만, 국제 맥주 대기업들이 끈질기게 판매를 촉진하는 라거들을 몰아내기에는 중과부적이었다. 캐스크 숙성 에일은 오래지 않아 소수의 관심사로서 별나고 시대에 뒤떨어진 열렬 애호가들의 하위문화와 동일시되었고, 지지자의 수는 전통을 유지하기에는 충분했지만 시장에 완전히 활력을 불어넣기에는 충분하지 않았다. 라거와 에일 사이에 일어난 일종의 교착상태는 영국의 편에서 전개되었다. 그러나 상황은 티핑 포인트에 가까워지고 있는지도 모른다. 왜냐하면, 다행스럽게도 지금도 잘 남아 있는 영국 맥주광의 경향과는 별도로, 이제 더 넓은 시장에서는 리얼 에일이 온통 라거에게 빼앗긴 영역을 되찾고 있다는 희망적인 징후들이 나타나고 있기 때문이다.

♦ ♦ ♦

1970년대에 대서양 건너편의 상황은 완전히 달랐다. 무엇보다 미국에서는 부활할 전통이 없었다. 금주법과 그 후유증으로 인해 지역 맥주 양조뿐만 아니라 한때 에일 하우스와 선술집인 태번에 집중되었던 사회적 음주 관습도 근본적으로 사라져버렸기 때문이다. 가정의 냉장고에서 막 꺼낸 얼음같이 차가운 공산품 맥주가 그 자리를 이어받았다. 그러나 창의성과 기업가 정신이 넘쳐나는 나라에서 이 상황은 오래 지속될 수 없었다. 미국은 자신들만의 수제맥주 혁명을 일으키기 위한 준비가 되어 있었다. 대부분의 역사학자들은 이 혁명의 기원을 프리츠 메이태그가 1965년 샌프란시스코의 실패한 앵커 브루잉 컴퍼니를 인수하고 그 뒤로 수년 동안 전통 맥주 제조 스타일을 부활시키기 위해 노력한 데서 찾아낸다. 그렇다. 이 메이태그는 닌카시의 맥주를 재현하고 1975년 미국 최초의 IPA를 양조했던 프리츠 메이태그와 동일 인물이다.

지미 카터 대통령은 1978년에 자가 양조 음료를 합법화하는 법률에 서명했다. 얼마 되지 않아 많은 새로운 자가 맥주 양조자들이 프로로 전향했고, 수제맥주 혁명이 실제로 진행되었다. 수제맥주가 정확히 무엇인지는 불분명한 채로 남아 있지만 이 용어의 가장 엄격한 정의는 소규모 생산 규모를 가리키며, 부가물(당의 공급원으로 보리가 아닌 맥아를 사용하는 것과 같은) 또는 인공재료를 사용하지 않고 맥주 양조의 전통적인 관습을 고수할 것을 요구한다. 하지만 이는 종종 지키지 않는 것이 더 나을 수 있는 권고이기도 하다. 일부 정의는 (거대 양조업자들로부터의) 독립성을 추가로 강조하긴 하지만 곧 보게 되듯이 이러한 구별은 서서히 약화되기 시작하고 있다. 이 영역에서는 스타일상 거의 모든 것이 허용된다. 수제맥주 양조업자들은 포터, 스타우트, 페일 에일, 사우어 비어, 그리고 특별한 경우 심지어 우리가 서술했던 익스트림 맥주조차 만든다. 이 중 가장 익스트림한 것은 발효가 될 것이라고 상상할 수 있는 거의 모든 재료를 사용하며, 부가물을 금지하는 수제맥주의 정의를 무의미한 것으로 만든다. 원한다면 그 부가물을 수제맥주의 영역에 포함시킬 수도 있다. 어떤 수제맥주 제조사는 심지어 자신의 맥주를 직접 만들지 않고 아직 자신에게 없는 장비를 갖춘 큰 업체와 계약을 맺어 사실상의 제조를 맡긴다. 따라서 수제맥주는 하나의 취미이거나 아직도 그 정체성을 찾고 있는 산업인 셈이다. 수제맥주는 그것을 체험했을 때 근본적으로 알게 되는 어떤 것이다.

초기 수제맥주 양조에 중요한 영향을 미친 사람은 잭 매콜리프Jack McAuliffe였다. 1976년 매콜리프는 소노마에 뉴 앨비언New Albion 양조장을 열었는데, 이는 양조장의 폐업에 훨씬 익숙했던 나라에서 아주 오랜만에 문을 연 새로운 미국 양조 기업이었다. 매콜리프는 거대 라거 업체들과 정면으로 경쟁할 수 없다는 것을 깨달은 후 맛 좋은 에일과 포터에서 틈새시장을 창출해 내기로 결정하고, 음식에 대해 문명화된 반주로서 맥주를 강조했다. 뉴 앨비언은 지역 전문가들 사이에서 기업으로서는 엄청난 영향력을 지니고 있었지만, 안타깝게도 그것이 재정상의 성공을 뜻하는 것은 아니었다. 많은 선구적인 시도가 그랬듯이, 뉴 앨비언은 결국 수익성에 필요한 규모를 달성하지 못한 채 파산했다. 뉴 앨비언의 생산량은 일 년에 400배럴 정도였던 반면, 1976년 앤하이저-부시는 전국에 몇 개의 양조장을 가지고 있었고 각 양조장은 연간 400만 배럴 이상을 생산했다.

그럼에도 1984년 보스턴 비어 컴퍼니를 설립한 짐 코흐Jim Koch 같은 더욱 비즈니스 지향적인 양조 기업가들이 마침내 거대 맥주 기업들의 매출을 잠식할 수 있었던 것은 뉴 앨비언의 정신 때문이었다. 얄궂게도 코흐는 자신의 '샘 애덤스Sam Adams' 맥주의 실제 양조는 외주로 맡기고 마케팅에 에너지와 재정을 집중함으로써 시장 점유율을 구축했다. 그러나 코흐가 자신의 양조공장을 설립하고 '샘 애덤스'가 명실 공히 미국 최고의 수제맥주 브랜드가 되자(2013년 보스턴 비어 컴퍼니는 230만 배럴을 생산했다) 그는 매콜리프와 협동해 매콜리프의 전설적인 1976년 뉴 앨비언 에일을 재탄생시켰다.

한편, 「라거에 관한 논문A Treatise on Lager Beer」의 저자인 오리건의 프레드 에크하르트Fred Eckhardt와 캘리포니아의 시에라 네바다 브루잉 컴퍼니의 켄 그로스먼Ken Grossman 같은 다른 선구자들은 전국적으로 수제맥주의 급속한 확산을 주도하고 있었다. 찰리 파파지언Charlie Papazian이 1982년 콜로라도 볼더에서 처음 개최한 영향력 있는 축제인 그레이트 아메리칸 비어 페스티벌(GABF)은 이러한 성장 추세에 도움을 주었다. 그리고 선구적인 맥주 전문가 마이클 잭슨은 1988년 자신의 영향력 있는 저서『맥주에 대한 새로운 세계 가이드New World Guide to Beer』에서 미국의 수제맥주 움직임에 대해 특별히 언급하지는 않았지만, 메이태그의 앵커 스팀 맥주Anchor Steam Beer를 호평함으로써 미국에서 생산되는 맥주의 다양성에 대한 전 세계인의 호기심을 불러일으키는 데 도움을 주었다. 마침내 미국 소비자들은 대형 맥주회사의 제품에서는 느낄 수 없는 더 많은 무언가가 맥주에 있다는 사실과, 그곳에 또 다르게 선택 가능한 더 흥미로운 맥주들이 있다는 사실을 알게 되었다.

이 새로운 인식이 시장에 반영되었다. 1985년에 이미 37개의 수제맥주업자들이 상업적으로 매장을 운영하고 있었는데, 그다음 10년 동안 그 수는 기하급수적으로 증가했다. 그런 다음 산업이 다소 주춤해져 1998년 1625개였던 미국 수제맥주 업체는 2000년 1426개로 감소했다. 그 이유는 생산량이 급격하게 증가함에 따라 품질 관리의 문제가 야기되었기 때문이다. 그러나 이후 10년 동안의 회복기에 미국 수제맥주 업체는 2010년 1750개에서 2013년 중반 2418개로 다시 증가하기 시작했다. 2018년 현재 업체 수는 5000개가 넘으며, 개별 상표는 2만 개 이상이고, 스스로 규정한 스타일은 150개가 넘는다.

금세기 두 번째 10년이 되었을 때, 수제맥주 업체들은 작은 규모로 시작했음에도 불구하고 시장 점유율이 침체되고 있는 거대 맥주 업체의 매출을 심각하게 잠식하기 시작했다. 대중의 취향은 싱거운 라거에서 더 강하고 더 풍미가 넘치는 스타일로 뚜렷한 변화를 겪고 있었다. 1995년 2%의 점유율이던 수제맥주는 2012년 6.4%에 이르렀다. 오늘날 미국 맥주 시장에서 수제맥주의 점유율은 10% 내외로 추정되며 그 수치는 계속 증가하고 있다.

대형업체들은 이러한 경향을 무시할 수 없었다. 이에 그들은 두 가지 방식으로 대응해 왔다. 하나는 자신들만의 '크래프트craft(수제맥주)' 브랜드를 출시하는 것이었다. 예를 들어 밀러쿠어스는 (현재와 같이)

블루문 상표로 '벨지언 화이트Belgian White' 맥주를 판매하고 있으며, 자신들이 개입했음을 밝히기 위해 애쓰지 않는다. 블루문은 사실 꽤 좋은 제품이고 꽤 잘 팔리고 있다(연간 100만 배럴 이상 판매된다). 이와는 대조적으로, 앤하이저-부시의 엘크 마운틴Elk Mountain이나 SAB밀러의 플랑크 로드Plank Road는 맥주 애호가들에게 거의 알려져 있지 않다.

둘째 전략은 성공적인 수제맥주 업체를 사들이는 것이었다. 앤하이저-부시는 일찍이 1994년 시애틀의 레드훅Redhook 맥주를 사들였고, 3년 뒤 오리건 주의 위드머 브라더스Widmer Brothers 맥주를 매입했다. 인수된 두 업체는 비록 독립적으로 운영되었지만, 둘 다 수제맥주 산업계를 대변하는 맥주양조협회Brewerys' Association에서 즉시 퇴출되었다. 위드머는 이미 시카고의 평판 좋은 구스 아일랜드 맥주에 대해 지분을 갖고 있었고, 앤하이저-부시 인베브는 2011년에 나머지를 사들였다. 최근에 앤하이저-부시 인베브에 매각된 다른 세 개의 주요 수제맥주 업체가 그랬듯이, 당연히 구스 아일랜드도 이 일로 인해 공식 수제맥주 업체로서의 지위를 잃었다.

이 같은 추세는 지속되었다. 2015년 캘리포니아의 아이콘인 라구니타스Lagunitas 지분의 절반이 세계 3위 대형업체인 하이네켄으로 넘어갔고, 그 후 나머지 지분까지 넘어갔다. 그리고 샌디에이고의 밸러스트 포인트Ballast Point 양조장은 와인과 스피리츠 대기업인 컨스텔레이션 브랜즈Constellation Brands에 매각되었다. 최근 전국의 몇몇 수제 양조업체가 개인 주식 투자자들에게 돌아갔으며 일부 수제 양조업체는 어렵게 지탱하는 소규모 경쟁업체들을 매수하기 위해 사모펀드와 협력하기도 했다. 이처럼 한편에서는 거대 맥주 기업이, 다른 한편에서는 영국의 빅 식스 형성을 초래한 외부 경제세력이 새로운 틈새시장에서 더욱 강한 거점을 확보하는 중이다. 이 틈새시장은 미국에서 맥주 애호가들에게 기억에 남는 시대를 만들어온 혁신 기업가들의 명민함, 창의성, 그리고 헌신에 따라 활력이 좌우된다.

미국에서만 5000개가 넘는 맥주 업체가 있고(1873년 금주령 이전 기록인 4131개를 넘어섰다) 맥주를 마시는 사실상 모든 나라가 수제맥주 사업을 다양화해서 활기차게 향유하고 있으므로 상업적 측면의 맥주 산업은 분명 구조조정할 시기에 이르렀다. 미래의 맥주 산업은 어떤 모습일까? 대부분의 수제맥주 업체는 매년 기껏해야 수천 배럴을 생산하고 있으며 현재처럼 경쟁이 치열한 시장에서는 상당한 흡수합병과 통합 없이는 대부분 장기적으로 생존할 수 없을 것이다. 그러한 통합이 어떻게 이루어질지는 지켜볼 일이다. 만약 대형 주류업체들이 자신들의 재력과 비할 데 없이 훌륭한 유통 경로를 이용해 시장에 끼어들어서 가장 좋은 것들을 쓸어간다면, 대기업들이 공언하는 품질에 대한 약속에도 불구하고 획일성으로의 복귀를 두려워할 만한 이유가 생긴다. 결국 그들의 핵심 역량은 완벽하게 일관된 제품을 대규모로 생산·유통하는 것이기 때문에 거대 기업에게는 언제나 품질과 균일성을 동의어로 보고자 하는 유혹이 다소간 있을 것이다. 거대 맥주 업체들이 달성한 제품의 신뢰성은 화학공학의 작은 기적임이 인정되지만, 역사적으로 그러한 일이 성취된 것은 항상 다양성에 가치를 두는 맥주 애호가들의 관심에 의해 작동된 것이 아니었다. 향수에 젖은 사람들은 베스Bass 페일 에일이 글로벌 비어Global Beer의 손에 넘어간 후 그 기업의 운명에 대해 한탄하며, 순수주의자들은 현재 일본의 거대 기업 아사히가 (SAB밀러, 앤하이저-부시 인베브를 통해) 소유하고 있는 전설적인 필스너 우르켈조차 이전과 다르다고 수군거린다. 그럼에도 불구하고 대형 맥주 기업들은 마케팅 기회를 기민하게 알고 어느 정도 다양성을 유지하는 것이 자신들에게 이익이라는 것을 명확하게 이해했다.

대형 맥주 기업들이 수제맥주 업체들을 삼키는 대규모 인수를 감행하는 것은 물론 최악의 시나리오이다. 비록 대형 맥주 기업들이 항상 중요한 존재감을 보이겠지만, 수제맥주업자들 또한 이미 틈새로서 상당한 시장을 가지고 있음을 보여주어 왔다. 만일 그 틈새시장에서 주로 수제맥주업자들 간의 합병을 통해 불가피한 구조조정이 이루어지고 보다 경제성을 갖춘 양조시설과 산업 규모 이하의 시장에 적절한 유통망을 조성한다면 맥주를 좋아하고 특히 다양성에 가치를 두는 맥주 애호가들을 위한 전망이 밝아질 것이다. 최소한 사람들은 수제맥주가 대량 판매 시장의 맥주들과 함께 지속적으로 번창할 것을 합리적으로 소망할 수 있다. 일부 추정에 따르면, 수제맥주는 조만간 미국과 전 세계 맥주 시장의 20% 이상을 차지할 것이라고 한다. 비록 거대 맥주 업체들이 그 점유율의 상당 부분을 어떤 식으로든 좌우하는 상황에 처할 것 같지만 거대 맥주 업체들이 이 시장을 완전히 장악할 가능성은 없어 보인다. 한 조사에 따르면 미국 밀레니얼 세대의 44%는 버드와이저를 마셔본 적이 없다고 한다. 하지만 우려스럽게도 알코올음료에 대한 그들의 취향이 한편으로는 스프리츠로, 다른 한편으로는 무알코올음료로 엉뚱하게 향할 수도 있다.

현재 거의 모든 곳에 있는 맥주 애호가들은 스타일과 개념 면에서 이전보다 더 많은 선택권을 가지고 있다. 그들은 전환기에 있는 맥주 산업의 환경 내에서 이 풍성함을 즐기고 있는 것이 분명하다. 다행히도 최종 결정권을 갖고 있는 자는 바로 그들이다. 왜냐하면 맥주가 앞으로 과거의 개성 없는 획일성으로 다시 되돌아갈지, 아니면 맛을 확장하는 혁신과 다양성을 추구하는 현재의 길을 따라 계속될지를 결정하는 것은 무엇보다도 소비자이기 때문이다. 의식 있고 분별력 있는 음주자들은 다양하고 흥미로운 미래를 위한 맥주의 최고 보증인이다.

참고문헌

맥주에 관한 대중적인 문헌은 방대한데, 그중 많은 부분은 자가 양조에 초점을 맞추고 있다. 여기서 우리는 이 책을 쓰면서 인용하거나 참고한 전문적·대중적인 주요 출간물의 출처에 대한 주석 목록을 장별로 제공한다.

제1장. 맥주, 자연, 그리고 사람들

Tyson(1995)은 지구 밖 외계의 에탄올 분자들의 구름에 대해 "은하수 바(The Milky Way Bar)"라는 구절을 창작했다. Wiens et al.(2008)은 깃털나무타기 쥐의 음주 습관에 대한 논문을, Schoon, Fehr, and Shoon(1992)은 술 취한 고슴도치의 죽음에 대한 논문을 발표했다. 자연에서의 에탄올 소비에 대한 일반적 논의는 Levey(2004). 술 취한 원숭이 가설과 포유류의 알코올 혐오에 대해서는 Dudley(2000; 2004), 그리고 대안적 관점에 대해서는 Milton(2004)의 논문을 참조하라. 알코올과 초파리의 관계는 Starmer, Heed, Rockwood-Sluss(1977), Shohat-Ophir et al.(2012), 그리고 Milan, Kacsoh, and Schlenke(2012)의 논문을 참조하라. 영장류의 알코올 탈수소효소는 Carrigan et al.(2014)에 의해 분석되었다. Hockings et al.(2015)은 침팬지의 음주에 대한 논문을 발표했다.

Carrigan, M. A., O. Uryasev, C. B. Frye, B. L Eckman, et al. 2014. "Hominids Adapted to Metabolize Ethanol Long before Human-Directed Fermentation." *Proceedings of the National Academy of Sciences of the United States of America* 112: 458~463.

Dudley, R. 2000. "Evolutionary Origins of Human Alcoholism in Primate Frugivory." *Quarterly Review of Biology* 75: 3~15.

_____. 2004. "Ethanol, Fruit Ripening, and the Historical Origins of Human Alcoholism in Primate Frugivory. *Integrative and Comparative Biology* 44: 315~323.

Hockings, K.J., N. Bryson-Morrison, S. Carvalho, M. Fujisawa, et al. 2015. "Tools to Tipple: Ethanol Ingestion by Wild Chimpanzees Using Leaf-Sponges." *Royal Society Open Science* 2: 50150. http://dx.doi.org/10.1098/rsos.150150(accessed June 7, 2018).

Levey, D. J. 2004. "The Evolutionary Ecology of Ethanol Production and Alcoholism." *Integrative and Comparative Biology* 44: 284~289.

Milan, N. F., B. R. Kacsoh, and T. A. Schlenke. 2012. "Alcohol Consumption as a Self-Medication against Blood-Borne Parasites in the Fruit Fly." *Current Biology* 22: 488~493.

Milton, K. 2004. "Ferment in the Family Tree: Does a Frugivorous Dietary Heritage Influence Contemporary Patterns of Human Ethanol Use?" *Integrative and Comparative Biology* 44: 301~314.

Schoon, H. A., M. Fehr, and A. Schoon. 1992. "Case Report: Acute Alcohol Intoxication in a Hedgehog(Erinaceus europaeus). *Kleintierpraxis* 37: 329~332.

Shohat-Ophir, G., K. R. Kaun, R. Azanchi, H. Mohammed, and U. Heber lein. 2012. "Sexual Deprivation Increases Ethanol Intake in Drosophila." *Science* 335: 1351~1355.

Starmer, W. T, W. B. Heed, and E. S. Rockwood-Sluss. 1977. "Extension of Longevity in Drosophila mojavensis by Environmental Ethanol: Differences between Subraces." *Proceedings of the National Academy of Sciences of the United States of America* 74, no. 1: 387~391.

Tyson, N. deG. 1995. "The Milky Way Bar." *Natural History* 103: 16~18.

Wiens, F., A. Zitzmann, M.-A. Lachance, M. Yegles, et al. 2008. "Chronic Intake of Fermented Floral Nectar by Wild Treeshrews." *Proceedings of the National Academy of Sciences of the United States of America* 105, no. 30: 10426~10431.

제2장. 고대 세계의 맥주

맥주의 역사에 대한 문헌은 광범위하다. 그중 전반적으로 우수한 성과들은 McGovern(2009; 2017), Standage(2005), 그리고 Bostwick(2014)가 관련되어 있다. 특히 맥거번이라는 이름은 고대 세계에서 맥주가 지닌 보다 넓은 역할과 우리가 고대 맥주에 대해 아는 방법을 이해하는 데 있어 필수적이다. 시리아 북부 아부 후레이라에서 이루어진 연구는 Moore(2003)에 의해 잘 요약되었다. 닌카시의 맥주는 인터넷상에 널리 인용되고 있으며 닌카시 찬가는 Civil(1991)에 의해 해석되었다. Katz and Maytag(1991)는 시 형식의 찬가에서 얻은 정보들을 이용한 첫 재현물인 닌카시 맥주에 대해 서술했다. 수메르 맥주에 대한 다른 관점의 근거는 Damerow(2012)에서 발견되었다. 스카라 브레의 신석기 시대 맥주 양조에 대해서는 Dineley and Dineley(2000)를 참조하라. Stika(2011)는 독일 철기 시대의 맥주 양조의 증거에 대해 서술했다. 고대 맥주를 재현하기 위한 포괄적 기술에 대해서는 McGovern(2017)을 참조하라. 초기 인간의 술 취함, 특히 유럽에서의 술 취함에 대해서는 Guerra-Doce(2015)를 참조하라.

Bostwick, W. 2014. *A History of the World According to Beer.* New York: W. W. Norton.

Civil, M. 1991. "Modern Breweries Recreate Ancient Beer." *Oriental Institute News and Notes* 132: 1~2, 4.

Damerow, P. 2012. "Sumerian Beer: The Origins of Brewing Technology in Ancient Mesopotamia." *Cuneiform Digual Library Journal* 2012: 002. https://cdli.ucla.edu/files/publications/edlj2012_002.pdf.

Dineley, Merryn, and Graham Dineley 2000. "From Grain to Ale: Skara Brae, a Case Study." pp.196~200 in A. Ritchic, ed., *Neolithic Orkney in Its European Context.* Cambridge: McDonald Institute.

Guerra-Doce, E. 2015. "The Origins of Inebriation: Archaeological Evidence of the Consumption of Fermented Beverages in Prehistoric Eurasia." *Journal of Archaeological Methods and Theory* 22: 751~782.

Katz, S. and F. Maytag. 1991. "Brewing an Ancient Beer." *Expedition* 44: 24~33.

McGovern, P. E. 2009. *Uncorking the Past: The Quest for Wine, Beer and Other Alcoholic Barrages*. Berkeley: University of California Press.

_____. 2017. *Ancient Brees, Rediscovered and Re-Created*. New York: W. W. Norton.

Moore, A. M. T. 2003. "The Abu Hureyra Project: Investigating the Beginning of Farming in Western Asia." pp.59~74 in A. J. Ammerman and P. Biagi, eds., *The Widening Harvest. The Neolithic Transition in Europe: Looking Back, Looking forward*. Boston: Archaeological Institute of America.

Standage, T. 2005. *A History of the World in Six Glasses*. New York: Walker & Co.

Stika, H. P. 2011. "Early Iron Age and Late Mediaeval Malt Finds from Germany-Attempts at Reconstruction of Early Celtic Brewing and the Taste of Celtic Beer. *Archaeological and Anthropological Sciences* 3: 41~48.

제3장. 혁신과 신흥 산업

William Bostwick(2014)은 Pete Brown(2003; 2006; 2010; 2012)이 쓰고 전 세계에서 읽힌 일련의 재미있는 책들에서 그랬던 것처럼 유럽과 미국에서의 맥주 양조 역사에 대해 흥미롭게 풀어나갔다. Alworth(2015)와 Bernstein(2013)의 탐구를 통해 맥주 역사에 대한 정보뿐만 아니라 다른 많은 귀중한 자료도 발굴되었다. 일반적인 주의사항과 함께 광범위한 정보도 인터넷상에서 찾을 수 있다.

Alworth, J. 2015. *The Beer Bible*. New York: Workman.

Bernstein, J. M. 2013. *The Complete Beer Course*. New York: Sterling Epicure.

Bostwick, W. 2014. *A History of the World According to Beer*. New York: W. W. Norton.

Brown, P. 2003. *Man Walks into a Pub: A Sociable History of Beer*. London: Pan.

_____. 2006. *Tire Sheets to the Wind, 300 Bars in 13 Countries: One Man's Quest for the Meaning of Beer*. London: Pan.

_____. 2010. *Hops and Glory: One Man's Search for the Beer that Built the British Empire*. London: Pan.

_____. 2012. *Shakespeare's Pub: A Barstool History of London as seen through the Windows of Its Oldest Pub, The George Inn*. New York: St. Martin's Griffin.

제4장. 맥주 마시는 문화

Brown(2006)은 우리가 전 세계에서 찾을 수 있는 맥주 마시는 문화와 같은 일반적인 논의를 다룬다. Schivelbusch(1992)는 바에서의 동지애에 대해 서술했다. Finch-Hatton(1886)은 자신의 자서전에서 자신이 관찰한 호주인의 음주 습관에 대해 서술하고 있다. 호주 고등법원이 판결한 퀸즐랜드 원주민에 대한 알코올 법에 대한 *Guardian* 보고서는 https://www .theguardian.com/world/2013/jun/19/australia-indigenous-alcohol-law(2018년 6월 7일 검색)에서 찾을 수 있다. Wolff(2013)는 뮌헨 옥토버페스트에 대한 많은 안내서를 만들었다. 영국의 숙박업 역사에 관해서는 Brown(2012)을 참조하라.

Brown, P. 2006. *Three Sheets to the Wind 300 Bars in 13 Countries: One Man's Quest for the Meaning of Beer*. London: Pan.

_____. 2012. *Shakespeare's Pub: A Barstool History of London as Seen Through the Windows of Its Oldest Pub - The George Inn*. New York: St. Martin's Griffin.

Finch-Hatton, H. 1886. *Advance Australia! An account of eight years' work, wandering, and amusement, in Queensland, New South Wales and Victoria*. London: W. H. Allen.

Schivelbusch, W. 1992. *Tastes of Paradise: A Social History of Spirits, Stimulants, and Intoxicants*. New York: Pantheon.

Wolff, M. 2013. *Meet Me in Munich: A Beer Lover's Guide to Oktoberfest*. New York: Skyhorse.

제5장. 필수 분자

Tattersall and DeSalle(2015)은 여기서 제시한 것보다 더 자세히 알코올음료에 대한 분자 및 화학적 배경을 다루었다. 보리의 게놈은 International Barley Genome Sequencing Consortium(2012)에 의해 설명되었다. Natsume et al.(2014)은 홉의 초안 게놈을 요약했다. 효모의 게놈은 Mewes et al.(1997)에 의해 보고되었고 많은 양조자 효모의 염기서열은 Monerawela and Bond(2017)에 의해 보고되었다. 스트럭처 프로그램의 내부 작업은 Pritchard(2003)와 Earl(2012)을 참조하라. Emanuelli et al.(2013)의 논문은 이 장에서 제시된 포도나무에 대한 주성분 분석(PCA)과 스트럭처 분석 결과를 다룬 그림들의 출처이다.

Earl, D. A. 2012. "STRUCTURE HARVESTER: A Website and Program for Visualizing STRUCTURE Output and Implementing the Evanno Method." *Conservation Genetics Resources* 4(2): 359~361.

Emanuelli, F., S. Lorenzi, L. Grzeskowiak, V. Catalano, M. Stefanini, M. Troggio, S. Myles, et al. 2013. "Genetic Diversity and Population Structure Assessed by SSR and SNP Markers in a Large Germplasm Collection of Grape." *BMC Plant Biology* 13, no. 1: 39.

International Barley Genome Sequencing Consortium. 2012. "A Physical, Genetic and Functional Sequence Assembly of the Barley Genome." *Nature* 491(7426): 711~717.

Mewes, H. W., K. Albermann, M. Bahr, D. Frishman, A. Gleissner, J. Hani, K. Heumann, et al. 1997. "Overview of the Yeast Genome." *Nature* 387(6632): 7~8.

Moncrawela, C. and U. Bond. 2017. "Brewing up a Storm: The Genomes of Lager Yeasts and How They Evolved." *Biotechnology Advances* 35: 512~519.

Natsume, S., H. Takagi, A. Shiraishi, J. Murata, H. Toyonaga, J. Patzak, M. Takagi, et al. 2014. "The Draft Genome of Hop(Humulus lupulus), an Essence for Brewing." *Plant and Cell Physiology* 56(3): 428~441.

Pritchard, J. K., W. Wen, and D. Falush. 2003. *Documentation for Structure Soft ware*

Version 2. https://web.stanford.edu/group/pritchardlab/software /readme_structure2. pdf(accessed June 7, 2018).

Tattersall, I. and R. DeSalle. 2015. *A Natural History of Wine.* Yale University Press.

제6장. 물

건조한 지구 이론과 그에 관한 연구인 소행성 베스타 충돌이 Fazekas(2014)에 의해 보고되었다. 아르키메데스의 유레카에 대한 진실은 Biello(2006)에 의해 논의되었다. 미국과 프랑스 수질의 지역적 경도 특성을 보여주는 참고문헌은 온라인상에서 찾을 수 있다.

Biello, D. 2006. "Fact or Fiction? Archimedes Coined the Term 'Eureka!' in the Bath." *Scientific American*, December 8, 2006.

Fazekas, A. 2014. "Mystery of Earth's Water Origin Solved." *National Geographic*, October 30, 2014.

French water hardness data from Wikimedia Commons: https://commons.wikimedia.org/ wiki/File:Duret%C3%A9_de_l%27cau_en_France.svg(accessed June 7, 2018).

U.S. Water Hardness Map. *Fresh Cup Magazine*, July 19, 2016. http://wwwfreshcup.com/us -water-hardness-map(accessed June 7, 2018).

Water Hardness and Beers: https://www.pinterest.com/pin/443112050818231146(accessed June 7, 2018).

제7장. 보리

보리의 연구와 관련된 오할로 2세의 고고학적 유적은 Weiss et al.(2004; 2005)에 의해 설명되었다. 현지 외 보존과 보리 생식질의 이용을 위한 글로벌 전략(Global Strategy for the Ex-Site Conservation and Use of Barley Germ Plasm)은 여기에 열거된 웹 사이트에서 찾을 수 있다. von Bothmer et al.(2003)의 연구는 우리가 여러 가지 보리 변종에 대해 알고 있는 많은 정보의 출처이다. 본문에서 논의된 호르데움 계통발생은 Brassac and Blattner(2015)가 출처이다. Pankin and von Korff(2017)는 호르데움과 재배화 증후군에 대해 논의했다. Mascher et al.(2016), 그리고 Russell et al.(2016)은 보리 엑솜 염기서열 분석과 개체군 유전체학을 설명했다. Mascher et al.(2016)의 논문에는 고대 보리 알갱이에 대한 분석이 포함되어 있다. Pourkheirandish and Komatsuda(2007)는 부러지기 쉬운 이삭에 대해 논의했다. Poets et al.(2015)은 호르데움 랜드레이스의 주성분 분석(PCA)의 출처일 뿐만 아니라 유럽과 아시아에 있는 지도상 보리의 주성분 분석의 출처이기도 하다. Robin Allaby(2015)의 리뷰도 여기서 참고했다. Jonas and de Koning(2013)은 유전체학에서 선택과 예측에 대한 연구를 요약했다.

Schmidt et al.(2016), 그리고 Niclsen et al.(2016)은 보리 특성을 개량하기 위해 게놈 접근법을 이용한 예들을 제시했다.

Allaby, R. G. 2015. "Barley Domestication: The End of a Central Dogma?" *Genome Biology* 16, no. 1: 176.

Brassac, J. and F. R. Blattner. 2015. "Species-Level Phylogeny and Polyploid Relationships in Hordeum(Poaceae) Inferred by Next-Generation Sequencing and in Silico Cloning of Multiple Nuclear Loci." *Systematic Biology* 64, no. 5: 792~808.

Global Strategy for the Ex-Site Conservation and Use of Barley Germ Plasm. 2014. https://cdn.croptrust.org/wp/wp-content/uploads/2017/02/Barley Strategy_FINAL_27 Oct08.pdf(accessed June 7, 2018).

Jonas, Elisabeth, and Dirk-Jan de Koning, 2013. "Does Genomic Selection Have a Future in Plant Breeding?" *Trends in Biotechnology* 31: 497~504.

Mascher, M., V.J. Schuenemann, U. Davidovich, N. Marom, A. Himmelbach, S. Hübner, A. Korol, et al. 2016. "Genomic Analysis of 6,000-Year-Old Cultivated Grain Illuminates the Domestication History of Barley." *Nature Genetics* 48, no. 9: 1089~1093.

Nielsen, N. H., A. Jahoor, J. D. Jensen, J. Orabi, F. Cericola, V. Edriss, and J. Jensen. 2016. "Genomic Prediction of Seed Quality Traits Using Ad vanced Barley Breeding Lines." *PloS One* 11, no. 10: e0164494.

Pankin, A. and M. von Korff. 2017. "Co-evolution of Methods and Thoughts in Cereal Domestication Studies: A Tale of Barley(Hordeum vulgare)." *Current Opinion in Plant Biology* 36: 15~21.

Poets, A. M., Z. Fang, M. T. Clegg, and P. L. Morrell. 2015. "Barley Land races Are Characterized by Geographically Heterogeneous Genomic Origins." *Genome Biology* 16, no. 1: 173.

Pourkheirandish, M. and T. Komatsuda. 2007. "The Importance of Barley Genetics and Domestication in a Global Perspective." *Annals of Botany* 100: 999~1008.

Russell, J., M. Mascher, I. K. Dawson, S. Kyriakidis, C. Calixto, F. Freund, M. Bayer, et al. 2016. "Exome Sequencing of Geographically Diverse Barley Landraces and Wild Relatives Gives Insights into Environmental Adaptation." *Nature Genetics* 48, no. 9: 1024~1030.

Schmidt, M., S. Kollers, A. Maasberg-Prelle, J. Großer, B. Schinkel, A. Tome rius, A. Graner, and V. Korzun. 2016. "Prediction of Malting Quality Traits in Barley Based on Genome-wide Marker Data to Assess the Potential of Genomic Selection." *Theoretical and Applied Genetics* 129, no. 2: 203~213.

von Bothmer, R., T. van Hintum, H. Knüpffer, and K. Sato. 2003. *Diversity in Barley* (Hordeum vulgare), vol. 7. New York: Elsevier Science.

Weiss, E., M. E. Kislev, O. Simchoni, and D. Nadel. 2005. "Small-Grained Wild Grasses as Staple Food at the 23,000-Year-Old Site of Ohalo II, Israel." *Economic Botany* 588: 125~134.

Weiss, E., W. Wetterstrom, D. Nadel, and O. Bar-Yosef. 2004. "The Broad Spectrum Revisited: Evidence from Plant Remains." *Proceedings of the National Academy of Sciences*, USA 101: 9551~9555.

우리 안팎의 미생물 세계에 대한 탐구를 보려면 DeSalle and Perkins(2015), 그리고 Dunn(2011)을 참조하라. 이 장에서 언급된 Rytas Vilgalys의 연구는 James et al.(2006)에 의해 요약되었다. 사카로 미세스 계통 분류는 Cliften et al.(2003)의 연구에 기반을 두었고 사카로미세스의 생애 주기는 Tsai et al.(2008)의 연구에 근거한다. 세레비시아 조상에 대한 Liti et al.(2009)의 연구, 그리고 효모 변종 관계에 대한 베르스트레펜 그룹[Gallone et al.(2016)]의 연구는 아래 열거된 참고문헌을 참조하라. Berlowska, Kregiel and Rajkowska(2015)는 보다 큰 효모들 사이의 차이점에 대해 논의했다. Borneman et al.(2016)은 와인 효모 변종들의 다양성에 대해 논의했다. Alshakim Nelson은 아래 참고문헌의 *Economist* 에서 미생물반응기 접근방법을 설명했다.

Alshakim Nelson. "A Better Way to Make Drinks and Drugs." *Economist*, July 6, 2017.

Berlowska, J., D. Kregiel, and K. Rajkowska. 2015. "Biodiversity of Brewery Yeast Strains and Their Fermentative Activities." *Yeast* 32, no. 1: 289~300.

Boreman, A. R., A. H. Forgan, R. Kolouchova, J. A. Fraser, and S. A. Schmidt. 2016. "Whole Genome Comparison Reveals High Levels of Inbreeding and Strain Redundancy across the Spectrum of Commer cial Wine Strains of Saccharomyces cerevisiae." *G3: Genes, Genomes, Genetics* 6, no. 4: 957~971.

Cliften, P., P. Sudarsanam, A. Desikan, L. Fulton, B. Fulton, J. Majors, R. Waterston, B. A. Cohen, and M. Johnston. 2003. "Finding Functional Features in Saccharomyces Genomes by Phylogenetic Footprinting." *Science* 301, no. 5629: 71~76.

DeSalle, R. and S. L. Perkins. 2015. *Welcome to the Microbiome: Getting to know the Trillions of Bacteria and Other Microbes in, on, and around You.* New Haven, CT: Yale University Press.

Dunn, Rob. 2011. *The Wild Life of Ow Bodies.* New York: Harper Collins.

Gallone, B., J. Steensels, T. Prahl, L. Soriaga, V. Sacls, B. Herrera-Malaver, A. Merlevede, et al. 2016. "Domestication and Divergence of Saccharo myces cerevisiae Beer Yeasts." *Cell* 166, no. 6: 1397~1410.

James, T. Y., F. Kaufl, C. L. Schoch, P. B. Matheny, V. Hofstetter, C. J. Cox, G. Celio, et al. 2006. "Reconstructing the Early Evolution of Fungi Using a Six-Gene Phylogeny." *Nature* 443(7113): 818.

Liti, G., D. M. Carter, A. M. Moses, J. Warringer, L. Parts, S. A. James, R. P. Davey, et al. 2009. "Population Genomics of Domestic and Wild Yeasts." *Nature* 458, no. 7236: 337.

Tsai, I. J., D. Bensasson, A. Burt, and V. Koufopanou. 2008. "Population Genomics of the Wild Yeast Saccharomyces paradoxus: Quantifying the Life Cycle." *Proceedings of the National Academy of Sciences, USA* 105, no. 12: 4957~4962.

제9장. 홉

삼과의 계통발생론적 역사가 Yang et al.(2013)에 의해 출간되었다. 16세기 영국의 종교와 맥주에 관해서는 von Rycken Wilson(1921)을 인용했다. Dresel et al.(2016)은 90개의 홉 변종이 지닌 화학적 특성을 설명했다. HopBase는 아래 참고문헌의 웹사이트에서 접속할 수 있다.

Dresel, M., C. Vogt, A. Dunkel, and T. Hofmann. 2016. "The Bitter Chemodiversity of Hops(Humulus lupulus L.)." *Journal of Agricultural and Food Chemistry* 64, no. 41: 7789~7799.

HopBase. http://hopbase.cgrb.oregonstate.edu(accessed June 7, 2018).

von Rycken Wilson, E. 1921. "Post-Reformation Features of English Drinking." *American Catholic Quarterly* 46: 134~155.

Yang, M-Q, R. van Velzen, F. T. Bakker, A. Sattarian, D-Z. Li, and T.-S. Yi. 2013. "Molecular Phylogenetics and Character Evolution of Cannabaceae." *Taxon* 62, no. 3: 473~485.

제10장. 발효

아래 네 권의 도서는 발효와 그 응용에 대한 좋은 입문서이다.

Buchholz, K. and J. Collins. 2013. "The Roots-A Short History of Industrial Microbiology and Biotechnology." *Applied Microbiology and Biotechnology* 97, no. 9: 3747~3762

Jelinek, B. 1946. "Top and Bottom Fermentation Systems and Their Respective Beer Characteristics." *Journal of the Institute of Brewing* 52, no. 4: 174~181.

Parakhia, M., R. S. Tomar, and B. A. Golakiya. 2015. *Overview of Basics and Types of Fermentation.* Munich: GRIN Publishing.

Thomas, K. 2013. "Beer: How It's Made- The Basics of Brewing." Liquid *Bread: Beer and Brewing in Cross-Cultural Perspective* 7: 35.

제11장. 맥주와 감각

감각을 다루는 총론에 대해서는 우리가 2012년 발간한 책 *The Brain*을 참조하라. Crick의 인용 글 출처는 Crick(1990)이다. 맛에 대한 감각기관의 영향과 소비자 반응분야 연구의 선구자인 Charles Spence의 네 편의 자료도 참고하기 바란다. Shott(1993)은 펜필드(Penfield)의 감각영역의 체계화를 다룬다. Christiaens et al.(2014)은 곰팡이류 방향성 유전자에 대해 기술한다. Bushdid et al.(2014)은 엄청나게 많은 종류의 냄새에 대한 근거를 제공한다. Meilgaard, Carr and Civille(2066)은 맥주와 맛에 대한 주 저자인 Meilgaard의 연구업적을 잘 요약해 준다.

Bushdid, C., M. O. Magnasco, L. B. Vosshall, and A. Keller. 2014. "Humans Can Discriminate More Than 1 Trillion Olfactory Stimuli." *Science* 343, no. 6177:

1370~1372.

Christiaens, J. F., L. M. Franco, T. L. Cools, L De Meester, J. Michiels, T. Wenselcers, B. A. Hassan, E. Yaksi, and K. J. Verstrepen. 2014. "The Fungal Aroma Gene ATF1 Promotes Dispersal of Yeast Cells through Insect Vectors." *Cell Reports* 9, no. 2: 425~432.

Crick, F. 1990. *Astonishing Hypothesis: The Scientific Search for the Soul*. New York: Scribners.

DeSalle, R. and I. Tattersall. 2012. *The Brain: Big Bangs, Behaviors, and Beliefs*. New Haven, CT: Yale University Press.

Meilgaard, M. C., B. T. Carr, and G. V. Civille. 2006. *Sensory Evaluation Techniques*. Boca Raton, FL: CRC Press.

Schott, Geoffrey D. 1993. "Penfield's Homunculus: A Note on Cerebral Cartography." *Journal of Neurology, Neurosurgery &Psychiatry* 56, no. 4: 329~333.

Spence, C. 2015. "On the Psychological Impact of Food Colour." *Flavour* 4, no. 1: 21.

_____. 2016. "Sound—The Forgotten Flavour Sense." *Multisensory Flavor Perception: From Fundamental Neuroscience Through to the Marketplace*: 81.

Spence, C. and G. Van Doorn. 2017. Does the Shape of the Drinking Receptacle Influence Taste/Flavour Perception? A Review." *Beverages* 3, no. 3: 33.

Spence, C. and Q. J. Wang. 2015. "Sensory Expectations Elicited by the Sounds of Opening the Packaging and Pouring a Beverage." *Flavour* 4, no. 1: 35.

제12장. 맥주와 비만

Schutze et al.(2009), Shelton and Knott(2014), Bobak, Skodova and Marmot(2002)은 맥주 비만에 대한 더 많은 정보를 제공한다. Falony et al.(2016)은 이 책에서 다룬 맥주와 미생물에 대한 논의의 자료를 제공한다. Epstein(1997)은 알코올이 신장 장기에 미치는 영향을 다룬 멋진 참고문헌이다. Lu and Cederbaum(2008)은 CYP2e1 유전자와 알코올 간의 상관성을 다루고, Mulligan et al.(2003)은 ADH 변이들의 생물학 특성을 기술하고 있다. Bierut et al.(2010)은 GWAS와 알코올 중독을 다루고 있다.

Bierut, L. J., A. Agrawal, K. K. Bucholz, K. F. Doheny, et al. 2010. "A Genome Wide Association Study of Alcohol Dependence." *Proceedings of the National Academy of Sciences, USA* 107, no. 11: 5082~5087.

Bobak, M., Z. Skodova, and M. Marmot. 2003. "Beer and Obesity: A Cross Sectional Study." *European Journal of Clinical Nutrition* 57, no. 10: 1250.

Epstein, M. 1997. "Alcohol's Impact on Kidney Function." *Alcohol Health Research World* 21: 84~92.

Falony, G., M. Joossens, S. Vieira-Silva, J. Wang, Y. Darzi, K. Faust, A. Kurilshikov, et al. 2016. "Population-Level Analysis of Gut Microbiome Variation." *Science* 352(6285):

560~564.

Lu, Y. and A. I. Cederbaum. 2008. "CYP2El and Oxidative Liver Injury by Alcohol." *Free Radicals in Biology and Medicine* 44, no. 5: 723~738.

Mulligan, C., R. W. Robin, M. V. Osier, N. Sambughin, et al. 2003. "Allelic Variation at Alcohol Metabolism Genes(ADHIB, ADHIC, ALDH2) and Alcohol Dependence in an American Indian Population." *Human Genetics* 113, no. 4: 325~336.

Schütze, M., M. Schulz, A. Steffen, et al. 2009. "Beer Consumption and the 'Beer Belly': Scientific Basis or Common Belief?" *European Journal of Clinical Nutrition* 63, no. 9: 1143~1149.

Shelton, N. J. and C. S. Knott. 2014. "Association between Alcohol Calorie Intake and Overweight and Obesity in English Adults." *American Journal of Public Health* 104, no. 4: 629~631.

제13장. 맥주와 뇌

우리들의 또 다른 저서 *Wine* [Tattersall and DeSalle(2015)]은 이른바 술 취함을 뜻하는 용어 "자발적 광기(voluntary madness)"의 기원 및 '우리는 어떻게 취해가는가'에 대해 기술하고 있다. 동일 저자의 저서인 *The Brain* [DeSalle and Tattersall(2012)]에서는 인간 뇌의 기원, 구조, 기능 등을 전반적으로 기술하고 있다.

DeSalle, R. and I. Tattersall. 2012. *The Brain: Big Bangs, Behaviors, and Beliefs.* New Haven, CT: Yale University Press.

Tattersall, I. and R. DeSalle. 2015. *A Natural History of Wine.* New Haven, CT: Yale University Press.

제14장. 맥주의 계통

2018년 6월 기준 여덟 개의 웹사이트에서 맥주 분류에 대한 계통수 또는 다른 표현법을 제공한다. 계통수 분야의 입문서로는 DeSalle and Rosenfeld(2013)를 참고하기 바란다. BJCP 웹사이트에서 맥주 인증 프로그램 지침서를 찾을 수 있다. 이 사이트에서는 맥주 주기율표 및 미각 바퀴와 33가지 맥주 평가 안내책자도 얻을 수 있다.

https://www.popchartlab.com.
http://www.allposters.com.
https://cratestyle.com.
http://phylonetworks.blogspot.com/2015/11/are-taxonomies-networks.html.
https://commons.wikimedia.org/wiki/File: Beer types diagram.svg.
http://randomrow.com/phylogeny-of-beer.
https://twitter.com/dangraur/status/642028902982901760.

http://clydesparks.com/everything-you-nced-to-know-about-beer-in-one-chart-infographic.

Beer Judge Certification Program(BJCP): https://www.bjcp.org/docs/2015_Guidelines_Beer.
pdf.

Beer Periodic Table: https://www.posterazzi.com.

DeSalle, Rob, and Jeffrey Rosenfeld. 2013. *Phylogenomics: A Primer*. New York: Garland
Science.

33beers scoring booklets: http://33books.com.

제15장. 부활시키는 사람들

최초부터 현대에 이르기까지 고대 맥주의 부활을 다루는 결정적인 참고서는 단연 McGovern(2017)
이다. Kats and Maytag(1991)는 고대 수메르 맥주의 재현을 상세히 다루었는데, 여기서는
Civil(1991)에 의해 번역되고 인용된 닌카시 찬가를 언급했다. Calagione(2011)는 고대 맥주를 재현
하는 데 도그피시 헤드 양조장이 수행한 역할을 기술했다. Brown(2012)에서는 실제 IPA를 모사하기
위한 모험적인 재현 과정을 기술한다.

Brown, P. 2012. *Hops and Glory: One Man's Search for the Beer Thar Built the British
Empire*. London: Pan.

Calagionc, S. 2011. *Brewing up a Business*. Revised and updated edition. Hoboken, NJ:
Wiley.

Civil, M. 1991. "Modern Breweries Recreate Ancient Beer." *Oriental Institute News and
Nates* 132: 1~2, 4.

Katz, S. and E. Maytag. 1991. "Brewing an Ancient Beer." *Expedition* 44: 24~33.

McGovern, P. E. 2017. A*ncient Brews, Rediscovered and Re-Created*. New York: W. W.
Norton.

Samuel, D. 1996a. "Investigation of Ancient Egyptian Baking and Brewing Methods by
Correlative Microscopy." *Science* 273: 488~490.

_____. 1996b. "Archaeology of Ancient Egyptian Beer." *Journal of the American Society of
Brewing Chemists* 54: 3~12.

제16장. 맥주 산업의 미래

Bostwick(2014)은 미국의 맥주 역사를 잘 정리했고 Brown(2012)은 영국의 맥주 역사를 잘 기술했
다. Brown(2006; 2012)은 맥주의 세계화 결과를 흥미롭게 잘 기술하고 있다. 캄라에 대한 심층적인
정보는(2018년 7월 현재 기준) 웹사이트 http://www.camra.org.uk에서 얻을 수 있다. Accitelli
(2013), Hindy(2014)는 미국에서의 수제맥주 등장에 관해 잘 설명하고 있다. 이들에 대한 일반적인
평가는 Elizinga, Tremblay and Tremblay(2015)를 참조하라. 이 분야는 빠르게 변하고 있기 때문에
인터넷에서 검색을 통해 최신 정보를 얻을 수 있을 것이다.

Accitelli, T. 2013. *The Audacity of Hops: The History of America's Graft Beer Revolution.* Chicago: Chicago Review Press.

Bostwick, W. 2014. *A History of the World According to Beer.* New York: W. W. Norton.

Brown, P. 2006. *Three Sheets to the Wind. 300 Bars in 13 Countries: One Man's Quest for the Meaning of Beer.* London: Pan.

_____. 2012. *Shakespeare's Pub: A Barstool History of London as seen through the Windows of Its Oldest Pub — The George Inn.* New York: St. Martin's Griffin.

Elzinga, K. G., C. H. Tremblay, and V. J. Tremblay. 2015. "Craft Beer in the United States: History, Numbers, and Geography." *Journal of Wine Economics* 10: 242~274.

Hindy, S. 2014. *The Craft Beer Revolution: How a Band of Microbracers Is Transforming the World's Favorite Drink.* New York: Palgrave Macmillan.

역자 후기

『맥주의 역사』는 미국에서 연이어 출간된 와인, 맥주, 증류주에 관한 세 종의 저서 *A Natural History of Wine*(2015), *A Natural History of Beer*(2019), *A Natural History of Spirits*(2022) 가운데 *A Natural History of Beer*를 번역한 것이다(*A Natural History of Wine*을 번역한 『와인의 역사』도 조만간 출간될 예정이다).

고인류학자 이언 태터솔과 분자생물학자 롭 디샐은 우주 탄생, 인류의 근원, 진화, 인종, 뇌, 인간의 감각 등 우리 존재에서 근원적인 호기심을 불러일으키는 흥미로운 주제에 대해 오랫동안 연구해 왔다. 이 책에서 두 저자는 인류와 오랜 세월 존립해 온 맥주와 인류 사이에 얽힌 여러 주제에 대해 각 분야의 전문가로서—그리고 아마도 맥주 애호가로서—흥미롭게 풀어내고 있다.

이 책에서는 인류가 언제부터 맥주를 마셨을까 하는 의문에 대해 석기 시대 말기인 기원전 9500~8500년경에 근동에서 주요 작물로 밀과 보리를 선택 경작하면서 정착생활을 시작한 인류가 경작을 통해 수확한 곡식의 보존기간을 늘리기 위한 방편으로 발효 음식 혹은 발효 음료의 하나로 맥주를 빚은 것으로 추정한다. 그러면서도 한편으로는 정착생활 이전인 수렵 채집 시대에도 인류가 맥주를 빚었을 가능성을 열어놓았다. 그런데 2018년 이스라엘 지역에서 출토된 기원전 11,700년 중석기 시대의 유적에서 발효 흔적이 있는 돌절구가 발견됨에 따라 정착생활 이전에 인류가 야생 보리를 채취해 맥주를 빚었을 것이라는 추정에 힘이 실렸다.

경작 보리이건 야생 보리이건 간에 보리를 식량으로 하던 인류가 어느 시기에 맥주를 접하고 빚었을 가능성이 크다. 그 이유는 보리 자체가 언제든지 맥주로 만들어질 수 있는 자연 조건을 갖추고 있었기 때문이다. 즉, 보리는 보리 알갱이 속 전분을 당으로 분해하는 효소를 자체에 장착하고 있고 자연에는 기회만 되면 당을 노려 발효를 일으키는 효모가 널려 있었다. 따라서 보리를 식량으로 했던 인류가 어느 날 자연 속에서 출현한 맥주를 접하는 것은 필연이었다. 따라서 맥주는 자연의 선물이라는 표현이 적절해 보인다. 어쨌거나 맥주가 주는 취기와 환희를 처음 경험한 인류는 얼마간의 시행착오를 거쳐 자신들만의 맥주 빚는 법을 만들어낼 수 있었을 것이다. 인류의 초기 맥주가 어땠는지에 대해서는 기록이 남아 있지 않아 알 수 없지만 세대를 거쳐 지속적으로 변화하면서 근동의 양조 전통으로 이어져 내려왔을 것이라 짐작할 수 있다.

맥주가 비로소 역사 속에서 출현한 것은 약 4700년 전 근동의 수메르 왕 길가메시에 대해 점토판 기록으로 남겨진 서사시와 약 3800년 전 무렵 수메르의 맥주 여신에 대한 닌카시 찬가를 통해서이다. 길가메시 서사시에 따르면 문명인이었던 수메르인들이 야만인이었던 엔키두를 문명사회로 끌어들이기 위한 방편으로 "땅의 관습대로 맥주를 마셔라"라고 명령했다. 이것은 당시 문명의 상징으로서의 맥주의 위상을 엿보게 한다. 고맙게도 닌카시 찬가에는 당시의 맥주 양조법을 담고 있으며 이를 통해 우리는 수메르인들의 맥주가 어떠했는지를 알 수 있게 되었다. 수메르인들은 지금과 거의 같은 맥아화 기술을 갖고 있었고, 다양한 맛과 색을 내기 위해 꿀, 열매 등의 첨가재료들을 사용했으며, 효모를 얻기 위해 보리빵을 사용했다. 수메르의 이 고대 맥주는 닌카시 찬가의 양조법에 따라 최근 한 열정적인 맥주 제조가에 의해 재현되어 맥주 애호가들 사이에서 '익스트림' 맥주라 불리기도 했다. 하지만 고대 맥주는 현대의 맥주와는 상당히 다른 걸쭉한 알코올음료였을 것이라 추정된다.

수메르 문명과 마찬가지로 비옥한 초승달 지역에 위치하며 위대한 고대 문명을 이룬 이집트인들도 맥주에 열광했던 것으로 알려져 있다. 덴데라에 있는 하토르 신전의 4400년 전 비문에 새겨진 "완벽하게 만족한 사람의 입은 맥주로 가득 차 있다"라는 문구는 이집트인들의 맥주에 대한 생각을 알 수 있게 하는 표현이다. 고대 이집트의 맥주 양조기술은 시기적으로 다소 앞선 문명인 수메르로부터 전해졌을 가능성이 크며, 따라서 두 문명의 맥주는 비슷한 성질을 갖고 있었을 것이다. 이집트의 맥주는 맥아화된 곡물을 포함한 부스러진 보리빵을 사용해서 만든 걸쭉하고 영양가 높은 음료였을 것이다. 그래서 액체 빵이라 불리기도 한다.

오늘날 맥주의 본산인 유럽에서 맥주가 만들어지기 시작한 것은 로마가 영토를 확장하던 시기에 수메르와 이집트의 맥주 제조법이 게르만족의 유럽으로 전해진 데 따른 것이라는 주장이 있어왔다. 그러나 최근 발견된 유적과 자료들은 유럽의 맥주가 지역의 토속적인 것이며 수메르와 이집트 두 문명과는 무관하게 제조되었다는 주장에 더 힘을 싣고 있다. 5200~4500년 전 스코틀랜드 북쪽 오크니 제도에 있던 스카라 브레라는 신석기 유적지에서 발견된 유럽의 맥주 양조 관습에 대한 기록은 수메르 길가메시 기록보다 시기적으로 앞서 있으며, 약 2500년 전으로 추정되는 독일 지역 철기 시대 부족들의 한 유적에서는 특별하게 파놓은 도랑에서 그을린 맥아의 흔적이 발견되기도 했다. 한 고대 게르만 문헌에는 발아된 곡물의 가루와 물을 청동 가마솥에 넣고 약한 불로 오래 끓인 뒤 얻은 액체에 꿀을 첨가 발효해서 맥주를 얻는 제조법이 묘사되어 있기도 하다. 이러한 제조법은 발아된 보리 알갱이 속에 있는 전분을 알갱이 자체의 효소에 의해 당화시키고 이 맥아즙을 효모를 이용해 발효하는 현대의 맥주 제조 방법과 유사하다. 따라서 고대 게르만의 맥주가 현대 맥주의 모체라는 주장은 설득력이 있어 보인다.

맥주가 북유럽의 고대 게르만족의 삶에서 떼어낼 수 없는 생활양식으로 자리 잡고 있었지만 로마를 비롯해 남부 유럽 지역에서는 와인을 애호했고 맥주에 대한 평판이 좋지 않았다. 그러나 로마의 식민 영토가 지속적으로 확장되는 가운데 포도가 생산되지 않는 지역에서는 로마인들도 맥주를 마셨다는 기록이 남아 있다. 로마의 식민지 브리튼(영국)의 최북방 요새가 있었던 빈돌란다 지역에서 발견된 나무 서판에 남겨진 기록(대부분 기원후 97~103년의 기록이다)에는 식민지 로마인 아트렉투스가 맥주 양조업자로 명시되어 있다. 이 양조기술은 국경 방벽을 사이에 두고 대치하면서 교류했던 철기 시대 게르만족과 앵글로색슨족으로부터 전수된 것으로 추정되며, 아트렉투스는 요새에 주둔했던 로마 군인들을 위해 맥주를 제조했을 것이다. 아트렉투스의 맥주는 기록상 영국 땅에서 제조된 최초의 맥주라는 의미를 갖고 있다. 하지만 맥주에 대한 비호감은 "와인의 냄새는 과즙의 향기이고 맥주의 냄새는 염소의 냄새 같다"라는 황제 줄리안(361~363년 재위)의 표현에서도 엿볼 수 있듯이, 4세기 로마에서도 지속되었다. 맥주에 대한 로마의 낮은 평판은 5세기에도 이어졌다. 이는 380년 로마가 기독교를 국교로 받아들임으로써 영향력이 커진 신흥 기독교 교회가 성례의식에 필요한 와인의 중요성을 높게 평가한 반면 맥주는 이교도의 술이라는 인식을 갖고 있었기 때문인 것으로 보인다.

5세기 말 로마제국이 붕괴한 후 중세 초기인 5~8세기에 유럽의 각 지역에서는 기독교를 받아들인 게르만족의 여러 독립적인 국가가 들어섰고 교회와 수도원들이 세워졌다. 그러자 교회는 수확기에 십일조로 곡물이 넘쳐났고 수도사들은 곡물을 사용한 양조가 이 곡물들을 보존하는 좋은 방법임을 알아냈다. 이로 인해 수도원의 양조 전통이 생겼고 양조는 오래지 않아 수도원의 유용한 수입원으로 자리 잡았다. 초기 수도원의 맥주는 일반적인 에일류였다. 하지만 중세 시대가 진행되면서 수도원의 맥주 장인들은 발효온도, 시간, 맥아의 종류와 양, 맥아를 볶는 방법, 그루이트의 성분 등 수많은 변수를 조절했고 그 결과 아주 넓은 범위의 향, 질감, 알코올 도수를 지닌 여러 맥주를 생산할 수 있었다.

9세기에 이르러 등장한 홉은 맥주 제조에서 게임 체인저가 되었다. 맥주의 역사는 홉이 없던 시기와 있는 시기로 나누어도 될 만큼 홉은 맥주 역사에서 큰 변화를 이끌었다. 홉은 신선한 쓴맛을 내는 강한 향뿐만 아니라 맥주의 수명을 연장시키는 천연 방부제의 기능도 갖고 있었다. 홉은 오랜 세월 사용되어 온 그루이트를 대체했으며 오늘날까지도 대체 불가한 맥주의 필수요소로 쓰이고 있다.

한편 맥주 수명이 연장되자 멀리 떨어진 지역 간의 교역이 가능해져 양조업자들 간에 경쟁이 유발되었다. 그리고 본격적으로 사업화된 기업으로 수도원 양조장이 생겨났다. 독일 바이에른 주 바이엔슈테판에 위치한 베네딕트 수도원은 725년 설립되었는데, 설립 초기부터 맥주를 만들어왔으며, 1040년에는 당국으로부터 정식 면허를 받아 맥주를 생산하는 수도원 기업이 되었다. 바이엔슈테판 양조장은 지금은 수도원에서 분리되어 국유화되었고, 현존하는 가장 오래된 양조장으로 기네스북에 올라 있다. 1050년 설립되어 아직도 수도원 기업으로 운영되는 바바리안 벨텐부르크 대수도원의 양조장은 지금도 경연대회 수상에 빛나는 훌륭한 맥주들을 생산하고 있다. 독일 양조업에서 수도원 기업의 독점은 13세기 중반까지 지속되었다. 그러나 중세 후기에 중세 도시들이 확장되면서 영향력을 키운 상공업자들에게도 맥주 양조가 허용되자 수도원의 독점이 막을 내렸다. 1254년 쾰른 시가 상공업자들에게 맥주 양조 길드를 조직할 수 있도록 허가했고, 이어서 다른 지역의 여타 도시들도 그 뒤를 따랐다. 영국에서는 한 세기 늦은 14세기에 길드를 조직했다. 상공업자들은 각자 스타일이 다른 자신들만의 맥주를 개발했고, 시장을 점유하기 위한 치열한 경쟁은 이른바 맥주 전쟁으로 이어졌다.

15세기 초 독일 남부 니더작센 주에 있는 아인베크 지역의 시원한 동굴에서는 뜻하지 않게 라거가 탄생했다. 라거는 맥주의 역사에서 9세기 홉의 등장에 버금가는 이정표로 기록될 만한 획기적인 결과물이었다. 라거 맥주는 당시까지의 맥주였던 어두운 색깔의 에일과 다르게 황금색의 맑고 밝은 상층에 이산화탄소 거품이 덮인 새로운 스타일이었다. 이러한 외양은 사람들을 매료시키기에 충분했다. 그러나 이와 같은 라거가 탄생한 것은 오랜 세월 인류가 사용했던 상층 효모 사카로미세스 세레비시아 대신 어느 날 문득 자발적으로 나타난 하층 효모 사카로미세스 파스토리아누스 때문이었는데, 이 같은 사실이 밝혀진 것은 한참 뒤인 19세기 루이 파스퇴르의 연구를 통해서였다.

1487년 독일 바이에른의 공작 알브레트 4세는 맥주의 합법적인 성분을 물, 보리, 홉, 세 개만으로 정한 맥주 순수령을 제정했고, 1516년 빌헬름 4세는 바이에른 공국의 모든 사람은 이 순수령을 따라야 한다고 공포했다. 맥주 순수령 제정의 목적 중 하나는 당시 주요 생필품인 빵과 맥주의 생산에 필요한 밀, 호밀, 보리의 수급에서 밀이 부족한 현상을 해소하기 위한 것이었다. 하지만 맥주에 대한 세금이 당국의 주요 수입원이었기 때문에 맥주의 판매 방법 및 가격의 규제도 법령에 포함되었다. 그 결과 바이에른의 맥주 생산은 라거로 국한되었다.

영국은 에일 제조에서 신석기 시대 스카라 브레로까지 거슬러 올라가는 오랜 전통을 갖고 있다. 14세기에 길드를 결성한 영국 양조업자들은 지역 간 교역이 활발했던 독일의 길드와는 다르게 주로 각자 자신들이 운영하는 업소를 위해 맥주를 생산했다. 영국에서는 홉에 대한 다소 의심스런 평판들로 인해 홉의 사용을 주저했다. 9세기 홉이 등장한 이후에도 영국의 양조업자들은 주로 그루이트 에일을 생산해 오다가 16세기에 이르러서야 홉을 정규 성분으로 포함시켰다.

영국에서 홉 에일은 16세기 중반부터 대중적으로 크게 인기를 얻었고 17세기 초 아메리카 신생 식민지 건설에 나선 영국인들이 가능한 배에 많이 실어가려는 물품이 되었다. 18세기로 바뀔 무렵 영국의 대형 양조업자들은 산업혁명과 함께 수가 늘어난 도시 노동자를 겨냥해 새로운 스타일의 에일을 출시했는데, 홉의 함량이 높고 알코올 도수가 6% ABV 이상인 검은 빛깔의 포터였다. 포터는 대량 생산에 의한 공산품 맥주라는 역사적 의미를 지니고 있다. 이 같은 규모의 경제는 오랜 세월 자신만의 맥주를 만들어 판매해 온 기존의 개별 주점들을 무익하게 만들었다.

18세기 초 영국에서는 맥아를 생산하는 가마의 연료로 기존의 나무와 석탄 대신 코크스를 사용하는 획기적인 기술을 개발했다. 코크스를 사용한 가마 기술은 나무와 석탄에 비해 깨끗한 연소 조건에서 덜 그을린 맥아를 제공했고 결과적으로 기존의 에일에 비해 보다 밝은 색깔의 신종 페일 에일을 만드는 기반이 되었다. 이는 대영제국의 식민지인 인도까지 가는 긴 항해에도 변질되지 않도록 고안된 인디아 페일 에일(IPA)의 제조로 이어졌다. IPA는 옥토버라고 알려진 기존의 맥주 스타일을 바탕으로 홉의 양을 크게 늘리고 알코올 도수를 약간 높인 것으로, 엄청난 물량의 IPA가 인도와 호주로 수출되었다.

1759년 아서 기네스는 아일랜드에서 더블린 양조장을 시작해 포터의 생산에 전념했다. 그리고 20년 후 기네스의 후계자들은 어두운 색의 '슈피리어 포터'를 출시했고, 이것은 검은 색과 특유의 탄 맛으로 국제적으로 유명한 '엑스트라 스타우트' 버전으로 진화했다.

영국과 함께 전형적인 에일의 나라인 벨기에의 맥주 제조도 독일과 마찬가지로 수도원에서 시작되었다. 그러나 16세기에서 18세기에 이르는 정치적 격변으로 인해 맥주 제조의 오래된 기반이 대부분 소멸되었고 오늘날 벨기에의 수도원 맥주는 1835년 이후 다시 세워진 수도원에서 주로 생산되거나 단지 수도원 에일의 양식으로 만들어져 왔다. 벨기에 수도원 맥주의 특별한 하나의 범주는 트라피스트 수도회 명칭을 가진 맥주들로 구성되는데, 트라피스트 양조 수도원은 모두 여섯 개이다. 그리고 세계적인 맥주 11개에는 모두가 동경하는 ATP 라벨이 붙어 있다.

바이에른 옆 체코의 서부 보헤미아 지역은 훌륭한 양조 전통을 지니고 있었지만 독일과 같은 순수령이 없었기에 19세기에 이르러서는 양조 표준이 사라져버렸고 이에 따른 맥주의 품질 저하는 1838년 시민들의 불만과 폭동으로 이어졌다. 그러자 플젠 시는 바이에른 출신 요세프 그롤을 고용해 맥주 품질의 향상을 꾀했다. 그롤은 영국의 기술인 코크스 가마로 구워서 얻은 맥아를 바이에른 라거 양식으로 발효시켜 새로운 스타일의 맥주인 필스너를 만들어냈고, 이 필스너는 결국 라거의 표준이 되었다.

미국인들은 영국의 식민지 시대 때부터 1783년 독립 후까지 오랫동안 에일 맥주를 마셨다. 그러다가 19세기 중반에 미국으로 건너온 상당수 독일 라거 양조업자들이 라거 양조의 최적지인 미국 북부 중서부 오대호 지역에서 라거를 생산하면서 미국인들의 취향도 바뀌기 시작했다. 그리고 20세기가 되기 훨씬 전 밀워키는 전국 맥주 생산의 50 %에 달하는 라거를 생산했다. 그러나 1920년 1월 금주령이 내리자 미국에서 합법적인 맥주 생산이 중단되었다. 1933년 금주령이 풀렸을 때에는 미국의 맥주 공급망이 붕괴되어 있었고 공급이 수요를 따라가지 못해 많은 불량품이 양산되었다. 결과적으로 맥주의 소비는 감소했으며 많은 양조업자들이 파산하거나 합병을 당했다. 그 결과 신흥 거대 양조 기업들이 생겨났고 시장이 점점 이들에 의해 지배되는 산업구조가 형성되었다. 양조업자들의 인수 합병은 지속적으로 진행되어 1970년대에는 소수의 대형 맥주회사만 남았고, 1980년대에 이르러서는 앤하이저-부시, 밀러, 그리고 쿠어스 세 맥주회사가 미국 맥주 시장의 80%를 지배하게 되었다.

비슷한 시기에 대서양 건너 영국에서도 비슷한 일이 벌어지고 있었다. 영국에서는 제2차 세계대전 직전에 이산화탄소를 가압한 작은 통에 담은 케그 에일이 출시되었다. 이 케그 에일은 캐스크 에일에 비해 취급이 간편했고 운송이 가능해 전국적인 상표로 유통되었다. 그 결과 지역 맥주 양조장 간의 통합이 촉진되었고, 결국 영국에서 빅식스로 알려진 전국적인 거대 업체들이 생겨났다. 1960년 초 라거 생산업체인 캐나다의 칼링이 영국 양조장들을 인수하기 시작한 데 이어 영국의 양조업체들은 다국적 거대 기업들에게 지속적으로 인수되었다. 그리고 이 다국적 거대 기업들이 펼친 대규모 광고 전략에 의해 오랫동안 에일의 보루였던 영국은 급속도로 라거를 마시는 나라로 바뀌었다.

다국적 거대 기업에 의한 맥주업계의 통합은 새로운 세기에 들어서도 지속되고 있다. 2008년 벨기에-브라질 거대 양조업체인 인베브는 앤하이저-부시를 인수했고, 2016년 10월에는 쿠어스를 합병했으며,

이어서 세계에서 두 번째로 큰 업체인 SAB밀러도 흡수했다. 인베브는 1998년 한국의 OB맥주도 인수한 바 있다.

1960년대 이래 미국과 영국의 맥주 시장이 다국적 거대 기업에 의해 지배되고 대량 판매 시장의 상품으로 획일적인 맥주가 주류를 이루자 이에 대한 비판과 반발의 움직임이 나타났다. 영국에서는 전통적인 캐스크 숙성 맥주의 부활을 지지하고 거대 기업 맥주에 대한 불매 운동을 전개하는 단체들이 생겨났다. 대표적으로 1971년 캄라의 '리얼 에일' 캠페인이 많은 공감을 얻었고, 이들 덕분에 영국산 리얼 에일의 소중한 유산이 지금까지도 이어지고 있다.

미국에서도 1970년대 거대 기업 맥주에 대한 반작용으로 수제맥주 운동이 나타났다. 이 운동은 1978년 지미 카터 대통령이 자가 양조 음료를 합법화하는 법률에 서명함으로써 더욱 활성화되었으며, 창의성과 기업가 정신을 갖춘 많은 젊은 세대가 창업에 나섰다. 그리고 이들에 의해 소비자들은 선택 가능한 흥미로운 맥주가 더 많고 거대 기업 맥주에서는 느낄 수 없는 더 많은 무언가가 맥주에 있다는 것을 깨달을 수 있었다. 맥주 순수령에 기반해 맥주를 생산해 온 독일에서도 변화의 바람이 불었다. 맥주 순수령은 맥주의 품질을 유지하는 양조표준으로서 큰 역할을 해왔으나 규칙에 얽매인 전통이 진화를 갈망하는 기술의 혁신을 저해한다는 비판의 소리도 있어왔다. 1993년 유럽연합은 독일에 완화된 맥주 양조법을 강하게 요구했으며, 이후 독일 수제맥주 시장에서는 역동적이고 흥미로운 상황이 전개되었다.

한국은 2003년 한국 수제맥주의 조상격이라는 '바네하임'의 출시를 시작으로 여러 수제맥주가 기존 획일화된 맥주 맛을 깨트리며 꽃을 피웠다. 2014년에는 한국 최초로 병입 수제맥주가 출시되어 전국적인 유통이 가능해졌다. 2020년 현재 한국 식약처에 등록된 수제맥주 제조업체는 150여 곳이 넘으며, 1000여 종의 다양한 수제맥주가 있다. 그러나 150여 개의 제조업체 중 자본이 필요한 캔 시설을 갖춘 곳은 4~5곳에 불과해 외부 유통에 한계를 지니고 있다.

지은이

롭 디샐(Rob Desalle)은 진화생물학자로서 미국자연사박물관의 큐레이터이며 리처드 길더 대학원 교수이다. 분자 계통분류학, 미생물의 진화, 유전체학 분야의 전문가로서 학술지 ≪미토콘드리아 DNA≫의 편집장이기도 하다. 저서로는 *Distilled: A Natural History of Spirit*(2022), *A natural history of Wine*(2015), *The Brain: Big Bang, Behaviors, and Belief*(2012) 외 다수가 있다. 국내에는 『미생물군 유전체는 내 몸을 어떻게 바꾸는가(Welcome to the microbiome)』(공저)가 번역되어 출간된 바 있다.

이언 태터솔(Ian Tattersall)은 영국 태생의 미국 고인류학자로서 미국자연사박물관의 명예 큐레이터이다. 마다가스카르, 예멘, 수리남, 베트남 등 다양한 지역에서 영장류학 및 고생물학 관련 현장 작업을 해왔으며, 1998년 *Becoming Human*으로 미국인류학협회의 '윌리엄 화이트 하우얼스 상'을 수상했다. 저서로는 *Distilled: A Natural History of Spirit*(2022), *Understanding Human Evolution*(2022), *Masters of the Planet*(2013) 외 다수가 있다. 국내에는 『인간되기(Becoming Human)』, 『거울 속의 원숭이(The Monkey in the Mirror)』가 번역되어 출간된 바 있다.

옮긴이

김종구는 서강대학교와 충남대학교에서 화학으로 석사 및 박사학위를 받았으며, 대전 대덕연구단지 한국원자력연구원에서 방사성물질 화학시험 및 화학분석 실장, 방사화학 분야 책임연구원으로 근무했다.

조영환은 서강대학교에서 화학으로 석사 및 박사학위를 받았으며, 한국원자력연구원에서 방사화학 및 핵연료주기 분야 책임연구원으로 근무했다.

한울아카데미 2403

맥주의 역사

지은이 ㅣ 롭 디샐·이언 태터솔
옮긴이 ㅣ 김종구·조영환
펴낸이 ㅣ 김종수
펴낸곳 ㅣ 한울엠플러스(주)
편집 ㅣ 신순남

초판 1쇄 인쇄 ㅣ 2022년 10월 17일
초판 1쇄 발행 ㅣ 2022년 11월 4일

주소 ㅣ 10881 경기도 파주시 광인사길 153 한울시소빌딩 3층
전화 ㅣ 031-955-0655
팩스 ㅣ 031-955-0656
홈페이지 ㅣ www.hanulmplus.kr
등록번호 ㅣ 제406-2015-000143호

Printed in Korea.
ISBN 978-89-460-7403-3 03570(양장)
      978-89-460-8222-9 03570(무선)

※ 책값은 겉표지에 표시되어 있습니다.